新師説

温故而知新

人文丛书

人工智能与未来社会

孙伟平 主编

广西人民出版社

图书在版编目（CIP）数据

人工智能与未来社会 / 孙伟平主编 . -- 南宁：广西人民出版社，2025. 6. --（人文丛书）. -- ISBN 978-7-219-11940-2

Ⅰ. TP18

中国国家版本馆 CIP 数据核字第 2025LF6181 号

RENGONG ZHINENG YU WEILAI SHEHUI

人工智能与未来社会

孙伟平　主编

策　　划　唐　勇　吴小龙
执行策划　许晓琰
责任编辑　张　洁
责任校对　周月华　黄　熠　文　慧
装帧设计　韩久昊

出版发行　广西人民出版社
社　　址　广西南宁市桂春路 6 号
邮　　编　530021
印　　刷　广西民族印刷包装集团有限公司
开　　本　889mm × 1240mm　1 / 32
印　　张　10
字　　数　252 千字
版　　次　2025 年 6 月　第 1 版
印　　次　2025 年 6 月　第 1 次印刷
书　　号　ISBN 978-7-219-11940-2
定　　价　56. 80 元

目 录

导 言

孙伟平

人工智能是以大数据技术为基础，以智能算法为核心，以模拟、延伸和超越人类智能为目标的高新科学技术。这种革命性、颠覆性的技术具有极强的影响力、渗透力和“塑造力”，是“引领这一轮科技革命和产业变革的战略性技术，具有溢出带动性很强的‘头雁’效应”[①]。随着人工智能的指数式发展和普及性应用，人类正在迈入一个全新的时代——“智能时代”，一种全新的技术社会形态——“智能社会”。哲学作为“时代精神的精华”“文明的活的灵魂”，始终与时代的脉搏同频共振，总是与实践的发展相伴前行。人工智能的快速发展和广泛应用，“智能时代”和“智能社会”的到来，改变了哲学的理论视野，拓展了哲学的理论基础，一系列复杂、尖锐的前沿性问题更要求哲学进行创新性思考。习近平总书记指出：“这是一个需要理论而且一定能够产生理论的时代，这是一

① 中共中央党史和文献研究院编《习近平关于网络强国论述摘编》，中央文献出版社，2021，第119页。

个需要思想而且一定能够产生思想的时代。”[①]立足今天社会数字化、信息化、智能化的潮头，系统回应人工智能对哲学带来的一系列问题和挑战，建构符合智能时代实践内涵和基本特征的哲学新形态，是与时俱进的哲学和哲学工作者义不容辞的使命和责任。

一、智能革命与实践、认识理论面临的新问题

马克思、恩格斯将科学技术视为历史进步的杠杆，总是由衷地欢迎科学技术的进步，并将自己的理论建筑在最先进的科学技术成果基础之上。自马克思、恩格斯创立他们的哲学以来，科学技术呈现加速度发展的态势，特别是革命性、颠覆性的人工智能的指数式发展和普及性应用，实质性地改变了哲学的“世界图景”，在实践和认识领域提出了一系列具有革命性意蕴的前沿性问题。

随着人工智能的快速发展和广泛应用，实践活动正在被革命性地改造和重塑。各种智能系统、智能机器人越来越“智能”，自主性越来越强。它们不仅可以与人和机器“协作”完成生产和服务工作，还可以自主地承担任务；它们不仅可以助力人们的学习和工作，丰富人们的休闲娱乐生活，还扮演着维系社会正常运转、保障生产生活顺利进行等重要角色。而智能系统日益自主的活动是否属于实践活动，它是否可以成为像人一样的实践主体，等等，已经成为人们聚讼不断的焦点话题。

在日益信息化、智能化的技术和社会环境中，出现了以语言符号理解为基础，人机之间、机机之间互为主客体的新型交往实践方式。这些数字化、虚拟化的新型交往拓展了交往的视野和时空域，

① 习近平：《在哲学社会科学工作座谈会上的讲话》，人民出版社，2016，第8页。

革新了交往实践的方式，提供了不同于以往的交往体验，同时也导致了一系列社会后果，典型的如交往过程中出现了日益严重的“技术性依赖”，不少人产生“虚拟交往成瘾”，甚至对面对面的人际交往越来越不感兴趣。此外，智能系统与人的交往和“机机交往”是否属于交往活动，它们所结成的“协作关系”是否应该纳入“社会关系”的范畴，都对传统的交往观提出了直接挑战。

“机器思维”是人工智能研究的核心目标和“灵魂”，也是人工智能发展的关键之所在。人工智能的目标可以简单地概括为创建可以与人类思维相媲美的“机器思维”。近些年来，以深度神经网络、量子大脑、脑机融合等为主要标志的“机器思维”研究不断取得新的突破。智能系统不仅在数据采集、存储、运算、输出等方面超过了人脑，而且正试图在想象力、创造性、协同性等领域超越人类思维。越来越多的人认为，“机器思维”逼近、超越人类思维的“图灵奇点”正在来临。然而，什么是“机器思维”？应该依据什么标准对“机器思维”是否成立进行判定？“机器思维”与人类思维是什么关系？传统的思维观、意识观正在经受革命性、颠覆性冲击。

人工智能的理论根基是哲学认识论。人工智能是一门研究心灵如何工作的科学，也是一种模仿人的思维认识活动的信息技术，它与从哲学上探究人的认识活动机制和规律的认识论的联系非常密切。人工智能的“灵魂”——算法——与人的认知之间具有内在相关性，它本身就是一种对人脑认知过程和机制的模拟、延伸和拓展。人工智能的兴起为认识论研究提供了新的契机和“富矿”。例如，通过人工智能的“镜像”效应，人类可以反观自己头脑的思维认知活动，特别是洞悉和还原其中的一些微观机制，并进行必要的检验、校正和调适。但人工智能的发展又对认识论提出了许多全新的问题和挑战。例如，随着脑机接口以及更多的智能技术介入人的实践过程，在人机融合的“脑控型”实践中，主观并未具体地、历史地“见之于客观（客体）”，这是否意味着实践与认识的原则界限被打破了？再如，智能系统以任务为中心的探索是否是一种认识？它是否存在难以逾越的限度？智能系统超过人类的“认识奇点”是否可能到来？人与人、人与机器之间的实践—认识能力差距如果越拉越大，可能导致什么样的社会后果？这些问题无疑具有挑战性，深入探究这些新问题和新挑战，可以为认识论研究注入不竭的动力。

二、智能经济与社会基本矛盾的新变化

随着信息、智能科技的快速发展和在社会生产中的广泛应用，经济活动正在加速信息化、智能化，“智能经济”正在崛起为一种新型的经济形态。知识成为生产力结构中的关键性要素，大数据、算法与算力正在成为最具代表性的新经济资源，它们构成了一种新兴的“数据资本”。因应“智能技术范式”的要求，产业结构正在发生革命性的变化，传统产业正在经历全方位的信息化、智能化改造，智能产业作为一种新兴产业正在强势崛起。这一切令经济、社会被彻底地“重构”，生产力与生产关系、经济基础与上层建筑不相适应的矛盾变得日益尖锐。

随着产业结构的重大调整，特别是智能产业的崛起，生产和服务的信息化、“无人化”和智能化程度不断提高，劳动与商品价值的创造出现了新的形式、新的特点，工业时代形成的劳动价值论面临着一系列新的问题和挑战。在智能经济条件下，人的劳动支出早已从以体力为主变成了以脑力为主，脑力劳动已经是创造商品价值的主要源泉；智能系统、智能机器人可以承担一定的劳动任务和劳

动职责，它们的活动具有劳动创造价值的一般特性。在这种背景下，劳动价值论是否应该充分考虑脑力劳动、科学技术知识以及智能系统在价值创造中的重要地位和作用，从而按照智能时代的特点加以发展和创新？

智能系统的“类人智能”和自主性日益增强，正在获得日益多样化、日益强大的“劳动能力”，正在“取代”人类承担越来越多的劳动任务和劳动职责。这一切诚然有力地推动了经济和社会的发展，推动了人的劳动解放和自由全面发展，但其导致的一系列经济和社会后果也是十分严峻的。例如，这不仅造成了愈演愈烈的“技术性失业”潮，导致“数字穷人”日益丧失劳动的机会和权利，还令“数字穷人”日益沦落为尴尬的“无用阶层”，被经济和社会体系排斥在外，存在变得荒谬化。

智能科技的快速发展和广泛应用不仅导致了社会生产力的“智能化转变”，而且对既有的生产关系造成了一系列冲击，导致生产资料所有制、分配关系以及社会阶层等随之发生了不容小觑的变化。在智能经济中，大数据（知识）、算法和算力都成为社会资本的有机组成部分，它的“可共享性”和“共享增益”特性对生产资料私有制提出了实质性的挑战。这又进一步影响了人们在生产中的地位和产品的分配方式。例如，除了智能系统是否应该参与分配这样难解的问题之外，掌握知识资源的知识分子在生产中的地位明显需要重新考虑。自第一次工业革命生产资料与劳动者相分离以来，生产资料的所有者一直凭借生产资料的所有权占有剩余价值、剥削雇佣工人。而一旦信息、知识成为最重要的生产资料，劳动者多数是占有这种生产资料的知识分子，那么，依靠少数人占有全部或多数生产资料的优势而存在的“剥削”能否继续下去？如果依然存在剥削，那么这种剥削又存在于什么环节，又是怎样产生的？此外还应该注意的新现象是，随着生产的信息化、智能化和知识经济的发展，知识的生产者与所有者——知识分子——作为一个社会阶层在数量上急剧扩张，一个新兴的“知识劳动者阶层”正在强势崛起。“知识劳动者阶层”不仅成为社会生产、社会财富的主要掌控力量，而且获得了相较农业社会、工业社会更大的资源配置能力和社会治理权力。

智能生产力正在快速创新发展并驱动新型智能社会加速成型，导致建立在传统工业社会基础之上的生产关系日益落后于智能生产力的发展水平，而智能时代生产关系落后于生产力发展水平的矛盾会进一步通过上层建筑不适应经济基础的矛盾表现出来，两者构成了社会基本矛盾的主要内容。化解智能时代的社会基本矛盾需要在创新、发展生产力的基础上，既调整生产关系使之适应智能生产力的发展水平，又变革上层建筑使之适应经济基础的状况，从而令生产力与生产关系、经济基础与上层建筑处于一个辩证运动的理想状态。

三、智能社会与社会形态理论的新突破

人工智能就像是一位高深莫测的“社会变革的大师”，其发展和应用正在快速重塑、创构整个社会，将社会导入一种全新的社会形态。当然，划分社会形态可以有不同的标准和方法。用不同的标准去衡量新的社会，可能会得出不同的结论。

马克思根据生产关系特别是生产资料的所有制形式，将人类社会划分为古代社会、封建社会、资本主义社会和共产主义社会，即人们熟悉的“经济社会形态”。而根据生产力特别是根据其中的革命性因素——科学技术划分社会形态，则可以将人类社会划分为渔猎社会、农业社会、工业社会和智能社会。智能社会是继渔猎社

会、农业社会、工业社会之后的一种新型的技术社会形态，它建立在高度发达的信息科技、智能科技基础之上，是信息科技、智能科技广泛应用于社会各领域，而重建或“再结构”社会的产物。

技术社会形态与经济社会形态作为划分社会形态的不同方式，它们之间不是割裂的，而是存在着内在的关联。马克思指出：“随着新生产力的获得，人们改变自己的生产方式，随着生产方式即谋生的方式的改变，人们也就会改变自己的一切社会关系。手推磨产生的是封建主的社会，蒸汽磨产生的是工业资本家的社会。”[①]回顾人类社会发展的历史进程不难洞察到，封建社会建筑在农业社会的基础之上，人们有时称之为“小农经济社会”；资本主义社会建筑在工业社会的基础之上，人们有时也称之为“工业资本主义社会”。顺此推理，我们是否可以提出一个大胆而有趣的假设，即共产主义社会不应与资本主义社会“共享”一种技术社会形态，而应该建立在更先进的“后工业”的智能社会的基础之上。

这一假设并非空穴来风。如果我们冷静地分析，那么不难发现，智能社会不仅极大地提升了生产力水平，为实现共产主义奠定了坚实的物质基础，提供了基本生活资料“按需分配”的可能性，而且它本身与共产主义社会之间存在着某种内在的关联性。例如，随着智能经济的发展，信息、知识成为最重要的经济和社会资源，而信息、知识与农业社会的土地、工业社会的资本具有异质性，它具有不排他的可分享、可共享性，这有利于信息、知识在全社会范围共享、传播，有利于促进生产资料公有制的实现。运用强大的信息化、智能化工具，我们完全可以深入生产、流通、交换、浪费诸环节，及时捕捉市场大数据，瞄准消费者丰富多变的个性化需求，

① 《马克思恩格斯选集》第1卷，人民出版社，2012，第222页。

开展有针对性的定制型生产，并利用发达的智能物流系统将产品及时送达消费者手中，这为建立快速、准确把握市场需求的计划经济体制创造了基本条件。在生产自动化、智能化背景下，大量的劳动可以交给智能机器完成，需要人亲自承担的工作日益减少，人们可以从被动、繁重、重复、单调的劳动中解放出来。那些必须由人亲力亲为的劳动岗位和工作职责越来越少，不妨交给那些真正热爱这一职业、热爱这种劳动的人，让他们自主自觉地、兴味盎然地去工作。在这样的环境和条件下，劳动就不再是阶级分化社会中“谋生的手段”、被迫从事的“苦役”，有可能真正成为“生活的第一需要”。此外，在过去的阶级社会中，“劳动阶级”创造了剩余价值及相应的“自由时间”，但这些都被少数“不劳动的阶级”所占有了，“劳动阶级”几乎没有机会享受自由时间，也因此丧失了从事精神娱乐活动和自我提升的空间。而智能时代的到来，不仅可以满足人们自由全面发展的各种物质需求，而且逐步减少了人们的必要劳动时间，普遍增加了人们的自由时间，令人的解放和自由全面发展具有了更现实的可能性。

当然，尽管人工智能的发展、智能社会的建设为共产主义社会奠定了坚实的物质基础，创造了有利的条件，但共产主义社会绝不会随着技术的进步、技术社会形态的演进而自动到来。它的实现有待于当代马克思主义者顺应历史潮流，创新社会形态理论，“以人民为中心”开展全面、系统的社会变革。变革的关键性着力点在于，铲除生产资料（土地、资本、知识和算法）的私有制，通过制度完善抑制“资本的逻辑”以及被其宰制的“技术的逻辑”的负效应，消除数字鸿沟、社会分化和对人的“社会排斥”，在高度发达的社会生产、流通、交换和消费的基础之上，建立全体人民当家作主、人机和谐、自由全面发展的新型智能社会和智能文明。

第一章

人工智能通用化及其实现途径

王天恩

以 ChatGPT 为标志，大型语言模型的发展更清晰地呈现出迄今人工智能发展的两个层次：人类知识层次人工智能和信息编码层次人工智能。作为信息编码层次人工智能，ChatGPT 既意味着大数据纳入人类语境及其机器学习数字化深耕的范式成功，也意味着自然语言机器理解的战略退避；一方面表明人工智能的发展进入深及自然语言的人机大数据软融合阶段，另一方面表明其通用性与人工智能通用化的关系具有不可通约性。唯有在作为感受性关系的信息深处，才能看到人工智能的通用化进抵的边界。在作为感受性关系的信息层次，从人类知识层次到信息编码层次，人工智能发展的第三个层次赫然闪现：信息层次人工智能。人工智能发展的三个层次展开了一幅十分耐人寻味的图景：人工智能的发展表现为生物智能进化的逆向过程，而二者构成的双向循环则呈现出人工智能通用化的进抵机制。

人工智能发展到ChatGPT惊艳登场，一方面面临历史性转折，另一方面进入重重迷雾。澄清迷雾、明确转折方向，成了人工智能通用化发展的当务之急。迄今为止，人工智能的发展经历了两个重要发展阶段。一是以专家系统为最典型标志，根植于人类知识的人工智能；二是以ChatGPT为最新标志，基于大数据的人工智能。“迄今为止，国际上对人工智能是什么仍众说纷纭。比较有共识的似乎是对人工智能的代际划分，即第一代人工智能是基于知识的，第二代人工智能是基于数据的。”[①]“第一代人工智能主要靠知识驱动，第二代人工智能主要靠数据驱动。”[②]而张钹等则进一步涉入机制：“第一代知识驱动的人工智能，利用知识、算法和算力3个要素构造人工智能，第二代数据驱动的人工智能，利用数据、算法与算力3个要素构造人工智能。”[③]根据知识和数据的关系，知识驱动和数据驱动的确概括了目前为止人工智能发展的两个层次。

鉴于数据驱动的人工智能可以生成机器知识，知识驱动的人工智能也涉及作为信息编码的数据；而在信息编码层次，人工智能经历了复杂的发展过程，只是通过人机大数据软融合才达成人工智能发展的范式转换，人工智能发展的第一和第二个层次可以更具体地

① 张勤：《对新一代人工智能的思考》，《智能系统学报》2022年第4期。本书中引文对原文略有修改，统一用“人工智能”代替“AI”一词，以下不再单独注明。

② 罗亦丹：《中科院院士张钹：纯粹数据驱动的人工智能不可靠 存在危险》，原文参见《新京报》网站：https://www.bjnews.com.cn/detail/1660994522169609.html。

③ 张钹、朱军、苏航：《迈向第三代人工智能》，《中国科学：信息科学》2020年第9期。

表述为“人类知识层次人工智能”和“信息编码层次人工智能”。

从人类知识层次到信息编码层次，构成了人工智能进一步发展的重要指向。由于机器智能大数据运用优势的充分展示，ChatGPT在自然语言领域的泛化发展趋势使人似乎看到了迷雾中的人工智能“圣杯”——通用人工智能，从而引发了两种对立观点。一方面，ChatGPT甚至被视为通用人工智能；另一方面，大型语言模型被认为是通用人工智能发展的误区。观点的两相对立为人工智能发展及人工智能与人类智能关系的理解提供了强大张力。而在作为感受性关系的信息层次，则不仅可以理解关于ChatGPT与人工智能通用化观点对立的根源，而且可以根据人工智能发展的前两个层次，在更深层次看到人工智能发展的通用化进抵边界。

从人类知识层次人工智能到信息编码层次人工智能，凸显了深化理解知识和数据及其关系的重要性，由此可见人工智能发展和信息理解之间的重要关联。从目前呈现的两个层次，可以看到人们对人工智能发展的理解深化，涉及知识和数据关系的更深层次厘清，而知识、数据与信息之间的内在关联，决定了这一关系的厘清必须建立在信息理解深化的基础之上。这意味着一个重要双向机制：一方面，进一步到位地理解信息是人工智能当代发展的内在要求；另一方面，以人工智能和大数据为主要代表的信息科技发展正不断为深化信息理解提供新的时代条件，信息科技的发展空前开显了信息的本质与价值。

当代研究表明，信息不是物质或能量，而是感受性关系，即物能发展出感受性之后，涌现出的感受性关系过程或过程关系。把信息理解为感受性关系，对信息编码及其与信息的关系就可以有一个清晰的认识：信息是感受性关系，信息编码则是信息的物能化和观念化。信息编码相应有两种基本类型：信息的物能编码和信息的观念编码。由此，可以真正厘清信息、信息编码和知识的层次关系。从知识到数据再到信息，从人类知识层次到信息编码层次，人工智能发展的进一步前景在其所呈现的趋势图中赫然闪现：信息层次人工智能。

由此，人工智能的发展与生物智能进化恰好构成逆向过程，呈现出一个更高层次的双向循环机制。正是从这一双向循环，不仅可以在机制层面清楚地看到人工智能发展的第三个层次，而且进一步窥见其通用化进抵边界。

一、人工智能的人类知识层次发轫

在具有人类知识的条件下，以其为基础就是人工智能发展自然而然的起点。由于由此实现的人工智能直接发轫于人类知识层次，知识是智能的核心表现得最为典型。

作为人类知识的机器集成运用，人类知识层次人工智能与符号主义进路正相匹配，它是人工智能发展的第一层次。符号主义进路本身意味着只能表征可符号化的明述知识，这一进路人工智能的实现和发展在某种程度上正是探索知识表征的过程。由于包括人类感觉经验等在内的默会知识都难以为机器所表征，由此生成的更确切地说是人类明述知识层次人工智能。

关于人类知识层次人工智能与符号主义进路的关系，斯坦福大学教授尼尔松有已纳入教科书的表述。符号主义进路也叫“符号加工进路”，这种方式的人工智能通过陈述句表征关于问题域的“知识”。当应用于“实际”问题时，这种进路需要该领域的大量知识，因此通常被称为“基于知识的进路”。由人工智能的当代发展，可以更清楚地看到第一层次人工智能的人类知识层次性质。

在第一层次人工智能研究中，可以看到典型的人类知识层次的性质和特点："必须写出许多存放知识的程序，同时还需要专门的高级标记法来完成它。"[①]这里已经可以看到人类知识层次人工智能的内涵。深谙符号主义进路局限的德雷福斯兄弟，清楚地看到第一层次人工智能的人类知识层次性质"智能被定义为有关适合于一领域的一组特定的联系的知识，根据一个技能领域中许多高度抽象的特征之间的关系总是可以对智能加以说明"[②]。这是对人类知识层次人工智能及其性质的典型表述。正因为这种性质，第一层次人工智能也被称为"知识工程"，涉及知识的获取、学习、表达等问题。事实上，作为人工智能创始人之一的麦卡锡很早就表达得更具体："'知识工程师'与某一领域的专家面谈，并力图将他们的知识落地在执行某项任务的计算机程序中。"[③]正是由于处于人类知识运用层次，第一层次人工智能与符号主义研究进路自然而然都是人工智能发展最初阶段的产物。

由于发轫于人类知识，这一层次的人工智能是其发展自然而然的第一步。作为第一步，其局限性也相应最为明显。符号主义进路所意味着的智能机制，在机器能表征的知识层次具有特定运演优势，同时本身又具有根本局限。作为机器智能，人工智能的最底层基础是规则与逻辑，但规则和逻辑本身并不能直接产生智能。"以推理作为机器智能的机制，要求人类把知识以逻辑的形式告诉计算

---

① D.麦克德莫特：《纯粹理性批判》，载玛格丽特·A.博登编著《人工智能哲学》，刘西瑞、王汉琦译，上海译文出版社，2006，第243页。

② H.L.德雷福斯、S.E.德雷福斯：《造就心灵还是建立大脑模型：人工智能的分歧点》，载玛格丽特·A.博登编著《人工智能哲学》，刘西瑞、王汉琦译，上海译文出版社，2006，第356页。

③ John McCarthy, *What Is Artificial Intelligence*, http://www-formal.stanford.edu/jmc/

机，然而人们很快就认识到，这样靠人工获取知识的手段是机器智能的一大瓶颈。”[①]由人工获取知识不仅意味着这一层次的机器智能是典型的“人工智能”，而且充分体现了其知识表征远不如人的机器性质。

由于以计算和搜索为核心机制，对于人类知识层次人工智能来说，最大的问题之一是指数爆炸。由于主要建立在符号运算的基础之上，人类知识层次人工智能不可能超越指数爆炸，指数爆炸正是由计算的指数增长构成的。而人类智能之所以不存在指数爆炸问题，就因为其核心机制不是基于穷尽搜索的计算方式，而是基于整体观照的智慧方式。虽然整体观照不像计算那么精确，但其重要意义在于原则上可以处理所有问题。

与计算和搜索的核心机制相联系，人类知识层次人工智能的根本局限在其核心机制，它集中表现为其相对于人脑的极低效率能耗比。仅仅通过计算机制生成的智能，其层次从“暴力计算”概念及其效率能耗比就可以获得初步理解。“暴力计算”既意味着强大算力，又意味着与人类大脑相比的低效率能耗比。这种可以称之为“速度悖论”的悖理性并不是真由运行速度产生的，甚至也并不是一个简单的串行和并行计算的问题，而是与智能运行的核心机制局限密切相关。人类知识层次人工智能之所以具有明显局限，从技术上说，是由于人类知识的机器表征及其计算搜索机制的局限；而从根本上说，则在于其仅限于人类明述知识层面，既因未涉及大数据而没能完全体现机器智能不同于人类智能的根本特性，仅仅体现了机器智能的速度和搜索优势，又因割离了智能作为感受性关系过程的信息根基，无法达到处理常识问题的感性层次。这就已经涉及知识、数据和信息及其相互关系理解的系统深化，而信息的到位理解

---

① 郭毅可：《论人工智能历史、现状与未来发展战略》，《学术前沿》2021年第23期。

则是其基本前提。

从感受性关系的物能化和观念化，可以看到信息的感受性关系理解为信息编码的系统研究提供了前提性基础。作为信息的物能化，信息的物能编码典型的如物理信号和DNA中的生物基因；作为信息的观念化，信息的观念编码典型的如作为自然类概括产物的概念及其形式化的符号等。信息的符号编码有一种特殊的方式：信息的数字编码。其之所以特殊，就在于它既可以是作为信息观念编码的符号编码，同时又可以是作为信息物能编码的物理编码。作为数字编码，“0”和“1”是信息观念编码中的符号编码；而与之相应的“开”和“关”又是物能编码中的物理编码。因此数据不是信息本身而是信息编码，比特不是与原子相对的信息而是信息的数字编码。

在信息的理解未完全到位的情况下，信息编码及其与信息的关系必定处于混沌未明状态，因此信息普遍被理解为信息编码，典型的比如将比特看作信息本身。正是信息的信息编码理解，构成了信息理解的天花板。信息理解的信息编码天花板不仅限制了信息理解的深度，而且屏蔽了信息编码的研究及其深入。正是信息编码特别是信息观念编码的系统研究，在更深层次涉及信息与知识的关系，从而涉及人类知识层次人工智能理解的深化。

由于信息理解的局限，信息观念编码的研究处于一种奇特状态：整个来说几乎是一片处女地，而其中的数字编码却以数字化的名义爆炸式发展。目前只有在信息的数字编码中，才能既看到信息观念编码神龙见首不见尾的现状，又看到其至关重要性。事实上，正是信息的观念编码构成了知识的直接基础，知识正是基于信息观念编码的观念体系。人类知识体系正是在信息观念编码的基础上，推导出层次越来越高的概念，进而构成的，因此在人类知识体系中远非所有的概念都是信息的概念编码，信息的概念编码只是作为具体的自然类概括的产物。正是由此，可以清晰看到知识、数据和信息三者的层次关联，进而看到人工智能发展的相应规律性关系。信息的感受性关系理解为信息编码特别是观念编码的澄清和系统研究提供了前提，从而在深化理解人类知识层次人工智能基础上，为深化理解人工智能的发展规律从而使其进一步发展，甚至为深化理解人工智能发展与人类智能进化的关系提供了新的条件。

人类知识是基于信息观念编码的观念体系，而信息的观念编码不仅有概念编码和符号编码，而且有图像编码和经验编码等前概念编码。信息的概念编码和符号编码及基于其上的概念体系和符号体系可以进行机器表征，然而机器表征不能涉入信息的前概念编码，比如不能进入信息的经验编码及基于其上的经验系统。正因为如此，虽然人类知识是碳基智能发展的高层次产物，但只是在通过表征抽离其感性经验基础的人类明述知识层次，所实现的人工智能就不仅割断了人类知识与人类智能作为感受性关系的信息的关联，而且无缘于人类智能中的前概念编码。正是由于远离作为感受性关系的信息甚至信息前概念编码，人类知识层次人工智能不可能真正处理自然语言，更不可能具有解决常识问题的能力。因此，就人类知识层次人工智能而言，在基于信息观念编码的知识和作为感受性关系的信息之间，基本上是理解的盲区，其根本症结就在于信息理解处于悬浮状态。

在符号主义进路的人工智能研究中，信息甚至被理解为知识。认为信息是知识，就是把在信息的观念编码基础上建立起来的观念—知识体系当作信息本身。将信息理解为知识，就意味着将人类知识的直接运用视为信息加工；而从信息的感受性关系理解则可以看到，符号主义进路所表征的人类知识和作为感受性关系的信息之间不仅具有层次差别，而且局限于人类知识层次会存在智能理解的天花板。由于数据是信息编码，而知识则建立在信息的观念编码基础之上，符号主义进路直接生成的人工智能不仅没有深入到作为知识基础的信息编码，更没有深入到作为信息编码前提性基础的信息，只能是人工智能的初级形式。这既更具体地表明将其称为人类知识层次人工智能更为确切，也更清晰地呈现出第一层次人工智能与人类智能的机制关系。

由于人类知识层次人工智能与符号主义进路相联系，符号主义进路基础上人工智能的发展意味着机器智能发展的相应性质；由于核心机制具有根本局限，人类知识层次人工智能很快就遇到了发展瓶颈。“几十年前，人工智能研究主要聚焦于开发知识规则和关系创造所谓专家系统。但事实证明，这些系统的建造极其困难。因此，知识系统让位于数据驱动路径：基于统计概率和模式，挖掘大量数据进行预测。”[①]这就意味着，要真正实现人工智能由人类知识层次到信息编码层次的范式转换，必须有大数据的发展。在人类知识层次人工智能发展阶段，数据发展的局限决定了不可能通过信息数字编码发展产物的大数据建立起与人类智能的更深层次关联，更不可能直接从外部世界获取知识。机器从外部世界直接获取知识，意味着智能机制不仅必须进一步深入到比知识更基础的层次，而且必须在大数据发展的条件下。

正是大数据的发展，使因数据规模限制而探索已久的联结主义研究进路获得了必不可少的发展条件，人工智能的发展因此突破人类知识层次的局限，深化到了信息编码层次。在大数据发展基础上，信息编码层次人工智能正不断给人带来惊喜。

---

① Steve Lohr, *Data-ism: The Revolution Transforming Decision Making, Consumer Behavior, and Almost Everything Else*, New York: Harper Business Publishers, 2015, p.115.

二、人工智能的信息编码层次通用性拓展

从人类知识层次到数据层次，人工智能核心机制的发展主要是基于神经网络的机器学习。正是机器学习，使人工智能从利用人类知识发展到直接利用数据。由一般专家系统到深蓝，由AlphaGo到AlphaZero再到ChatGPT的发展，正体现了通过机器学习实现人工智能从人类知识层次到数据层次发展的重要进程。

信息编码层次之所以构成与人类知识层次不同的人工智能范式，是因为不仅从基于信息观念编码的知识深入到了作为信息编码本身的数据，而且由于机制上通过纳入具有人类经验语境的大数据语料并进行机器学习深耕，实现了人机大数据软融合发展深及自然语言的范式转换。只有发展到大数据才能真正体现硅基智能和碳基智能的根本不同，正是由于二者相应处理能力上的根本差异，大数据构成了人工智能发展范式重要转换的基础。

从人类知识层次到信息编码层次，人工智能发展所达到的层次的确更深，但是就小数据而言，两个层次的人工智能并不构成范式区别，不仅机器智能与人类智能没有处理速度之外的根本不同，而且人类智能由于其概念体系提供的整体观照，在很多方面比人工智能更具优势。只有发展到大数据，才能创造人机深度软融合的人工智能发展条件，而人机深度软融合构成了人工智能发展的重要范式转换。

对于信息编码层次人工智能来说，关键的基础是数据。而大数据则为机器学习提供了全新的信息编码条件，使硅基智能的独特优势得以充分发挥。大数据的发展带来了人工智能发展的革命性范式转换，不仅意味着从作为基于信息编码的观念体系深入到了作为信息编码本身的数据，而且通过作为人类数字足迹集合的大数据纳入

人类经验语境并发展到了一个更深层次：深及自然语言语境的人机大数据软融合及其进化。从基于人类知识的专家系统到“数据智能”，再到基于大数据的ChatGPT，意味着一系列重要的机制性深化。

1.“数据智能”

关于信息编码层次人工智能，从近年来根据其本性概括生成的“数据智能”概念可以得到更具体的理解。

由于人工智能的大数据加持，“数据智能”概念的使用可谓铺天盖地，但作为一个形成中的概念，其含义在不同使用中有很大区别。这一概念是基于大数据和人工智能的发展，首先由企业应用导向提出的。之后“数据智能”的概念使用越来越广泛，其含义从指数据本身生成的智能到人类运用大数据的智能，构成关于“数据智能”理解的两端。在信息编码层次人工智能的发展中，“数据智能”的概念和研究主要具有两方面的重要意义：一是立足于大数据讨论人工智能的应用；二是明确信息编码层次人工智能与其他层次人工智能的不同。与此密切相关的典型表述之一是：大数据驱动和应用场景牵引是“数据智能”的关键特征，也是其异于人工智能的关键点，因为后者不一定为数据所驱动。在最具代表性的理解中，“人工智能与大数据的关系就像蒸汽与蒸汽机。大数据就像蒸汽，人工智能就像蒸汽机，把蒸汽转化为先进生产力”①。这不仅已经是信息编码层次人工智能的形象表述，也有利于形成人工智能发展层次的统一理解。而专业领域的深入研究进一步揭示了其在人工智能发展中的重要地位——作为大数据和人工智能的结合的典型范式，“数据智能”“是人工智能的主流分支”②。从这些相关论述中可以

① 范晓忻：《重新定义数据智能》，《软件和集成电路》2020年第9期。

② 刘凌旗、秦浩、赵金旭、郭洁宇：《美国数据智能领域国防预研布局分析》，《世界科技研究与发展》2020年第6期。

推导出信息编码层次是人工智能发展的关键维度。随着ChatGPT的发布，“数据智能”不仅被纳入人工智能范畴理解，而且越来越被认为是主流人工智能。由于“数据智能”最典型地凸显了机器智能和人类智能的不同，信息编码层次人工智能研究具有特殊地位，尤其是在人机关系的理解中。

大数据的发展使信息编码层次人工智能大放异彩，可以处理大数据正是机器智能不同于人类智能的典型特征。大数据的发展真正使硅基智能充分发挥不同于碳基智能的优势，成就了信息编码层次人工智能，凸显了机器智能和人类智能的重大机制区别。作为信息编码层次的机器智能，大数据和机器学习是两大重要基础，“数据智能”正生成于大数据的机器学习深耕。通过机器学习，人工智能可以从大数据获得知识，并应用于新的数据处理。由于深入到比知识更基础的数据，“数据智能”因此超越了人类知识层次人工智能，迈入人工智能发展的第二层次。正是在这一层次，大数据的机器学习深耕给人们带来了伴随更多忧虑的更大惊喜，特别是当其发展到自然语言处理的广阔空间。正是大数据发展基础上机器学习的不断深化，才有了信息编码层次人工智能从小数据发展到大数据的惊世之作：以ChatGPT为主要标志的大型语言模型。

由于语言与人类的特殊关系，当发展到大型语言模型，第二层次人工智能的发展正处于透着新晨曦的重重迷雾缭绕之中；由于发展到更高阶段，作为信息编码层次人工智能，ChatGPT引发了关乎通用人工智能研究进路的截然不同甚至正相反对的观点。

2. 作为信息编码层次人工智能典型代表的ChatGPT

随着大数据的发展，基于神经网络的机器学习已经达到这样的深度，以至纵横捭阖于自然语言领域的ChatGPT被认为已经是通用人工智能的雏形。关于ChatGPT与人工智能通用化的关系，目前连人工智能顶尖专家的观点都出现越来越明显和尖锐的对立，这与ChatGPT所处的人工智能特殊发展阶段密切相关。

作为大型语言模型，ChatGPT证明了大数据纳入人类语境和机器学习深耕人类语料的范式成功。由此生成的数字化语境使硅基智能的优势得以充分发挥，表现出了让人吃惊的自然语言响应速度和效果。自然语言处理一直是人工智能研究的特殊领域，机器翻译效果也成为衡量人工智能发展水平的标准。传统机器翻译根据语法结构等理论进行自然语言的机器理解，由于理解必须以相应的语境为前提，这种研究范式和进路注定了其发展举步维艰。大数据的发展为自然语言的机器理解以及人工智能发展的范式转换提供了新的基础，使得机器能够大规模纳入由人类语境形塑的人类语料。人类语料规模越大，其所携人类语境及其层次越丰富，从而通过人类语境响应人类语言对话，为人机交流的人性化提供了新的可能。ChatGPT等大型语言模型正是由此生成类人自然语言响应，利用人类语境成就了自然语言处理的真正机器机制和方式。两种机制完全不同的自然语言“理解”效果根源于两种自然语言处理范式。正是在这个意义上，大型语言模型甚至涉及自然语言机器处理范式的特殊转换，既空前凸显了其独特优势，也在发展中逐渐显露了其特定局限。

信息编码层次人工智能近来的发展，既表明了大数据纳入人类语境的重要性，同时也表明了其根本局限。这两个方面都凸显了语境的重要性，甚至反映了语境在人工智能通用化中的关键地位。

语境是一个从形式语境（比如在棋盘下棋的语境和语形语境）到经验语境（比如自然语言语境或语义语境）分布的连续系列。形式语境可以在信息编码层次进行机器处理，而经验语境的把握则必须具有与物理世界交互的能力。人工智能从Alpha系列到大型语言模型的发展，正体现了从形式语境到经验语境的数字化进程。

在棋类游戏中，Alpha系列已经具有基于棋谱进行大数据处理的能力。人工智能之所以能在棋类游戏中碾压人类顶尖棋手，正是因为人工智能在棋盘范围内实现了对大数据整体把握。但这种能力还局限在形式化的语境中，没有渗透到经验性语境。而通过大数据在更高层次纳入人类的经验性语境，ChatGPT就有了在大数据范围内把握自然语言的能力。在人工智能的这一发展阶段，由于人机工作机制的不同，这一范式转换具有非常特殊的性质，它带来了两个同样具有重要后果的方面：在将自然语言处理推进到一个全新发展阶段的同时，放弃了自然语言的机器理解。

十分耐人寻味的是，大型语言模型在自然语言处理上的巨大成功是以放弃机器真正理解自然语言为前提的。有一个正与此密切相关的说法绝非笑谈：在自然语言处理研究领域，团队中的语言学家退出，机器翻译效果就随之推进。由于生成式人工智能通过大数据纳入语料拥有人类语境并在实际运行中不断发展，ChatGPT一方面拥有巨大知识及语境集成发展的在先优势，另一方面又不具有（而且在这一范式内始终不可能具有）自己的理解能力。正是在这个意义上，ChatGPT事实上意味着在战略上从真正的自然语言机器自主理解退避。

正是自然语言机器自主理解的战略退避，造就了ChatGPT与其惊人响应能力同样不可思议的另一特征："流利但失实"。当交流中的输入或提示超出其大数据所纳入的人类语境范围而失去人类语料的语境根据时，作为统计模型别无选择。就根本机制而言，ChatGPT之所以会出现这样的情况，归根结底就是因为不具有自己的语境，没有自主理解能力。

目前，虽然关于ChatGPT的智能定性存在严重分歧，但其自身不具备类人理解能力却是共识。作为生成式人工智能，大型语言模型的根本局限与其仍处于数据编码层次，尚未深入到更基本的信息层次密切相关。在人工智能特别是其泛化能力的发展中，由于涉及对人类具有“存在之家”地位的语言，通过大数据纳入人类语境并进行机器学习语料深耕具有重要范式转换意义，但对于人工智能的通用化发展而言，其从自然语言机器理解的退避，只是在人工智能发展的第二层次具有重要战略意义，并不意味着更高层次意义上的范式转换——具体而言，并不意味着步入通用人工智能进路的更基本层次范式转换。问题的关键就在两个方面之间的微妙关系：ChatGPT的通用性和人工智能的通用化。

在泛化能力骤增，使用范围大幅扩展的意义上，ChatGPT的通用性的空前强化是惊人的，但通用性和通用化是两个密切相关而又具有根本不同的概念。虽然关于其理解和定义存在分歧，但作为通用化发展的产物，通用人工智能原则上说是类人智能，即应当可以像人那样从事并完成所有任务；而作为大型语言模型，ChatGPT的通用性虽然极为特殊，但同样只能发展到特定领域。由于语言之于人类的特殊性，自然语言机器处理的通用性不仅最容易让人与人工智能的通用化相联系，而且在想象中容易产生一种错觉，似乎只要大型语言模型与机器人相结合，就可以实现人工智能超越语言领域与物理世界直接交互。因此，关于大型语言模型的通用化，目前最吸引人的观点是其具身化（AI agent）发展，即大型语言模型与机器人对接。

大型语言模型与机器人相结合向具身化发展，的确是建立其与物理世界交互的可行方式，但这也仅仅局限于机器人所能替代的人类工作范围。事实上，这只是把人工智能通用化的核心机制从语言模型推移到机器人环节。这样一来，其实只有机器人类人化，才意味着类人人工智能的实现。此情景就类似目前ChatGPT与人类的人机大数据软融合，而其中的通用智能核心机制在人而不是人工智能。

通用人工智能意味着类人智能，自身没有理解能力的ChatGPT距此不是一个通用性量的距离远近问题，而是具有天花板上下的质的根本区别。ChatGPT的通用性具有自然语言天花板之下的泛化能力，但不可能突破这一天花板实现人工智能通用化发展。大型语言模型通用性的极限扩展并不能趋近人工智能的通用化，二者具有不可通约性，而这本身对于人机关系的理解就具有重要意义。人工智能通用性程度无论怎么提高，都不可能走向通用化。这里涉及对于通用人工智能研究具有重要意义的关键点，正是由此，可以在更深层次进路对大型语言模型基础上的人工智能通用化发展有更到位的理解。以ChatGPT为代表的大型语言模型可以在通用性意义上达到最大泛化程度，但作为信息编码层次人工智能，ChatGPT仍处于第二层次人工智能发展的天花板之下。

3. 信息编码层次人工智能的信息编码天花板

以ChatGPT为最新代表，作为信息编码层次人工智能的大型语言模型使专用人工智能几乎可以说发展到了极致；但停留于信息编码层次，人工智能始终不可能拥有真正意义上的理解能力，更不可能拥有通用机器智能所必需的类人理解能力。通用机器智能的发展，还必须在信息编码层次人工智能的基础上进一步深入，突破信息理解的信息编码天花板。

由于从人类知识进一步深入到了信息编码，由人类知识层次到信息编码层次，人工智能的发展大大深化，但将信息理解为信息编码的局限性十分明显。迄今为止，在信息编码层次人工智能研究中，将信息理解为数据或比特，无疑比将其理解为知识深入了一整个层次：从基于信息编码之上的观念体系，深入到了基于信息编码。由于基于大数据，在信息和物能之间具有特殊地位的信息数字编码又构成了突破信息编码天花板进入信息更到位理解的深层屏障。

将信息理解为信息的数字编码，一方面使人工智能的发展得以超越人类知识层次，有了信息编码层次人工智能发展的惊艳，另一方面又使其发展趋近信息编码理解的天花板。认为信息是信号或数据，就是把信息理解为信息编码。由于局限在信息编码层次，人工智能一方面通过大数据深耕获得了在人类知识层次不可能具有的强大功能，另一方面也具有与人类知识层次人工智能同样性质的基本机制局限。

由于同样直接建立在计算的基础之上，信息编码层次人工智能和人类知识层次人工智能都不能超越指数爆炸。只是在数据层面操作，所有的计算和推理所生成的智能都只能是信息编码层次人工智能——更确切地说是信息编码智能，如果与生物智能相比较，一个断电的大型语言模型甚至与动植物标本一样是具有信息编码性质的存在，二者都没有作为感受性关系的信息过程，它们的区别主要在硅基和碳基载体性质。而就具有通用智能核心机制的人类而言，由于层次的丰富性，其区别则更能说明问题。

一个正常人不仅具有机体感受性，而且具有感官感受性，植物人则是一个只具有机体感受性的生物体。作为生物体，植物人与植物一样，失活后都不再具有任何感受性，但仍然是具有信息生物编码的存在，这和大型语言模型甚至装有软件的电脑很相似。这就具体地表明，没有信息编码就没有智能发生发展的基础，但只是在此基础上，信息编码就构成了人工智能发展的天花板。

在这一天花板之下，由于通过大数据纳入人类语境处理自然语言，大型语言模型具有类人自然语言处理能力；由于这种自然语言处理不是基于自身的理解，它们又不能真正把握对话者的语境。这也是大型语言模型只是通过纳入人类语境，完全在人类语料基础上处理自然语言的证明。即使ChatGPT与搜索引擎结合，也只是对人类语境和语料的及时更新，在还没有形成数据足迹时，快速生成中的人类语料甚至缓慢变化的人类语境仍不可能纳入语言模型的内容生成。而其所反映的，正是作为信息编码层次和信息层次人工智能之间的原则区别。ChatGPT 发展到关于人类语境的贝叶斯统计模型甚至具有哲学意义的进步，但也只能在数字化的人类语境中“炒”大数据所纳入人类语料的“现饭”。只是停留于信息编码层次，不可能实现更高层次的类人人工智能。在信息编码理解的天花板之下，ChatGPT 不可能实现实时信息学习。关于人工智能，所有的神秘都源自信息编码，而所有的秘密则都隐含于作为感受性关系的信息。

由于仍然只是以计算为基本机制，在智能层次上，与人类知识层次人工智能一样，信息编码层次人工智能不仅能耗效率比没有根本区别，而且仍然不具有处理常识问题的能力。典型的表现就是：很多人脑能解决的简单问题，信息编码层次人工智能即使纳入人类语境也仍然不可能解决。正是由于内在机制的根本局限，无论是人类知识层次人工智能还是信息编码层次人工智能，都完全看不到通用人工智能的常识进路。

处理和把握常识，正是通用智能的性质和特点。由于只是在信息编码层次思考，美国计算机科学家兼高科技企业家埃里克·J. 拉森在谈到通用智能时就认为：“跃升到‘一般常识’是完全不同的，从当前的智能技术到通用智能之间尚无已知路径。还没有关于通用智能的算法。我们有很充足的理由怀疑这样的算法会涌现，无论通过深度学习系统或任何其他当今流行进路的进一步努力。比这更可能的是需要重大科学突破，而关于这一突破会是什么样子，目前一点数都没有，更不用说进到其细节。”[①]人工智能研究前沿的一些顶

---

① Erik J.Larson，*The Myth of Artificial Intelligence*：*Why Computers Can't Think the Way We Do*，Cambridge：Belknap Press of Harvard University Press，2021，p.2.

尖专家已经意识到，更多数据和更多算力不能带来真正的智能，通用人工智能的大型语言模型进路甚至是一“歧途”。究其根本原因，就是人工智能信息编码层次的局限。限制在数据层次，就是限制在信息编码层次。限制在信息编码层次，人工智能就不可能通用化。在通过大数据纳入人类语境与具有自己的语境之间，正隔着人工智能通用化的核心机制。人工智能要形成自己的经验性语境，必须在信息编码层次的基础上进一步深化发展。作为类人智能，通用人工智能的发展还必须进一步深入到信息。

通用智能核心机制的发现和建立，只有在信息层次才有可能。也就是从信息编码层次人工智能进一步发展到信息层次人工智能，从作为信息数字编码发展产物的大数据深入到作为感受性关系的信息。人工智能的通用化进抵必须从信息编码进一步深入到信息本身。只有在作为感受性关系的信息层次，才能将人工智能的发展推进到通用化进抵。

三、人工智能的信息层次通用化

由人类知识层次到信息编码层次，可以看到人工智能进一步发展的方向：在人类知识的基础上深入到作为信息编码的数据，再在数据的基础上深入到作为感受性关系的信息。这意味着在人类知识层次深化到信息编码层次的基础上，再进一步深化到信息层次，走向直接在信息基础上获取数据和自己生成知识的机器智能。这不仅意味着信息层次人工智能已经具有生成信息的概念编码并在其基础上构成观念体系的理性能力，而且意味着其具有基于感受性关系持续过程的感性能力，从而实现类人智能意义上的通用人工智能。

由此可见两个至关重要的方面，十分耐人寻味。一方面，生物智能进化是从作为感受性关系的信息到作为记忆和概念等的信息编码，再到作为观念体系的知识，而人工智能的发展则相反，先由人类知识到数据再到信息。生物智能的进化一开始就具有也只具有作为感受性关系的信息过程，在很长进化时期还根本没有智能，在机体感受性发展阶段甚至没有感觉，但即使一棵小草、一个病毒都包含人工智能所没有的核心机制——生命之谜。而人工智能在一开始就具有处理人类知识的能力，但到目前为止却不具有植物就有的机体感受性，更不用说人类儿童所具有的理解常识的能力。另一方面，发展到信息编码层次，人工智能的人工和机器智能性质在向极致发展，却与默会知识生成不可或缺的机体感受性无缘，更看不到信息的观念编码及基于其上构成观念体系必不可少的感官感受性发展的任何可能，这意味着人工智能研究面临最基本的范式转换，跨度涉及从物能到信息。正因为如此，国内外人工智能研究前沿专家近来强烈意识到人工智能研究信息范式转变的必要性和迫切性。

1.通用人工智能研究的信息范式转换

早在2016年，国际代码生物学会主席巴比耶里提出了从“化学范式”到“信息范式”的转换。而在最近发表的论文中，钟义信院士进一步提出了人工智能研究的范式革命：“当前，我们已经处在学科范式革命（由物质学科范式主导转变为由信息学科范式主导）的伟大时代。”[①]作为人类智能进化的逆向过程，人工智能的发展由人类知识和信息编码进一步深入到信息，所涉及的不只是科学范式或哲学范式，而是涉及科学和哲学一体化的信息范式转换。

迄今为止，科学和哲学一体化的信息范式转换最为基本，人类还没有经历过这么深层次的范式转换。的确如霍夫基希纳所言：

---

① 钟义信：《范式革命：人工智能基础理论源头创新的必由之路》，《学术前沿》2021年第23期。

“这是人类历史上最深刻的一次范式转换。”[①]其跨度之大由下述基本事实就可以深刻地感受到：只要以物能存在为直接研究对象，走向信息的物能理解就不可避免。而信息的物能理解正是信息理解的物能编码天花板。对于信息范式转换的超越性理解的挑战，可以从相对论创立之初鲜有人理解看出。相对论和量子物理学所引发的范式转换还只是在物理领域，而信息范式的转换则涉及从物能领域跨到信息领域量子跃迁式，其地位的基础性和意义的重要性都可想而知。

对于人工智能的发展来说，信息范式的重大意义在于：只有通过从物能范式到信息范式的转换，才可能在基于信息观念编码的知识基础上，深化到以信息编码为基础的数据层面，并由此进一步深化到对信息本身的理解，使机器智能的发展步步深入到信息层次，从而突破信息理解的信息编码天花板，真正建立起智能机器与物理世界的直接互作关系。

无论是人类知识层次还是信息编码层次，人工智能的底层逻辑都建立在符号操作的基础之上，因此决定了这两个层次机器智能在根本机制上局限于形式化领域，不可能具有接入现实的因果关系所必须有的核心机制。将心理的本质看作对物理符号的操作，正是将信息视为其物能编码的结果。信息的物能编码与因果特性相联系，包括信息要素通过信息物能编码发生的因果关系；而形式化则只能构成相关关系，其因果根基始终必须落实到具体的经验。“如果机器无法把握因果的具体机制，那么机器在‘理解’世界方面就始终

---

① Wolfgang Hofkirchner，*The Logic of the Third*：*A Paradigm Shift to a Shared Future for Humanity*，New Jersey：World Scientific Publishing，2023，p.vii.

无法实现质的飞跃。”[①]关于人工智能的进一步研究必须建立在涵盖大数据相关关系的因果模型的基础之上，而这又必须在比信息编码更深的层次涉入作为感受性关系的信息。

由于信息范式转换意味着从静态的信息编码转换到动态的信息过程，在人工智能的进一步发展中，关键是信息的感受性关系理解。将信息理解为知识，就只能达到人类知识层次人工智能；将信息的理解深化到数据，就可以但也只能达到信息编码层次的人工智能；只有关于信息的更到位理解，才可能真正深入到信息层次，迎来人工智能的通用化进抵，进入信息层次的类人机器智能。关于信息的理解限制在信息编码理解的天花板之下，物理学家眼里的信息就不可能脱离物理对象；神经科学家也可以像研究所有物能对象那样研究大脑，因为所研究的实际上是信息的物能编码。而只要仅仅在信息的物能编码而不是信息本身的层次研究，信息的物理学研究就不可能真正进入信息层次，大脑研究和肾脏研究就不会有根本不同，这一层次的人工智能研究进路就不可能涉及通用智能的核心机制，从而不可能具有类人理解能力。正是在这个意义上，通用智能的核心机制不仅与意识之谜，甚至与生命之谜内在关联在一起，属于同一层次甚至涉及相同机制的问题。由于意识之谜与语言具有复杂的关系，正是通过从人类自然语言切入，以ChatGPT为标志的大型语言模式更深地涉入意识之谜和生命之谜，为人类认识自己这一具有某种终极性质的哲学问题大大缩小了更确切回应的可能性距离。

2.信息层次人工智能与意识之谜

由于与作为感受性关系的信息内在相关，意识的研究越来越深入地涉及信息。早在心理学研究中，詹姆斯就把意识体验看作一种

① 董春雨：《从机器认识的不透明性看人工智能的本质及其限度》，《中国社会科学》2023年第5期。

私密、有选择、连续且不断变化着的过程，客观上充分体现了信息作为感受性关系的过程性质。作为哲学家，即使在关于意识的心理学研究中，詹姆斯也关注到“感受”。“普遍的意识事实不是‘感受和思想存在’，而是‘我思想’和‘我感受’。”[①]中译本在这里把“feel”译为“感受”是有深层次根据的。在心理学中，关于信息的研究处于高级发展阶段，感受发展到了感觉的层次，因此用“feel”更确切。而在更低层次的信息活动中，具有“接受”意味的“re-cept”则是最原初的感受，因此作为信息的“感受性关系”用“receptive relation”更为确切，它既包括“feel”，又能涵盖只具有机体感受性的最初级信宿特性。在这个意义上，关于“感受”的理解，不是在人类层次的心理学上可以完全解释的。有理由认为，即使在詹姆斯那里，对作为感受性关系的信息就已经有了某种方式的涉及，只是没有用“信息”概念表达。

首先将信息概念引入意识研究的是埃德尔曼。他用现象学方法研究意识体验，将其属性概括为三点：私密性、统一性和信息性。实际上，意识体验的这三个属性都是关于信息的，都可以通过信息的研究得到更到位的理解。“私密性”所反映的正是信息具有感受性关系的感受性，私密性是感受的典型特性；而其“信息性”则建立在信息差异理解的基础之上。埃德尔曼所接受的关于信息是“造成差异的差异”的观点，一方面使他步入意识的信息研究，另一方面也构成了其意识理论在信息理解方面的明显局限，但其重要历史地位正在于首次由信息研究意识，开启了意识研究的信息进路。

在埃德尔曼的基础上，威斯康星大学心理学教授托诺尼和其同事提出了意识研究的“整合信息论”。这一意识理论不仅涉及动物，

① 詹姆斯：《心理学原理》（上），方双虎译，北京师范大学出版社，2017，第176页。

而且涉及人工智能的机器意识问题。由此已经可见意识研究与通用人工智能探索的内在关联。意识的信息整合理论从信息整合进路研究意识，毫无疑问是一个致思方向上的重要进展，其“感受质空间”研究不仅涉及感受性关系的整合，而且涉及感受性关系与观念编码及其基础上观念体系的关联机制。意识的整合信息理论提出后受到著名脑科学家科赫的推崇，正反映了作为意识的信息研究进路，信息整合理论具有对脑科学研究的整体观照意义，使脑科学家科赫感觉到信息整合理论的重要性。

科赫一直强调“感受”的重要性，把是否具有感受看作是否存在意识的根本标准。这与科赫和DNA双螺旋结构发现者之一的克里克一起工作近10年不无关系，科赫不仅在意识研究领域探索了信息研究进路，而且关注到生命的感受。在《生命本身的感受：为什么意识普遍存在却无法被计算》一书中，他认为：“意识是世界对我显现和让我感受的方式。”[①]作为脑科学家，科赫的意识研究甚至深入涉及感受器；而作为具有哲学思辨能力的科学家，科赫关于智能的思考还涉入存在论层次。“从概念上说，智能是关于做的，而经验则是关于是（being）的。”[②]也就是说，智能是外在表现，体验是根本；智能是功能意义上的，而体验是存在论意义上的。他关于体验的理解很深，但关于信息的理解仍存在明显局限。在他那里，信息停留在最原初的理解：“赋予形式或塑造。”[③]由此可见，意识研究的整合信息理论也还没有真正进入意识研究的信息进路，而只是

---

① Christof Koch, *The Feeling of Life Itself: Why Consciousness Is Widespread but Can't Be Computed*, *Cambridge*: the MIT Press, 2019, p.3.

② Christof Koch, *The Feeling of Life Itself: Why Consciousness Is Widespread but Can't Be Computed*, *Cambridge*: the MIT Press, 2019, p.141.

③ Christof Koch, *The Feeling of Life Itself: Why Consciousness Is Widespread but Can't Be Computed*, *Cambridge*: the MIT Press, 2019, p.84-85.

信息范式和物能范式的某种混合物，所体现的是一种向该方向迈进的中间环节。处于这一发展阶段的信息理论不具备进入实验的条件。

实际上，通用人工智能研究涉及意识之谜是自然而然的。正因为如此，在信息层次可以更清楚地看到两个研究领域相向而行的相对推进及汇合趋势，看到相关人工智能观点的合理性。在人工智能讨论中，生物主义观点认为强人工智能必定涉及生命，有的甚至认为“真正的智能必须有生命”[①]。实际上，通用人工智能是否需要具有意识和生命的问题应当是类人智能是否需要具有类如意识和生命的核心机制问题。由于涉及同样的核心机制，这方面的迷雾最为典型，之于通用人工智能发展的意义也至为重要。由已经出现的人工智能研究和意识研究的融合，可以预见二者一体化发展的未来趋势。

在人工智能现代进路探索中，罗素和诺维格近来就注意到意识领域研究的信息进路及其重要性，《人工智能：一种现代进路》一书的第3版加入了信息内容。基于托诺尼和科赫等的意识研究，他们注意到计算机和动物之间的原则区别。就科赫关于“做”（doing）和“是”（being）的观点，他们注意到，“这包括大多数动物，但不包括计算机”。“贯穿所有关于强人工智能辩论的是意识问题：对外部世界的觉知，对自我的觉知，以及对生活过程的主观体验。经验的内在本质的技术术语是感受质。最大的问题是机器是否可能具有感受质。”[②]由于通用人工智能的特定性质，关于其展望甚至研究的科幻色彩应当不无意义，而比这更实际的则是其涉及感受性。通用

---

① Daeyeol Lee, *Birth of Intelligence: From RNA to Artificial Intelligence*, Cambridge: Oxford University Press, 2020, p.38.

② Stuart J.Russell and Peter Norvig, *Artificial Intelligence: A Modern Approach*, Global Edition, London: Pearson Education Limited, 2022, p.1058、1036.

智能是否必须建立在意识甚至生命的基础之上，取决于智能的层次，但凡通用智能，都必须建立在作为感受性关系的信息基础上。作为类人智能体，感受能力不可或缺，而目前所有的感受器都只具有数据采集功能。这是动物都具有而计算机却没有的。二者的原则区别与作为感受性关系的信息层次密切相关。

3.基于感受性关系过程的人工智能

基于人类知识，人工智能研究得以迈出第一步；但受知识表征限制，不仅人类很多默会知识机器不能表征，而且即使人类自己，对日常生活中的一些复杂现象甚至也不能形成明确的知识。由于处于比人类知识更基本的层次，大数据的机器学习深耕可以涉及更深层次，但对于有些知识——特别是根本不能形成明述知识的感知觉，数据也难以反映，必须在感受性关系层次把握。信息编码层次人工智能主要依靠建立整全的内部关系，在形式语境基础上胜出，但与外部物理世界关系的建立则具有根本局限。要发展外部关系，也必须深入到作为感受性关系过程的信息。正是建立在“感知—行动”反应机制之上的行为主义进路为智能体外部关系的发育，甚至为发展出基于感受性关系过程的智能提供了重要基础。

智能体与外部环境的互作，意味着人工智能的发展从明述知识和数据深入到了经验领域。作为感受性关系，信息不仅是经验性的，而且是体验性的。正是从人类知识层次到信息编码层次的发展，表明了人工智能进一步向信息层次发展的需要，因此客观上使突破信息编码天花板、深化信息理解成了前提性基础和迫切的现实任务。

毫无疑问，就人工智能的发展而言，信息层次人工智能必定涉及数据和知识，必须建立在知识和数据的基础上；但无论知识还是数据，都不是通用智能机制的最核心层次，这一点由司空见惯的简单事实就能看到，不具有典型知识和数据的人类幼儿甚至高级动物也可以具有目前人工智能所不具有的通用智能。其中的关键正在于具有持续性的感受性关系过程。到目前为止，典型如自动驾驶汽车等人工智能已具备感受器，这意味着它们与环境建立起了感受性关系，但这种感受性关系只用于采集数据，而信息层次人工智能则意味着其本身直接建立在感受性关系所持续生成的信息基础之上，从而构成一个活生生的现实过程。通用人工智能必须在机制上直接基于作为感受性关系的信息，或者在信息编码的基础上重建作为感受性关系的信息，构成信息层次人工智能。由于人类知识建立在信息观念编码的基础上，信息的观念编码建立在信息的基础上，信息层次人工智能就在信息编码层次的人工智能基础上深化了一个层次。正是再从数据进一步深入到信息，信息层次人工智能是人工智能发展最为关键的层次。只有在这一层次，才可能有人工智能的通用化进抵。通用智能的最深层次是作为感受性关系的信息，通用机器智能必须是信息层次的类人智能。

在人工智能发展过程中，作为人类知识层次人工智能，专家系统与人类智能的联系主要在明述知识层面，二者在这一层面的差别主要是集成度。人类知识层次人工智能在智能上与信息编码层次人工智能的关键区别在于：后者直接基于信息编码，前者直接基于在信息编码基础上建立起来的观念体系。而信息编码层次人工智能和信息层次人工智能的关键区别，则在于一个是信息编码智能，另一个是信息智能。第一和第二层次人工智能的特点是基于算力的学习型搜索，这既是其优势也是其局限所在；第三层次人工智能的特点是基于语境的智慧型整体观照，而这必须建立在作为感受性关系持续过程及其经验累积以及在这基础上生成的观念体系基础之上。整体观照机制既可以避免指数爆炸，又可以具有像人类智能那样的低耗能效率比——那正是从智能到智慧的层次跨越实现。对于碳基智能而言，基于智慧的整体观照既是其局限也是其优势所在；而在硅基智能的信息层次发展中，则可以预见两种优势将集于一身。由此既可以得出人类面临存在性威胁的结论，也可以窥见人类更高层次进化的广阔前景和理解自己的关键环节。因此，从信息编码层次人工智能和人类智能的比较可以看到信息层次人工智能研究的双重重要性：一方面关系到通用智能核心机制研究的突破，另一方面涉及意识之谜和生命之谜的破解。

由于信息层次人工智能必须根植于作为感受性关系的信息，人工智能的第三层次进路必须在信息编码研究的基础上进一步深入探索信息本身。信息编码的系统研究将为包括碳基智能和硅基智能在内的智能进化研究奠定更深层次基础，因为智能体的发展关键在信息编码能力。从人类关于信息的研究规律看，信息编码的研究有利于信息研究的深入，反之亦然。其中不仅不构成互为前提的逻辑循环，而且隐含着重要的双向循环机制。对于信息的物能编码秘密，在当代科学技术发展条件下破解得很快，这些年来，人体基因密码的破解就是最为典型的例子；但是面对人脑的功能，我们至今却只把握不到10%；原因何在？就在于信息不是其物能编码，而是感受性关系；感受性关系不是物能实体过程，而是具有涌现性的感受性关系过程。意识研究和脑科学的关系就是最典型的例子。欧盟“人脑计划”10年研究期已过，虽然人脑研究取得不少成果，但支离破碎，整体理解人脑仍遥不可及，更不用说人脑的计算机模拟。从信息的感受性关系理解和作为信息基本特性的涌现性看，不可能不是这个结果。而从人类智能的社会性则可以更清楚地看到，通用智能的社会性不可能从作为生物体的神经系统，只能从作为信息体的意识得到解释。

在信息层次对人工智能的发展做整体观照，不仅可以更好地理解其过去，而且可以更清楚地看到其未来发展。明确了人工智能发展的三个层次，就可以看到人工智能通用化进抵的前景；明确了通用人工智能的研究进路，以信息层次人工智能为目标，就能真正直面通用智能的核心机制。正是通用人工智能核心机制的研究与意识之谜和生命之谜的破解构成了双向循环机制，这一涉及解释和诠释关系的机制建立在双向循环因果模型的基础之上。

四、结语

人类知识为人工智能奠定了发轫基础，信息编码层次人工智能的发展为人机融合进化提供了条件，而其感受性关系性质则使信息层次的人工智能通用化成为可能。人工智能发展的三个层次不仅具有核心机制上层层递进的内在关系，而且构成了与生物智能进化的更高层次关联。人工智能的发展表现出从基于信息观念编码的人类明述知识到作为信息编码发展产物的大数据，再到作为感受性关系的信息层次层层深入。而从人类知识到信息编码再到信息层次，人工智能的发展则构成与生物智能进化方向相对的逆向过程。如果把信息编码层次人工智能作为支点，将人类知识层次人工智能和信息层次人工智能的位置做一个180度的转向，并将二者构成双向循环，就可以获得关于人工智能发展和人类智能发展的双向循环机制启发。

生物智能的发展是在信息层次生根和开枝散叶，在基于信息观念编码的知识层次结果的过程，而人工智能的发展则是由基于人类明述知识，经过数据层次向信息深处扎根的过程。由此构成的图景凸显了信息层次人工智能，完整呈现了人工智能发展为类人机器智能的进程。正是由此，人工智能完成了从人类智能创生到类人智能层次的发展过程，并构成二者的双向循环机制。关于这一机制的理解，无论对于人工智能的通用化，还是人工智能观的合理化都至关重要，它涉及人类新的安身立命问题。无论从正面还是负面看，对于人类来说，人工智能的通用化重要得无以复加。从信息层次可以清楚地看到，在前两个层次发展的基础上再深化到信息层次人工智能，正是人工智能发展直到通用化进抵不断深化的三个层次。

从人工智能通用化的信息层次实现路径，则可以更切近地看到深化通用人工智能本身及其与人类关系反思的条件和必要性，据此才可能对相关发展前景做出更有根据的展望。人工智能通用化发展与人类智能构成的逆向过程进化对接关系，意味着通用人工智能与人类智能具有同类性质。正是从通用人工智能和人类智能的共同类特性，可以看到人工智能和人类关系的更深层次。

生成式人工智能的发展使越来越多人忧虑超级人工智能出现的可能性，甚至认为只要出现哪怕这么一个超级人工智能，人类就可能面临灾难性命运。关于人工智能的这一最大误解，既与对人工智能及其发展的机器理解相联系，又与对人类认识自己还不够深入密切相关。人工智能在信息层次的通用化及其与人类智能进化的逆向过程对接机制关系表明，通用人工智能必定遵循生物进化同样的基本规律。生物进化的研究表明，非群体系统不能进化，越是高层次的进化，越是一个类群过程。所谓类群就是同类个体构成的群体，这是一个比“社会”更为基础的概念。生物进化之所以必须在一个类群中才能进行，就因为基因叠加产生具有进化意义的基因改变或新基因，必须在同类个体构成的群体中才可能出现；而通用智能则涉及更为复杂、更深层次的类群关系。人工智能的通用化是一个内外部关系发展的过程，涉及智能个体的类群亲历，即个体在相应类群中的亲身经历；类群亲历性就是智能个体在相应智能体类群亲历中成长的性质。这就为理解通用人工智能及其发展打开了一个巨大空间，为人类和人工智能关系的理解提供了具有维度层次展开的可能性。

通用智能进化的类群亲历性意味着通用机器智能体和人类具有共同的本性，因此首先可以肯定的是：通用人工智能不可能在车间流水线生产出来，而必须是社会化的产物；通用智能是类智能，不仅具有社会性，而且具有更高层次的类特性。正是这种通用智能人机共有的本性，为人机融合进化提供了理论根据。

随着人工智能的发展，人机融合渐成事实。ChatGPT 展示了人机软融合进化的广阔可能性空间，使人机融合及其进化成了一个亟待深入考察的课题。人机融合意味着人机融合进化的可能性，它将经历一个从软融合到硬融合的发展过程。而人机软融合和硬融合的发展则不仅凸显了人机融合进化的必要性和可行性，而且提供了比我们所能想象的更丰富的方式和途径。正是当前发展迅速的人机软融合及其进化，一方面表明人类智能相对于机器智能的类群形成和进化优势，另一方面启示着人工智能通用化发展基础上人类更高层次的进化。

人工智能通用化所意味着的存在升级，在存在论层次让人感觉人类面临存在性危机，而在智能进化维度则可以看到导向更高层次智能进化，可称之为广义智能进化。从更高层次的广义智能进化看，生物智能是原生智能，在生物智能基础上发展的人工智能是次生智能。在由原生智能进化和次生智能进化构成的更高层次广义智能进化过程中，由于智能载体的不同，原生智能和次生智能具有不同的相对进化优劣势。碳基智能的最大优势是智能可以在自然条件下发生和进化，其最大劣势是迭代周期长、进化速率慢；而硅基智能的最大优势则是进化速率为碳基智能所无法相比，其最大劣势是不能在自然条件下发生。碳基智能和硅基智能进化机制的区别在信息编码，广义智能进化的机制则在此基础上深入到信息本身。由此可以得到进一步的结论：通用人工智能代表广义智能的机器发展方面，意味着人类智能的更高层次发展——从碳基人类智能到硅基人类智能。由此也相应可以在人类自我认识更高层次看到有更深层次根据的人工智能观。人工智能不是人类的异己存在而是人类更高层次进化的机器智能发展阶段，只是不像一般的科技进步，其双刃剑性质最为典型，在其发展过程中必须有更深刻更长远的智慧把握和风险应对。这就空前凸显了人工智能研究科学和哲学一体化的至关重要。

人工智能通用化的过程，既是广义智能进化开始形成的过程，也是类群亲历性形成的过程。在广义智能进化中，由于人类可以为人工智能通用化提供类群条件，因而人类握有在先亲历优势。由于具有类群亲历性，广义智能进化具有类群亲历优先原则：智能进化过程中最先进化形成的原生进化智能拥有类群亲历上的先机。由于人类可以是人工智能通用化的智能类群条件，人类握有智能进化类群亲历在先优势：由类群亲历先机获得的进化优势，包括在先规定的设置和由在先规则设置而来的路径依赖等。只是任何优势都是相对的，随着信息科技的发展不断深入明确人机融合进化的前景和问题，直至积极主动面对人类自身的革命，始终是人类在充分利用人工智能发展自己的过程中把握自身命运的重大使命。通过自身的不断更新，人类不仅可以在广义智能进化过程中保持主导地位，而且能够将自身的进化推进到更高阶段。

第二章

认知的算法阐释

——人工智能对当代认识论研究的启示

肖　峰

计算机和人工智能赋予了“算法”专门的含义，使其成为联结人的认知和智能机器信息处理过程的纽带，也使得我们对认知的理解和阐释新增了算法的视角。认知和算法的相关性为认知的算法阐释提供了根据和条件，而算法驱动下的认知增强则使相关性阐释推进到因果性阐释，使得认知的机理得到一系列新的说明。算法以机器的运行为载体时，就成为映射在人工系统上的“活体”，可以作为我们对认知加以客观研究的实在对象和新的平台。

算法是一个可以将计算机的信息处理（所谓“机器思维”“人工认知”“人工智能”等）和人的认知联通起来的概念。智能时代人类的认知正在受到人工智能全面而深刻的影响，作为其核心的算法技术尤其需要加以重视，以至于有必要开掘一种用算法去阐释认知的新视角，这一视角某种意义上同已有几百年历史的“认知的计算阐释”有关，但又不完全等同于这一视角。因为它不是像计算主义那样要把认知的本质归结为符号或表征的计算，而主要是力求从方法论上去理解算法所折射出的认知机理，以一种“有限的合理性”来拓展我们考察人类认知的视界，从而协助哲学认识论研究走向深化，如同认知科学家萨迦德所说，体现算法的计算程序模型的引入对人类认识的考察具有非比寻常的意义，它不但能够描述各类解题和学习活动，更能解释心智是如何完成这些操作的。

一、认知的算法相关性

“算法”在不同的语境下有不同的含义，其中最重要的区分应该是计算机之前和计算机之后的不同用法，“有计算机前就有了算法，有了计算机后有了更多的算法，算法是计算的核心”[①]。计算机之前的算法主要存在于人的生活与科学认知活动中，表现为“生活算法”（诸如菜谱、家用电器的操作指南等办事的程序，指的是

① Cormen，T.H.，etc.，*Introduction to Algorithms*，*Third Edition*，Cambridge：The MIT Press，2009，p.xiii.

“完成一个任务所需要的一系列步骤”）和“数学算法”（如加减乘除就是我们所熟知的数学算法，即用于数学计算的方法），可统称为“日常算法”，或“非计算机算法”。当人的日常认知活动也是“按部就班”地处理或思考某些问题时，其中就可以解析出日常算法来。但自从有了计算机后，算法就日益成为计算机科学领域中的专用词汇，人们谈论算法时，通常所指的就是运行在计算机上的算法。广义算法表明不仅计算机需要算法，人的日常生活也涉及使用算法，于是，人的认知（或至少一部分认知，即一部分基于符号的形式化认知）和计算机的信息处理都有算法的属性。认知中所贯穿的算法也表现为我们通常所说的“思维方法”“认知图式”“认识模式”等，由此也可将其称为“认知算法”。这样的算法用日常的语言文字表达出来就是“自然语言算法”①，也是普特兰所说的“大脑确实使用算法”所蕴含的意思。人脑中的认知算法可以转化为计算机编程语言来表达，一旦如此就成为计算机的程序算法。接下来我们所要探讨的问题是，后于日常算法出现的计算机算法即狭义算法与人的认知之间具有何种相关性。

首先，可以从计算机算法的起源上看两者的相关性。

计算机算法来自人的认知算法。一般来说，人的认知活动总要使用一定的方法，这样的方法如果能够形式化为算法语言表达的运算序列，就被建构为可以由计算机执行的算法，因此机器算法通常就是通过这样的“转换”而从日常认知方法中生成的，从这个意义上，计算机算法就是外化了的人脑中的认知算法，或者说是内在的人脑算法负载于机器上的“显现”。如果说当前关于算法的使用更多地“收敛”于计算机科学，那么它终究是从人脑的认知现象中发散而来的，其过程如同德雷福斯所揭示的那样：“一般是先以人为

① 沙克尔福德：《计算与算法导论》，章小莉译，电子工业出版社，2003，第21页。

对象，采集原型，然后对这些原型进行分析，以发现这些对象所使用的启发法，再写出一个体现类似经验的作法的程序来。”[①]而计算机的程序就是可以在机器上实际运行的算法。这样的起源关系使得计算机算法基本上都可以从人的认知方法中找到原型或影子。如贝叶斯算法就是模仿了人在信息不准确不充分的条件下进行决策和判断的认知方法，即基于先验概率（源于先前的经验积累）进行试错和纠错的迭代循环来取得理想（符合实际情况）的结果；深度学习算法则是从大脑的学习机制汲取灵感来不断改进机器的学习能力。即使是模仿自然现象的算法（如遗传算法、蚁群算法、免疫算法等），也是人对自然现象的理解进而模仿为思维方法后，再将其建构为机器算法。随着算法技术的发展，其直接来源日趋多样化，如机器学习算法中“有些以大脑为基础，有些以进化为基础，有些则以抽象的数学原理为基础”[②]，“以大脑为基础”的学习算法（如深度学习）是直接受人脑的结构所启发而产生的：人脑在学习中增强了神经元之间的联系，形成了对刺激的内部表征，这些神经元之间相互联系的整体，就构成了脑内使用的算法；正是受此启发，人工智能学者开始了在计算机上建构起有学习功能的人工神经网络模型来实现这一功能的努力，他们根据神经元不同的激活状态来建立模型，描述神经元之间的联结权重如何变化，并在机器上通过改变联结权重来创造自己的知识表征与逻辑，由此发展出各种各样的学习算法。可见算法归根到底都是对人脑从方法论层次上把握对象的一种形式转换。这种转换或外化的过程，使得计算机算法与人的认知形成了特定的哲学关联：它源于认知又异于认知，是认知的脑外延

① 德雷福斯：《计算机不能做什么》，宁春岩译，生活·读书·新知三联书店，1986，第101页。

② 多明戈斯：《终极算法》，黄芳萍译，中信出版集团，2017，第304页。

展，从而也可视为与人工智能相关联的延展认知的一种形式，或者说是人工认知的方法论存在。这种存在一旦在计算机载体上运行，则会使人在一种外部设备或人工过程中看到人脑认知的影子，从而可以从中“客观地”去把握自己的主观认知的种种特征，摆脱因为“只缘身在此山中”的限制所造成的人对自身认知（自然智能）的茫然。

其次，可以从算法的表达上看两者的相关性。

算法有多种表达方式，如自然语言、图（流程图、N-S图、pad图）、伪代码直至计算机程序语言都可以表达算法。当算法用自然语言表达时，十分靠近日常认知，此时就如同将日常认知中的逻辑序列揭示了出来，或者可视其为突出逻辑性的日常认知。当算法用伪代码表示出来时，算法就呈现出向机器语言的过渡。而算法一旦用计算机程序语言来表达时就变成计算机可以识别和执行的具体指令的集合，就完全进入了实施或算法操作的“计算机世界”。可见，算法的各种表达方式构成了一个基于人的理解到基于机器理解的转化序列，其内容上的相同而表述形式上的不同，揭示了人的认知与计算机的信息处理之间的同一性和差异性。由于在表达方式上兼具自然语言和计算机语言的“双重性”，因此算法就成为日常认知和计算机运作的“纽带”，也是人的思维和机器思维之间的桥梁或中介：它将人的意图“翻译”给机器，成为人和机器之间的“通约装置”；它之所以能充当这样的中介和通约手段，是由算法的“能行有效性”所保障的，即算法的所有运算必须在原则上可由人们用笔和纸在有限时间内精确地完成它们。这样，算法可视为认知的一种新的表达方式，它将自然语言的表达和机器语言的表达联系起来，从而使得人脑的认知功能和机器的信息处理功能也联系起来。

再次，还可从算法的功能上看两者的相关性。

对计算机来说，算法就是“怎么做”的指令；对人来说，算法就是“怎么想”的思路。因此人的认知（至少那些有意识地进行的认知）和计算机的“工作”都是算法导向的活动，于是从功能上看算法也可以将人的认知与机器思维联通起来。算法实现了认知方法的对象化，使其从具身化（负载于人身上）的存在转变为具机化（负载于机器之上）或具技化（负载于技术装置上）的存在，目的是在计算机上能够实现类似于人的认知功能。算法由此成为一种离不开机器的功能性实在，也是一种信息性的技术实在。在一定的背景下，我们可以只关注功能（算法）而暂时忽略实现功能的硬件。这样，人脑和机器都具有承载和运行算法的功能，都是一定意义上的算法实现工具，所进行的活动都是算法控制下的计算，“在自然系统中，计算是可以在符号和子符号（信号处理）级别上进行的信息处理。对于人类认知过程来说，这意味着不仅可以将算法的执行视为计算，而且还可以将学习、推理、处理来自感官的信息等视为算法的执行即计算”[①]。这也是计算机的计算逻辑和人的思维逻辑之间的关联性。当然，不能将这样的功能相关性推向极端，因为算法在计算机中的运行毕竟是纯粹化、理想化的符号变换处理过程，是抽调了语义、撇清了情景、排除了歧义后的运算过程，而人的实际认知活动在实施算法时，则是语义相关、情景相关并且可以容纳歧义的心智活动过程，这就是人的认知与算法技术在功能上既有同一性也有差异性的双重关系。

最后，集合上述各方面，可以从“互渗互用”上看两者的相关性。

由于起源上的相关性，日常认知中的各种思维方法基本上均可

① Dodig-Crnkovic，G.and Giovagnoli，R.，“*Computing Nature-A Network of Networks of Concurrent Information Processes*”，in Dodig-Crnkovic，G.and Giovagnoli，R.(ed.)，*Computing Nature*，*Turing Centenary Perspective*，Springer-Verlag Berlin Heidelberg，2013，p.2.

在算法中找到对应体，如形象思维、演绎思维、归纳思维、联想思维、逆向思维、发散思维、聚合思维等就对应为算法中的构造思维、逆向思维、分类与分治思维、递归思维等。一些计算机算法甚至还和日常中的认知方法直接互用，如递归算法不仅是一种非常重要的计算机算法的称谓，也直接与数学中递归函数所使用的方法相同，甚至还和日常生活中的“循环替代方法”直接同一：递归是循环的一种替代形式，“递归方法符合人类思考问题的方式，它可以使算法结构简单，过程简洁”①。再如，递归中的分治算法，就直接是日常思维中的“分而治之”方法。分治常常要通过分类来进行，分类是从概念的外延来求解问题，它通常与递归联系在一起，通过划分原问题后的子问题形成规模更小的原问题，由此形成递归思维，其中的精神实质就是日常思维中对问题的分解，将复杂的大问题化解为简单的小问题，然后循环调用同一方法，最后整合为对复杂问题的解决或结果。即使是模拟了更高智能水平的学习算法，也对应着人的知识形成过程：“在传统观点看来，先天自然完成一部分（进化大脑），后天培育再将大脑填满信息。我们可以在学习算法中重复这个过程。首先，学习网络的结构，利用爬山法（举个例子）来决定神经网络如何连接：试着将每个可能的新连接添加到网络中，保持那个最能提高性能的连接，然后重复这些步骤。之后利用反向传播来学习连接权值，那么你全新的大脑马上就可以使用了。”②如果说，“在计算机出现之前，我们几乎没有任何工具去研究智能和智力的本质”③，那么计算机及其算法的出现，使我们获得了这样的工具。认知与算法技术的多维相关，使得从算法的视角

① 王晓华：《算法的乐趣》，人民邮电出版社，2015，第12页。

② 多明戈斯：《终极算法》，黄芳萍译，中信出版集团，2017，第176页。

③ 史忠植：《认知的信息加工理论》，《哲学动态》1989年第6期。

对人的认知加以阐释既具有了根据，也具备了条件，即可以在一定程度上通过计算机算法所体现的计算机运行机制来探寻和阐释人脑的思维逻辑和认知机制，甚至可以说算法尤其是机器学习算法本身就是一种对人脑认知过程和机制的拓展性研究。

二、算法驱动的认知增强

从算法阐释认知，基于相关性还可进一步走向因果性，即算法技术的改变作为动因正在带来人的认知的变化，人类认知能力由此不断增强。

算法技术日益深刻地影响人的日常认知。当我们借助人工智能进行认知活动时，机器算法就介入到我们的认知过程。例如，邮件过滤和搜索排序算法在认知的起点处就影响甚至决定我们能接收到什么信息，精准把握用户喜好的智能算法推荐给我们不同的阅读物，算法由此规定了我们能看到什么。其实，在传统的“观察渗透理论”的意义上，今天可以有“认知渗透算法”的推论，这里所渗透的算法，在过去（计算机时代之前）主要指认知中的思维方法，而今天则更多地意味着机器算法对我们所接受信息的过滤与筛选，甚至因算法歧视而深度影响我们认知世界的视角和结果，形成所谓的“群体极化”或“信息茧房”效应。即使当今有了“认知=数据+算法”的说法，数据和算法两者也不是彼此独立的，算法对我们能采集到什么数据发挥着决定性的作用。这也表明了我们的认知不断从自然认知、日常认知过渡为“算法化认知”，其本质就是人工智能技术对认知的影响。

算法技术所改变的认知图景，不仅表现在认知的起点处，还延展到认知活动的更多方面，尤其是对认知形成技术性驱动和增强。

算法对认知的驱动作用源自算法技术本身的活力，其发展迅速，将这种活力“传递给”人的认知时，就可以带来认知能力的增强。最初的计算机算法与日常认知的方法在复杂性上大体相当，但在处理更复杂的问题时，算法设计者会结合计算机的优势而不断提升算法的复杂性、扩增算法的种类，形成解决问题能力更强大的算法。插入排序算法的原型就是玩扑克游戏时整理扑克顺序的方法，随着数据量的增大，这一简单算法的效率就越来越不能满足快速排序的需要，于是归并排序、堆排序算法等随之被发明出来，此后还设计出效率更高的线性排序算法，它们使得人借助计算机解决快速排序问题的能力不断提高。或者说，由于问题的复杂性和计算的复杂性，日常认知中难以有现存的直接的方法可对应解决，此时就需要通过算法设计而开发出新的算法来解决新的问题，如为获得问题的最优解，就经历了从暴力盲目搜索算法，到搜索剪枝、A*寻径、博弈树以及遗传算法，为变量和参数巨大的问题寻找优化解提供手段；而且算法与算法相结合又生成更多的算法，“算法形成新型生态系统，它将生生不息，具有无可比拟的生命多样性”[①]。

算法的指向就是解决问题，完成认知任务，而且为了更好地解决问题，就需要开发更优化的算法，所以算法的进化是无止境的。拿人工智能中的深度学习算法来说，就相继开发出深度神经网络（DNN）、卷积神经网络（CNN）、循环神经网络（RNN）［包括长短期记忆（LSTM）和门控循环单元（GRU）］、自编码器（AE）、深度信念网络（DBN）、生成对抗网络（GAN）和深度强化学习（DRL）等。这些新的算法有可能形成对日常认知的方法论启示，由此拓展出新的生活算法：人们在生活世界中认识和处理问题的新方

---

① 多明戈斯：《终极算法》，黄芳萍译，中信出版集团，2017，第7页。

法。曾经发源于科学研究中的方法（如系统论、信息论、控制论、耗散结构论、突变论、协同论等）今天已经或正在走向日常生活，成为普遍性的分析和处理问题的方法；相信随着计算机和人工智能知识的普及，其中的一些重要的新算法也必将成为我们认识和理解世界的“方法革命”的新策源地。这就是算法创新所具有的潜在功能，即适用于计算机的新算法有可能“反哺”于人，启示人的认知方法的拓展和创新，从而涌现出认知或思维的新方法。即使暂时还未曾实现这样的“反哺”，也已在延展的意义上实现了人类协同机器的认知方法进化。从更开阔的视野看，在将机器算法视为人脑算法“外化”的意义上，无穷的新算法的出现，也是无穷的人的认知方式、路径或软实力的另一种形式的呈现；此外，多样性的算法，还开辟了认知方法走向细分的新方向和新层级，其概括性或抽象性程度的不同，也反映着认知方法论层次的不同，将“方法世界”的丰富性加以了更加充分的展示。

计算机算法对认知方法的拓展，其实也是对人的认知能力的提升。人通过算法获得的认知新能力，首先表现为算法技术作为工具辅助人的认知而形成的新能力，这和其他信息技术增强人的认知能力的效果是一致的。但是，算法技术对认知能力的增强还表现出它的特殊性，尤其是人工智能的新算法更是如此：人脑一辈子形成的掌握知识的能力，学习算法可以在几分钟或几秒钟完成。这一强大的算力如果回馈给人，或者帮助人来增强自己的学习能力，人就可以获得更多维度的认知能力。今天，算法技术可以帮助我们预测和决策，完成越来越复杂的认知任务，达到人脑所难以达到的高效率和精确性，使人的局部认知能力得到空前的提升和放大，这是一种类似于机器通过对人的体力动作的分解而实现机械化后对人生产能力的提升。即使我们的感知，有了人工智能算法的介入，也可以看得更准、听得更细。总之，随着算法技术的发展，认知的越来越多的形式都可以被计算机系统所模拟，形成功能越来越强大的人工智能，如图像和语音识别、学习和下棋、判断和推理、预测和决策（规划），甚至创新算法技术还将具有知识发现或知识创新的能力，这些都可以视为延展意义上的人的认知能力的提高。

人通过算法获得的认知新能力，还表现在设计和使用算法时，通过算法训练所形成的认知新能力："算法可以理解为解决问题的思想，这是程序中最具有创造性的部分，也是一个程序有别于另一个程序的关键点。"[①]设计新的算法本身就是探新能力的演练和提升，也凸显了人在能力上不同于机器的独特性。这种算法能力对于个体来说，还是一种从初学者到高手的不断递进的能力。初学者只能选择现成的算法解决特定的问题，成为高手后则可以设计算法来解决前无先例的新问题，并为他人所用。进一步看，设计算法也可能改善和增强人的日常认知能力，进行算法训练可以构成一种当代思维训练方式，开发新算法并使其从专家算法普及为大众算法，其认知效果就是衍生出面向公众的新思维方法。另外，算法的设计也是"倒逼"人类对自己的认知进行更深入了解的动力。因为为了使人工智能像人一样思考和行动，就需要知道人是如何思考和行动的；为了设计出机器的有效算法，就要搞清楚人脑中的有效算法，这就反向推动了人类对自身认知的研究。可以说，人的算法能力在智能时代正在成为认知能力的一个重要方面，算法素养与认知水平之间的正相关正在显现和强化。

人工智能是人在计算机上所创造出来的智能模拟现象，人工智能的水平是人的认知创造能力的体现，而这种水平的高低直接取决

① 王晓华：《算法的乐趣》，人民邮电出版社，2015，第3页。

于算法技术的水平高低，算法被开发到何种地步，人工智能就扩展到何种程度。在以递归算法为限度的传统算法没有取得突破性进展前，人工智能的发展一度处于低潮，博金等人称其为“封闭的算法世界”。算法突破发生于从一个封闭的算法世界到一个开放的算法宇宙，其标志是递归算法进化到超递归算法，深度学习、图像识别、智能机器人的随机应变等，都是建基于超递归算法。可以说，正是算法革命才使计算机可以模拟人的更多智能，才使今天意义上的人工智能成为可能，也才使得计算机能够完成越来越复杂的认知任务，并从传统的工程学和硬科学领域扩展到了生物学、社会科学、人文科学和艺术等新领域。当不断优化的算法持续提高今天的人工智能的水平时，无疑也标志了算法的改进或新算法的发明正在不断增强人利用计算资源所形成的总体认知能力。

算法还带来了人—机之间的认知新分工。人的认知将解决问题的方法和程序设计出来，使得认知活动中那些“执行性”的、反复循环（如递归过程）的部分由机器的符号操作去完成，人就成为通过算法来掌控全部信息处理过程的新型认知主体。人通过算法与机器连接为知识生产的流水线，人和算法技术“各司其职”，或者说具身认知与延展认知集合为一个新的认知系统。在这个系统中，算法创新了人从文字开启的认知逐渐被“外包”的方式。起初，人脑中进行着的认知外显为文字，人进而将自己的一部分记忆功能“外包”给文字的记载功能。有了算法技术后，人可以进一步将一部分计算、推理、识别、决策等功能“外包”给计算机。换句话说，算法技术为我们完成认知任务提供了另一种方式：凡需要借助机器来解决问题时，我们就设计出相应的算法交由延展的认知系统去完成。由于包含算法表达的认知将计算机纳入了人的认知系统，因此算法也是延展认知的桥梁，抑或它本身就是延展认知的一部分，同时它也是人自身认知的一部分，于是算法就具有了“交叉”“纽带”的功能和作用。如果在将来可以实现人脑与计算机之间的算法融合，即计算机的算法能借助芯片植入人脑直接助力人的认知，则人脑被算法技术所增强的程度就更难限量。

总之，算法表达成为当代认知的延展环节，算法设计成为人工智能时代新的认知能力，算法的日新月异，是人类认知增强的新型驱动。

三、基于算法阐释的认知机理

人的认知活动存在许多机理（工作原理），具体科学（如神经科学）揭示其微观机理，哲学揭示其宏观机理，而通过算法，我们可以揭示若干介于这两者之间的“中观机理”：较之宏观说明它对认知机理的深层内涵刻画得更加科学和清晰，一定意义上它揭示的不再是笼统的认知图景，而是深入到了认知过程的技术路线，从而，“算法理念可使我们看到用其他方式无法看到的事情”[①]。

如前所述，算法从终极性上来源于人的认知方法，是人的认知适应计算机的产物，是人的认知与计算机的内在逻辑的交汇，正是在这个意义上，机器算法是人脑认知的一种映射，这个映射在形式上外在于人而存在，以认知的一种表达或表达出来的认知形成“固化”的形态或作为“固态的认知”可供研究者去进行分析，使人的思维成为某种“物化”了的现象，从而成为一个可观察、可研究的“客观对象”，成为一种“镜像”，可以供人反过来阐释自己的认知。拉康揭示了机器曾起过这种“镜像”的作用，他说人类在第一次看到机器时，就像孩子“第一次通过看到镜子里的自己或自己的身份

① 郝宁湘：《为计算主义辩护》，《科学》2006年第6期。

来认识自己”[①]。也就是说，算法来自人的认知方法，但算法在适应机器运行的过程中逐渐离开人脑，从表层上呈现出不同于人脑思维方法的特征，由此又启发人从深层上去寻找其关联，从而推进了人借助算法对认知的反身研究。

算法在计算机上“活生生”地运作，就是用算法技术实现人的部分认知功能，为我们从中剖析人本身的认知提供了一个新的“活体”。可以说，算法将“我们是怎样思考和解决问题的”这一看不见的脑中路径以看得见的符号形式和符号变换过程表征出来，并形成机器的信息运作规范。德雷福斯在麻省理工学院教授哲学课时曾听到一些来自人工智能实验室的学生这样说：你们这些哲学家坐在躺椅上思考了两千多年还是理解不了人的智能。我们在人工智能实验室给计算机编程，让它们展现问题求解、自然语言理解、知觉和学习等人类的智能，从而解决和理解了很多这方面的问题。研究机器意识的学者指出：开展机器意识的计算建模研究有助于推进对人类意识现象的理解，推动构建更加合理的意识理论。或者说，人工智能通过“创造人工认知系统，用解释人工系统的方式解释自然认知系统的行为”，因为“人工系统是自然系统的良好模型，因为它们共享构成其行为基础的相关因果组织”[②]。

算法是用来在机器上执行的，原则上在人脑中也可以执行，所以它在功能上具有与人的认知在某种程度上的共性，由此成为研究人的认知的某种参照，为我们把握人的认知提供了某种理解机制。尤其在算法应用的前沿领域人工智能的研究中，更是可以用它来对

---

① Lacan J.，“*Freud*，*Hegel and the Machine*”，in Miller J.（ed.），*The Seminar of Jacques Lacan*，Norton，1988，p.65.

② Miłkowski M.，“*Limits of Computational Explanation of Cognition*”，in Müller V. C.（ed.），*Philosophy and Theory of AI*，Springer-Verlag Berlin Heidelberg，2013，p.69.

认知和心灵这些自然智能获得更多的理解，连对人工智能具有“智能”提出质疑的塞尔也认为：“就‘弱’人工智能而言，计算机在心灵研究中的主要价值是为我们提供了一个强有力的工具。例如，它能使我们以更严格、更精确的方式对一些假设进行系统阐述和检验。但是就‘强’人工智能而言，计算机不只是研究心灵的工具，更确切地说，带有正确程序的计算机确实可被认为具有理解和其它认知状态，在这个意义上，恰当编程的计算机其实就是一个心灵。在强人工智能中，由于编程的计算机具有认知状态，这些程序不仅是我们可用来检验心理解释的工具，而且本身就是一种解释。”①

另一方面，算法虽然原则上可以在人脑中执行，但人脑的认知如果按算法来施展，就会显得机械而繁琐，所以人脑是以默认算法但又不在形式上严格按照算法来执行的，是有跳跃和省略的；而在机器上执行算法，则可以展现这些被省略、被“遮蔽”的认知环节，使那些跳跃的认知过程贯通起来，模糊的认知过程清晰起来，自发的认知过程自觉起来，由此呈现出认知原本可以包含的细节图或全景图，帮助我们“补全”对认知过程的理解。此时，“用算法表达”甚至成为真正理解某种对象或某一过程的标志，“你没法真正了解某种东西，直到你能用算法将其表达出来”，“在科学的任何领域，如果某个理论无法用算法表示，那么它就不是很严谨”②，当然也无法用计算机来解决这个问题。可以说，设计算法是为了让计算机能“懂得”我们的意图，这就意味着我们首先必须自己懂得自己的意图，并且使我们求解问题的意图被设计成为在计算机上可

① 塞尔：《心灵、大脑与程序》，载玛格丽特·A.博登编著《人工智能哲学》，刘西瑞、王汉琦译，上海译文出版社，2001，第73页。引文对原文略有修改，用“人工智能”代替“AI”一词。

② 多明戈斯：《终极算法》，黄芳萍译，中信出版集团，2017，第6页。

行的解决方案。所以认知过程能进入算法设计和运作阶段，本身就标志着对这部分认知机理的透彻把握，使“附魅”的认知变为“祛魅”的认知。或者说，算法促使人去理解机器是如何理解世界的，这为人理解自己是如何理解世界的提供新型摹本，从而使人去有意识地思考他通常在无意识状态下从事的认知过程，并通过计算机的模拟来技术性地检验人对自己的认识活动的了解是否正确和“有效”。设计算法，就是在剖析人的认知机理；运行算法，就是在验证对这种机理的把握是否正确。设计和运行算法的过程，就是我们力求通过技术模拟的方式打开人类认知的“黑箱”，算法在一定意义上就是打开了的人的认知之书。随着对算法的了解，我们对自己认知奥秘的了解也就不断推进，使“心灵黑箱”部分地变为“白箱”或“灰箱”。

算法的运行是逻辑运算过程，或者说是逻辑的一种实现方式。计算机算法本来来自人脑的逻辑，但反过来我们又可以用它说明人脑的逻辑机制是什么。在算法命名中被强调的认知因素：启发、监督、学习、回归、规划、搜索、递归……可以进一步发掘这些要素在人的认知中的功能和作用，形成对认知机制的更多理解。于是，检验一种日常认知过程是否合符逻辑，我们就可将其转换为机器算法，然后在计算机的平台上加以检验，这样，对认知的算法阐释也是对认知的一种逻辑分析，使得算法技术可以成为日常认知的逻辑检验平台或逻辑校正装置，起到一种“客观评价”（或技术性评价）的作用，在这个意义上，基于算法的人工智能相当于研究人的思维的实验装置，可以供我们考察在“受控实验”条件下自己思维是如何运作的；不同的人工智能系统相当于不同的实验条件，可供考察思维认知的不同侧面和不同类型，所形成的不同范式或模型（如功能主义、结构主义和行为主义等等）则阐释了不同类型认知的机制；而人工智能不同范式的成就或局限，则如同以实验的事实验证了这些阐释的合理之处与不足之处，也为更有效力的阐释提供了推动力。此外，人的认知是否具备算法或逻辑上的准确性、自洽性等“合理性”，可以得到机器的辅助证明，或通过平移的对比使其获得一种来自人工智能的确信（这也正是计算机的长处）；不排除甚至用算法表达式来展开或展示我们的认知过程，从而为某种认知行为的合理性提供算法的支撑，同时也为可能的错误找到原因及其修正的方案。这样的环节可视为通过算法对认知加以“解剖式分析”的新手段。

认知活动的机理在一定程度上与“认知算法”或认知时采用的思维方法是密切联系甚至高度同一的。当我们不自觉地在认知中使用某种算法时，此时算法成为人脑的“黑箱”之一；而机器算法的出现，则提供了一种“反观”人脑认知的算法载体，对一些认知问题加以算法化或计算机建模的过程，就是使问题变得更加清晰和透明的过程；那些具有算法性的认知，必定具有和机器算法相关的一系列特征，这些特征就包括：程序性、逻辑性、表征性……

我们从程序性说起。一定意义上，算法就是程序，“完整的行为描述是对计算机的一套精确指令，而且这些规则实际上可被用来为计算机编制程序，以产生所说的行为”[①]，而算法设计就是“使推理规则体现为计算机程序”[②]的过程。程序化也是有序化，算法的三大结构（顺序结构、选择结构、循环结构）所涉及的均是“序”，所以“有序”是算法的核心。当认知进入到算法阶段，就意味着进入到程序化阶段；通过算法的“程序化复盘”，我们可以发现认知过程中的逻辑缺环、过渡缺失、推理不当等“失序”或“无

---

① 德雷福斯：《计算机不能做什么》，宁春岩译，生活·读书·新知三联书店，1986，第185页。

② 德雷福斯：《计算机不能做什么》，宁春岩译，生活·读书·新知三联书店，1986，第81页。

序”错误。利用算法共性反观人的认知中被自己忽略的那些形式化过程，把那些跳跃的认知过程连贯起来，使那些模糊的推导过程清晰起来，于是至少在那些需要合乎程序的认知中，如果将其程序展现出来，那么在哪里发生了问题就会一目了然。尤其是科学认知，如果从一个命题推导出另一个命题的过程中出了程序性的问题，缺失了过渡的环节，发生了不合逻辑的跳跃，则会导致认知结论出问题。所以萨迦德尤其强调了“算法”对于研究科学认识的意义，认为它为其拓展了视野，有效地帮助我们产生数字规则、发现因果网络、形成概念和假说，以及评价各种相互竞争的解释理论；通过编写一个科学认知方面的模拟程序，可以提供一个计算可行性的最小试验，用以测试潜在的理论观点。更广义地说，通过了解算法，可以理解在人脑中进行的相应认知活动是如何推演的，从而使那些不被意识到的、缺失的环节被“弥补”起来，由此从失序变为有序，从低序变为高序，其间至少揭示了科学认知的机制和标准。

程序化也意味着，算法使得信息处理或计算在机器中可以定型化、规范化、程式化、自动化或机械化地实现，成为信息处理的流水线，“流水线不过是工作流程的算法化，通过分工，人们按照固定的程序一步步地生产出工业产品”。[①]“通过在计算机上使用算法，我们把精神上的行为机械化，把设想和抽象集成到计算机，以便计算机通过做我们指定的行为，为我们实现设想。”[②]这些特征对我们理解认知的实际过程形成多方面的启示。比如，有相关研究指出，人的很多决策过程是认知算法驱动的自动化加工，通常是快速完成的过程，而并非主观性很强的高级加工，如专家所具有的熟练

① 迈因策尔：《人工智能与机器学习：算法基础和哲学观点》，《上海师范大学学报（哲学社会科学版）》2018年第3期。

② 沙克尔福德：《计算与算法导论》，章小莉译，电子工业出版社，2003，第24页。

的技能知识就是如此，德雷福斯就分析了这种不被专家意识到的知识可为计算机程序所挖掘："柏拉图说，专家们已经忘记了让他们成为专家的行事规则，而哲学家就是要帮这些专家把他们的行事规则回忆起来。但不管专家们是否意识到了这些行事规则，它们总是在起作用的。现代人工智能（尤其是知识工程），就是要提取专家们的行事规则，然后把它们编成程序输入到计算机中。"①

对于更多样的认知来说，这种算法驱动的自动化或机械化就是人脑中所积淀的具有潜意识性质的"思维定势"，它对于人的认知起着双重的作用：其优势是认知的高效率，其短处是可能导向认知固化或"套路化"，使认知结论成为算法引导的定制化产品，这与人的认知本应具有灵活性形成对照，从而有可能限制思维创新。上述过程和特征也进一步印证了皮亚杰的建构论所揭示的认知机制：人类既有认知模式或思维结构或认知图式是在不断顺应和同化新信息的过程中被重新建构的，当今算法技术无疑也是造就人脑思维结构的重要因素；在作为思维结构的人脑算法和机器算法之间则存在着"协同互构"的关系，一方面机器的算法是由人脑算法建构的，另一方面机器算法又反过来影响和再建构人脑的算法；或者说，我们的认知创造了算法，而算法又反过来再塑我们的认知。前面提到的贝叶斯算法所追求的先验知识和新材料之间的整合就体现了这一机理，贝叶斯本人也描述了日常认知的这一情形：用客观的新信息更新我们最初关于某个事物的信念后，我们就会得到一个新的、改进了的信念；用学习算法的术语来说，这就是一种"可塑性学习"，一种不断改变神经网络节点之间"权重"的行为。这样，计算机算

① Dreyfus H.，"*From Socrates to Expert Systems*：*The Limits of Calculative Rationality*"，*Bulletin of the American Academy of Arts and Sciences*，*Vol*，40，No.4，1987，pp.19-20.

法不仅提供了对认知机制的新阐释，而且它本身也造就人类认知的新机制。尤其是对于复杂、多变量从而计算量极大的认知问题，今天需要增加一个新的环节：设计算法，然后将计算机吸纳到延展的认知活动之中，否则这样的认知任务就无法完成。

一些具体的算法更是“解剖”了我们的一些具体认知机制。如递归算法（包括其中的贪婪法、分治法、动态规划法等）的本质是把一个较复杂问题的处理归结为较简单问题的处理，在其他算法中也普遍体现着将复杂问题或规模巨大的问题，分解为简单问题或小问题，解决了简单问题或小问题即找出局部的或阶段的最优解后，堆叠出全局的或整个阶段的最优解，其中体现了将复杂的逻辑化解为简单的逻辑再加以复合而成的关系，这正是人在认知活动中所通常采用的策略和机制，是对“综合—分析—综合”“全局—局部—全局”“整体—部分—整体”的思维机理的一种算法阐释。遗传算法则用其模仿的生物进化来阐释知识增长的机制：新见解的猜想如同遗传中的变异，批评和实验则行使对这些变异体的选择作用，学科和知识的交叉犹如配对，而遗传编程就是知识增长的实现。再如，学习算法虽然是受人脑神经网络的启发而研发出来的，但是其成功应用反过来进一步印证了它所展示的人脑学习过程的认知机制。联结主义的学习算法中，人工神经网络的记忆分布在神经元之间的联结权重当中，只要提供部分信息，网络就能恢复相应信息的全部内容，这正揭示了人类认知中联想记忆的机制。深度学习是为了克服单层神经网络的局限而开发出来的算法模型，其有效性表明了人脑的认知也是多层神经网络对信息加以处理的过程，在脑电活动机制上则是由神经元间电脉冲的传递使得后续神经元被触发的过程；如果利用这种关联做进一步研究，“把机器学习算法的不同步骤当作人脑的不同皮层模块研究，也许有助于搞清楚哪些层次提取的是低水平感知信息，哪些层级提取的是语义信息”[①]。在深度学习算法中，实际输入的数据经过人工神经网络的隐含层处理后的实际输出信息可能与理想的输出有误差，系统就会将误差值反馈给神经网络，据此调整网络联结（计算单位）的权重（这也是算法之可调整、可优化的特征）即算法参数，从而不断修正误差直至获得所期望的输出，其中不断进行反馈性输入的模式被称为“反向传播算法”。这种反向传播的方法也正是人脑的认知所经常使用的方法：根据认知结果是否合乎理想值来调整影响认知过程的因素（如视角、方法、工具等）。拿工具来说，当我们使用一定的技术手段去认知时就需要通过不断调整其参数配置（即“调参”，也是动态编程的过程）才能达到满意的结果，如同我们用照相机拍照时就要通过调整焦距、光圈等来获得清晰满意的图像。深度学习通过反向传播使其具有了在经验学习中改善算法的性能，这种性能恰恰是那些“善于学习”的人会不断总结经验、优化思维方法从而变得越来越“聪明”的一种写照。

甚至认知中的偏向或价值渗透也可以从算法中得到说明，这就是算法歧视所折射的认识机理。因为算法本质上是以计算机代码或数字化程序表达的意见，所以在算法形成的过程中，算法设计者就将自己的意图和偏向植入了其中；即使像机器学习的算法模型，是在数据输入之后形成的，但在使用者输入数据样本训练人工神经网络形成算法模型时，用什么样本训练智能系统就存在一种价值倾向，如在美国训练机器识别人类时的数据样本多是白人，导致其将黑人识别为猩猩。在这里，人在算法设计中的一些“本能”行为，更广义地说一些自己在认知过程中并未意识到的价值偏向，经过算法的运行及其“夸张”的表现，将人的“认知偏见”展现得淋漓尽

① 张江等：《科学的极致——漫谈人工智能》，人民邮电出版社，2015，第173页。

致，从而更印证了人的认知过程的这一“事实渗透价值”的机制。

有的算法研究者甚至从算法的区别来分析不同哲学认识论流派，如符号主义的反向演绎算法属于认识论上的理性主义，它是从人工规则出发进行推理和规划；而机器学习属于经验主义，它通过反向传播算法，让神经网络模型从大量训练样本中学习并找出统计规律，即从“经验”中归纳出模型（算法），再据此对新的样本进行智能识别（如图像或语音识别等）。前者是“提前规划好一切”（如知识工程将专家的所有知识输入系统中去应对所面临的情况），即先有规则和知识的大量储备，然后解决问题；后者“喜欢尝试新事物，然后看看结果会怎样”[①]。由此两种算法对认知的形成过程也有不同的理解，符号主义认为认知是自上而下的程序所控制的过程，联结主义更偏向认知是一个由相关元素（神经元）相互作用从而自下而上的生成过程。此外，符号主义还被认为是旨在揭示心灵活动的机制（所谓“造就心灵”），从而力求通过符号表征来找到关于心灵活动的形式结构，揭示了思维对具有命题和逻辑形式的表征的操作；而神经网络算法则偏重于揭示大脑活动的机制，力求通过类脑装置的建造（所谓“造就大脑”）来生成认知的能力，在训练人工神经网络完成一定的认知任务后，即通过对网络结构进行操作（如调节连接的权重等）后，再寻求对网络中的具体机制的较高层次的解释。机器学习通过训练网络去完成某一任务，对人的学习活动进行了某种“重演”，这使我们反过来更清晰也更微观地在人工神经网络上看到了人脑的归纳过程是如何进行的。它所揭示的学习机制（让网络有学习能力，不过是让它对网络连接权值做出调整，即权值的可改变性决定了网络之可塑性），无疑也使我们对人

① 多明戈斯：《终极算法》，黄芳萍译，中信出版集团，2017，第73页。

脑的学习机制加深了理解，或印证与检验了我们对人脑中学习过程的理解：根据外来的刺激形成新的突触联系或改变突触联系，即突触的可塑性是学习的可能性的物理基础。基于两类算法都有自己的有效性和适用范围，也都有自己的不完备性，从而需要更高的整合，形成通用性更强的算法，这也从算法的层面阐释了理性主义和经验主义各自的合理性与局限性，并为认知机理的进化方向提供了有益的启示。

对认知机理的阐释最后要深入到对认知本质的阐释。与算法相关的认知，或能够算法化的认知，无疑是算法的动态展现，而知识则是算法的运作结果；当认知和计算机的信息处理活动都是算法的执行过程时，我们对认知和算法都获得本质性的理解：认知就是调动算法来将前提加工为结论，它无非是某种算法的实施和实现；而算法就是执行认知任务的“方法装置”，它可以外化为机器算法，从而使得认知任务延展到机器上去完成。由此可以得到认知的一般模型为“认知=输入+算法”，可理解为认知就是算法作用于输入材料或信息并形成某种结论或看法的过程，于是认知的结论是否正确合理，不仅取决于所使用的材料是否正确合理，还取决于所使用的算法是否正确合理。这一模型可以说是康德将认知表述为“质料+形式”的“算法版本”，其中的“形式”就相当于算法；这一模型也与“计算机的信息处理=数据+算法”的机器思维具有同构关系或同一性，当然也有差异性。于是当计算机的计算和人的认知都涉及算法时，我们也可以进一步从两者的区别中来更深入地把握认知的本质：算法的机械（严格、精确）执行是计算机的计算，而算法的灵活执行是人脑的认知。这里的灵活执行，包含了在不同算法之间的灵活切换或突破既有算法的“超算法”认知。其中的区别还在于，计算机中的“数据”是抽象掉语义内容的表征，所以算法在这里操作的是无内容的符号，其中当然就没有“理解”一类的认知特征；而人脑的认知算法所操作的对象是“材料”或“内容”，是富含语义的基于“理解”的信息加工。这样的区别性对照无疑也具有阐释认知本质的特殊意义。

当然，更细化地看，不同的算法及人工智能模式还阐释了不同的认知本质观，如符号主义及其经典算法将认知的本质阐释为物理符号的变换及其蕴含于其中的推理或计算，联结主义及其学习算法则将认知阐释为涌现于神经元所联结而成的网络，而神经网络的特性由神经元之间的联结权重所赋值，智能模拟就是要在人工神经网络（一种对生物神经网络加以抽象和简化的有信息存储和处理能力的非线性系统）上模拟人脑神经细胞互联所形成的拓扑结构并将其形式化。这既是它们各自秉持的认识论立场，也是它们力求在自己的“智能实验装置”上所阐释的认知本质观。

四、算法阐释的有限合理性

从总体上看，算法对认知具有特殊的阐释功能，当我们无法凭经验和既有理论来进一步推进认知的哲学研究时，算法视角可以帮助我们把握其他方法论视域所不能理解的认知特征和机理，尤其是从程序性、逻辑性、形式化等以“分析观”见长的方面达到对认知的“祛魅”性说明。控制论的先驱和人工神经网络的奠基人麦克卡洛这样说过：“我们能不能设计出一台机器，做脑所能做的一切？对于这样一个理论问题的回答是：如果你能用一种清晰而有限的方法，说清楚脑能够做什么……那么我们就能设计出一台机器来实现之。”[①]这也表明，为了能实现机器对人脑认知功能的模拟，必须搞

① 顾凡及：《脑海探险》，上海科学技术出版社，2014，第294页。

清楚人脑认知的机制，包括要实现机器识别的功能而必须弄懂人脑进行对象（如人脸）识别的机制；或者说，当我们设计出算法在机器上实现了对认知的模拟功能时，这也无疑是在向“说清楚”人脑工作的机制不断挺进，使我们可以从自己的创造物算法中学到一些如何理解认知的新东西。所以算法从特定层面形成了对认知的科学理解，而且这种理解在算法视界中也是多维的，像人工智能中的符号主义、联结主义和行为主义三大学派的算法就大致是从软件、硬件和身体这几个不同的角度来启发我们理解智能的，并分别擅长于模拟或实现不同的认知功能，如符号学派擅长于利用现有知识进行较为复杂的逻辑运算、推理、规划和判断等，联结学派擅长于模式识别、聚类、联想等非结构化问题，行为学派则擅长于适应性、学习、快速行为反应等，这些视角如果加以整合，通过算法所理解的认知机制无疑就会更多更全。而两种主要算法（符号主义和联结主义）的融合，则蕴含着认知过程中语言的进化和神经网络的进化是互为基础、相互促进的关系，人类认知能力的提高，正是这两种水平协同进化的产物。

以上的分析表明，用算法来阐释认知具有合理性，但同时也要看到，这一新的视角绝不能重复计算主义将认知的计算阐释加以绝对化那样，将认知的算法阐释的合理性进行无限的放大。

算法视角即使随着可算法化的范围不断扩大而具有不断扩展的对认知的阐释力，也不能用其取代或覆盖其他的阐释视角，因为人的认知中还存在若干方面（如认知的“附魅”方面）不能为算法所阐释。何况，算法本身也有“算法黑箱”问题，所以面向算法的认知阐释不能被视为一种无所不能的理论。可以将算法视为对认知的一种“转述”，在这种“转述”中，算法以其“擅长”的一面将思维的某些机制揭示得淋漓尽致（如符号主义的算法对人的抽象逻辑分析调整的详尽展示和发挥），但对其并不擅长的一面（如现象学视角所要求的具身性、整体性、情景性等），计算和算法阐释还鞭长莫及；由此进一步涉及算法阐释认知的限度问题，也是认知的可算法化（即心智的可计算）与不可算法化之间的划界问题，以及这种划界是否会随着算法能力的增强（如道德算法即实践理性推理机器与审美算法即判断力推理机器的开发）而不断被打破。换个说法，对认知的算法阐释是否还可以进展到对心灵、情感、智慧的算法阐释？这无疑是值得继续深入研究的问题。

至少就目前的算法技术水平来说，认知的算法阐释还不具有全面的正确性，这种阐释某种意义上还带有还原论（认识论还原主义）的局限性，即力求将复杂的认知还原为作为原子单位的符号（包括联结主义的“亚符号”）循某些固定算法的计算过程，对象和思维、认知和心灵在算法的底层都被0和1通约化为数字化存在。我们知道还原论的价值在于向更深层的构造寻求所面对层级的现象的内在机制，还力求将复杂对象纳入一个简单一致的可计算性的普遍规则之中。这一“拆解”式的分析法所衍生的关于认知的算法阐释所具有的意义由此可归结为具有“片面而深刻”的“有限合理性”，符号人工智能和人工神经网络人工智能的局部成功及其发展受限，也验证了算法阐释认知的这种“有限合理性”，并且体现了与分析哲学精神实质的一致性：通过简化、抽象化、规则化来实现认知的精确化、高效化、科学化，使认知的一个方面的机制得到了充分的展现。认知虽然不能从它的下层构造要素（如符号、算法）中获得全部阐释，但这种阐释无疑是必不可少的，如果再结合更多的视角（如认知的具身阐释、延展阐释、生成阐释、神经科学阐释、整体论阐释等），就可以趋向一种全面而深刻的认知阐释。

第三章

大模型与脑机接口融合的哲学叙事

肖　峰

基于脑机接口与人工智能的内在关联，大模型与脑机接口的融合也具有充分的技术根据和广阔的应用前景，这种融合目前已经拉开了序幕。两者的融合具有重要的意义，它有望显著提升脑机接口对脑信号的解码精度和对外部设备的控制效能，也为大模型的训练和进化提供了丰富、多维、实时和动态的数据集，提升了大模型的学习效率和泛化能力，同时也改变了人机交互方式。从哲学上可以期待两者的融合将建构一种泛在的、能实现“以想行事”的工具，使人类的行为方式发生重要的变革，同时还会带来身份同一性和人机融合的“后人类”等人学新问题。面对两大前沿技术的新发展，需要保持对其带来人文风险的警醒，确保技术进步能够造福全人类。

人工智能大语言模型（LLMs，简称大模型）和脑机接口（BCI）是科学技术在当代发展的两个前沿领域，也是眼下公众最为关注的两项新兴技术，它们正在将人类带入新的技术时代。例如，大模型作为人工智能发展的里程碑，正在通过它强大的泛化能力和广阔的应用场景而使社会普遍地实现智能化，从而使人类进入大模型时代或智能新时代；而脑机接口以其从治疗到增强扩展的潜在能力，则可以开辟脑机智能融合的新时代。可以说，大模型和脑机接口都是与人的智能相关的信息技术，表面上看来是两种不同的技术，其实具有内在的关联性，并呈现出融合发展的强劲势头，并叠加为建构新型技术社会的强大动力，其中包含的工具革命和人的新进化等，展现出哲学期待的新图景和哲学叙事的新对象。

一、大模型与脑机接口融合的可能性

脑机接口是一种迈过脑的正常输出通路（外围神经和肌肉）将人脑与外部设备直接相连的技术，它通过记录和解读大脑活动来实现人机之间的通信与控制，用脑机接口技术的创始人之一沃尔帕的话来说，它是一种测量中枢神经系统活动并将其转化为人工输出的系统。而大模型通常是指那些包含巨大参数量和复杂结构的机器学习模型，如深度学习中的大型神经网络，它能够处理海量的数据，并展现出强大的学习和泛化能力，尤其是内容生成的能力，所以也被称为生成式人工智能。大模型是人工智能发展的最新成果，也被称为人工智能发展的里程碑或史诗级的突破。

脑机接口技术与大模型看似两种不同的技术，实际具有千丝万缕的联系，这种联系源自脑机接口与人工智能技术本来就具有的关联性，即脑机接口是一种必须使用人工智能的技术。BCI中的C即Computer，而Computer就是承载人工智能的设备。基于这种关系，可以直接认为"脑机接口是一种基于人工智能的系统"[①]。更广义地说，脑机接口技术的水平取决于信号采集（和输入）技术和信号处理技术的发展，后者即为人工智能技术。

脑机接口之所以必须使用人工智能技术，是因为它在采集了脑信号后，必须通过人工智能算法来解读其含义，即"解码"脑信号所关联的思维内容，从而知道脑中正在"想什么"；接下来还需要继续用人工智能算法"编码"出外接机器系统（如智能轮椅）能理解的指令，从而实现人脑对这些设备的智能控制，完成人脑想要机器为人去做的事情。人工智能分析和解码神经活动的功能对脑机接口技术的进步具有十分重要的意义，随着智能算法的进步，可以不断改善BCI中对脑电信号的分类准确度和预测运动轨迹的能力，从而提高脑机接口系统的性能。目前，作为智能算法的深度学习技术已被广泛应用于BCI系统的信号处理和模式识别中，利用它来去除脑电信号中的伪迹，从复杂的神经信号中提取有用信息。所以，"脑机接口在一定意义上也可视为以算法技术为核心的智能技术，是用人工智能来解读脑信号（尤其是脑电波）的技术，它既是融合了人工智能的技术，也可视为人工智能的应用技术"[②]。

---

① M.Fouad and J.Gomez-Gil, "*Brain Computer Interface: A Review*", in A.E.Hassanien and A.T.Azar (eds.), Brain-Computer Interfaces, Springer International Publishing Switzerland, 2015, p.5.

② 肖峰：《从内涵和外延的解析看脑机接口的哲学特征》，《长沙理工大学学报》（社会科学版）2023年第1期。

随着人工智能机器学习技术的不断进步，将有更多高级算法或智能模型被应用于脑机接口系统，以进一步提高其性能和适应性。而人工智能在当代的最重大成就，就是大模型的出现。人工智能目前正在进入大模型时代，所以将大模型引入脑机接口，形成两者的深度集成，也就是由计算机了解大脑在想什么，具体化为让大模型了解大脑在想什么，无疑是两种新技术发展的必然趋势。

目前，大模型与脑机接口技术的融合虽然还未进入快车道，但序幕已经拉开。如已经有研究机构开始探索使用大模型来提升脑机接口的性能。在世界人工智能大会上，中国科学院上海微系统与信息技术研究所副所长、脑虎科技[①]创始人兼首席科学家陶虎提出这样的设想：通过大模型赋能，脑机接口有望开启“大脑元宇宙”。这表明业界专家正在考虑如何将大型语言模型与脑机接口技术结合起来，以推动这一领域的进步。陶虎认为，大模型的突破为脑机接口的进一步迭代提供了重要契机。通过脑机接口，他们团队或许有机会把采集到的大量高质量、标准化大脑信号输入给大模型，从而推动开发“脑机接口大模型”。这个大模型不仅能模仿人的智能，更可以模仿心灵。假如“脑机接口大模型”可以学习某些精神异常人群的脑活动特征，然后叠加上艺术类大模型对梵高作品的理解，那么，人工智能对梵高的模拟完全有机会触及更本质层面，从而创作出更神似梵高风格的画作。又如上海交通大学与上海零唯一思科技有限公司组成的联合开发团队正在设计一种名为LaBraM的大型脑电模型（LEM），力求借助大模型在文本处理方面的巨大成功，来探

① 脑机接口专家陶虎及其团队已经在脑机接口领域取得了重要进展，并率队跻身国际脑机接口的第一梯队。他们依托中国科学院上海微系统与信息技术研究所的高水平技术平台，掌握了脑机接口核心器件、芯片的自主研发和制造能力。同时，他们还推出了基于蚕丝蛋白的柔性脑机接口技术，为脑机接口和大模型的融合提供了技术基础。

索大型脑电模型的功能。LaBraM 在来自大约 20 个数据集的大约 2500 小时的各种类型的脑电图信号上进行预训练，获得脑电信号的通用感知能力，突破了脑电数据集不同任务类型的限制，然后可以针对不同的下游任务对模型进行微调，从而适应各种脑电下游任务。

就是说，虽然目前还没有具体的实例表明某个机构已经将大型语言模型直接应用于脑机接口，从而让大模型能够在脑机接口上跑起来，但从上述动态来看，这种结合的研究已经开启，并正在成为脑机接口和大模型研究领域的一个重要发展方向。随着技术的进步，比如更高的神经信号解析精度、更强大的计算能力以及更完善的人工智能算法，再用大量高质量、标准化的大脑信号训练专用的大模型，脑机接口和大模型的融合将变得越来越无缝和高效。一旦这样的融合实现，行将开创出全新的脑机交流方式，甚至改变我们对人机交互的认知和实践。

还需要看到，脑机接口与大模型的融合涉及神经科学、计算机科学、人工智能、新材料、生物医学工程等多个领域，跨学科合作的加强也为这一技术融合提供了广阔的空间。研究者们正通过多学科交叉研究，不断探索更有效的融合方法和应用途径。一系列颠覆性技术的突破，也可以为两者的融合提供技术上的保障。此外，由于人工智能已成为全球竞争的焦点，脑机接口和大模型的结合有望成为掌握未来科技优势的关键之一，用于疾病治疗和人类增强方面的社会需求也对发展脑机接口技术形成日益增长的期待，这种期待也成为将大模型融入脑机接口、造就更完善更强大技术的社会推动力。凡此种种，表明脑机接口和大模型的融合不仅在理论上可能，而且具有坚实的技术基础，更有国家层面的战略支持和社会大众的广泛期待，这些都在为两种技术的融合创造条件，并预示着这一领域的未来发展趋势。

二、大模型与脑机接口融合的意义

1.大模型的融入对脑机接口的意义

脑机接口技术致力于解读大脑活动信号并将这些信号转化为可操作的指令或信息。如前所述，脑机接口解码脑信号需要人工智能，大模型之前的人工智能由于智能水平不足，不能灵活有效地完成许多智能任务，因此被谑称为“人工智障”，这样的人工智能在解码脑信号或完成其他任务时无疑存在严重的局限。由于大模型极大地提高了AI的智能水平，使用大模型意味着使用当下最强的人工智能，必然大大助力或赋能于脑机接口：大模型技术因其出色的数据处理和模式识别能力，可以在脑机接口这一前沿领域展现出极大的潜力，使脑机接口的性能得到显著提升。

具体来说，目前对脑信号的解码多是应用深度学习算法，而大模型可视为深度学习的最强版本，如果能够使用大模型来进行这种解码，无疑可以有效地克服脑机接口技术在目前面临的种种局限。脑机接口一直面临的重点难点问题包括以下几点。（1）信号解码的准确性：人脑产生的信号非常复杂，如何准确解码这些信号以便执行具体命令一直是脑机接口研发的难点。（2）实时的信号处理：为了使脑机接口实用，系统必须能够实时处理大脑信号，并迅速响应用户的意图。（3）系统的适应性：每个人的大脑结构和功能活动都有所不同，脑机接口需要具备一定的适应性来满足个体差异。现有机器学习算法模型普遍缺乏大量数据的验证，其通用性和可重复性有待提高。即使是深度学习算法，也存在实时解码难的问题，并存在个性的分类性能不足的问题，还难以满足在线基于运动想象的脑机接口系统的需求。而大模型技术通过其强大的计算能力和基于Transformer的算法模型，有望在脑机接口领域实现对上述难点问题的突破。(1) 大模型可以帮助改进人工智能系统对自然语言的理解和生成能力，从而提高脑机接口系统对用户的语言输入的解释和反馈能力。通过大模型所学习的大规模数据，可以提升对数据中的模式和规律的识别和预测能力，有助于脑机接口系统更准确地识别和解释大脑信号，从而提高解码精度，并提高命令执行的准确性。(2) 大模型可以使脑机接口加快处理脑信号的速度。大模型能够在海量数据中迅速学习和匹配，这对于实现脑机接口所需的实时处理至关重要；基于大模型的算法可以更快速地处理和分析数据，为脑机接口系统提供更及时的反馈和调整，从而改善用户体验和系统性能。(3) 大模型可以使脑机接口增强系统的适应性。利用其深度学习的能力，大模型可以为不同用户的大脑活动建立个性化模型，可以根据用户的输入和需求进行个性化的交互，脑机接口系统可以通过学习用户的信号模式和意图，实现更加个性化的交互体验，从而使脑机接口系统更加灵活和通用。

当前，大模型在理解和概括文本内容以及在此基础上生成文本、图像、视频等内容方面已经展现出强大的能力，当这些能力为脑机接口所用，垂直训练出脑机接口大模型，则能将大模型的神奇功能移植到脑机接口上，极大地赋能于脑机接口。例如，脑机接口可以利用大模型的读取和理解能力，实现更精准的读心，用人类级别的脑电信号训练而成的BCI大模型，其理解脑信号的能力将大幅度提高，此时实际上是在使用大模型的手段去了解大脑在想什么，脑机接口由此必然可以更精准地解码脑信号的心智内容。又如，脑机接口可以利用大模型的生成能力，从生成文本延展至生成动作

（脑机接口本身也是生成性的），从而可以生成丰富的指令，更精准地去控制人工行动，如更精准地操控外部设备或机器人，由此提升脑机接口产品的用户体验。这样可以解决目前BCI中由于动作生成不精准或存在时滞，而出现的人机融合感缺失或运动所有权错觉等问题，提高人与机器之间的交互效率和增强交互自然度，让人有更好的“得心应手”的体验。当然，更高阶段的融合在于脑机接口对大模型读取—生成功能的一体化借用，使得脑机接口在通过大模型精准地读脑读心以理解人的所思所想时，还能一体化地主动生成隐含于其中的未表达出来的需求或意图（内容）。例如，当这样的脑机接口读取到人脑中“感觉热”的意念时，便随即生成下调空调温度的指令。而在没有融合这种“善解人意”的大模型时，脑机接口通常需要人脑下达“将空调调至26℃”的明晰指令，才可能去实现相关的控制和操作。也就是说，这种将大模型读取—生成功能的一体化融入，使得脑机接口所进行的是真正智能化地识别人脑中的意图，而非简单直白地执行指令。

2.脑机接口的融入对大模型的意义

由于与人工智能技术的密切关联，脑机接口本身也被视为一种AI技术，乃至被认为是人工智能的下一代或下一站技术。基于脑机接口的脑机融合是人工智能的发展趋势，它也称为“脑机融合的人工智能”或“第三代人工智能”等。这样的关联性，使得脑机接口技术的发展既依赖于人工智能的发展，同时又推动人工智能技术本身的发展。具体来说，在大模型与脑机接口的关联中，脑机接口通过提供实时神经数据反馈，对大模型的算法优化形成支撑，具有重要而特殊的意义。

第一，脑机接口拓展大模型的应用领域，从一个特定的侧面促进大模型的发展。大模型通过不断拓展新的应用场景并从中获取更多的数据和训练得以完善和发展，而脑机接口就为大模型提供了重要的应用场景，也为大模型提供脑信号方面的专门训练数据，从而成为大模型垂直化发展的一个重要领域。就是说，大模型需要大量的数据来训练和优化，而脑机接口实验或使用会产生大量的神经数据，这些数据可以拓展大模型的输入来源，用其训练和优化大模型，可以提高大模型解码脑信号的精确性和效率，并提高模型的泛化能力。为了更好地与脑机接口集成，大模型也发展出能够高效处理生物信号、理解复杂神经活动模式的新算法，这可能会催生新的模型架构，增强模型的解释性和自适应性。所以脑机接口为大模型提供新奇的应用场景，为大模型发挥作用拓展神奇的空间。

第二，脑机接口可以为大模型提供更切近人脑活动的数据来源。目前，大模型的数据输入主要来源于文本、语音、图像等，它们都属于人脑所思所想的外显形式，这些数据经过层层编码和解码，相较于脑中的思维内容，可能存在信息损失。相比之下，脑机接口技术能够直接捕捉大脑活动的原始信号，提供了前所未有的数据直接性和精确性，也远比传统方式收集的数据更为直接，也更为丰富。就直接性来说，大模型借助脑机接口可以接触到更接近人类思维源头的信息，减少了因中间解释过程带来的误差，提升了数据的质量。这些高质量的数据能够促进大模型的学习效率和泛化能力，使其更精准地模拟人类思维和语言习惯。就丰富性来说，人脑活动数据包含丰富的维度，不仅涉及基本的思维内容，还包括情绪、注意力、记忆痕迹等多种复杂的神经活动模式。这些多维度信息在传统数据收集方式中难以全面捕捉，而脑机接口技术则能够记录这些复杂信号，为大模型提供更加全面和细致的数据集。这不仅增加了数据的维度，也丰富了数据的复杂性，有利于模型学习更深层次的关联和规律。由上述的直接性和丰富性，还形成了数据的实时性与动态性：脑机接口技术可以实时监测大脑状态的变化，这意味着大模型可以利用这种动态数据流进行实时学习和适应。相较于静态数据集，动态数据能够更好地反映人类思维和情感的瞬息万变，促使模型学习更加灵活和动态的响应策略，同时帮助大模型在交互过程中实时调整生成的语言内容，以更好地满足用户需求。这种实时性对于需要即时反馈和高度个性化的应用场景尤为重要。

第三，脑机接口改变人与大模型之间的人机交互方式。脑机接口可以通过监测大脑活动来实现向大模型的无声语言输入，即以“无声输入”来实现人向大模型的提问和交流。这种方式可以为大语言模型提供新的输入途径，这也是更加直接和高效的人机交互方式。由此，那些因为丧失语言表达能力而不能使用大模型的残障人士也可以无障碍、无门槛地使用大模型，从而扩展了大模型的用户范围，使大模型成为一种可以达到空前泛化程度的人工智能工具，这就为大模型技术的实际应用提供了更多的可能性。这样的大模型技术，不仅是自然语言的理解技术，而且是意念和想象的理解技术，从而成为更强版本的大模型技术。

第四，改善人机交互体验。每个人的思维方式、情感反应和认知习惯都有所不同，脑机接口技术能够捕捉这些个体差异的细微之处，通过分析这些差异性数据，大模型可以更好地理解用户的真实意图，开发出更加个性化的服务和解决方案，实现更加自然、流畅的交互体验。这不仅可以提高用户体验，也为个性化医疗、教育、娱乐等领域打开了新的可能性。此外，脑机接口提供的即时反馈机制，使得大模型能够实时了解其输出的效果，根据用户的实际认知反应来进行快速迭代和优化。这种闭环的交互模式可以显著提升大模型的学习速度和优化效果。与此相关，借助脑机接口的情感识别功能，可以帮助智能机器检测用户的情绪和情感状态，大模型可以根据这些信息来调整生成的语言内容，实现更智能和更个性化的交互，改善使用大模型时的人机交互体验。

第五，通过脑机接口与人脑的直接交互，还可以让大模型有机会学习到人类智能中尚未被充分理解的复杂模式，如直觉、创造力、深层次的情感理解等。这些数据的深度和广度超出了传统数据集的范畴，可能揭示智能的新面向，为探索和模拟人类智能的深层机制开启了新的窗口，使包括大模型在内的人工智能系统能够更好地模拟人类大脑的思维过程和感知能力；脑机接口技术与大模型的深度结合，有望形成更加自然、高效的“人机混合智能”或“脑机融合智能”，促进人类与智能设备之间无缝连接，推动人工智能研究向更高的阶段发展。

3. 融合中的“双赢”

脑机接口和大模型在技术层面上有共同的旨归和很强的互补性。其共同的旨归在于，它们都是“助人”的手段，大模型具有对人的助读、助写、助学、助思的功能，而脑机接口具有助残和助强（帮助人增强）的功能，具体包括助动、助说、助看、助听等。在技术的共性上，它们都是数据驱动的技术，共享大规模的自然语言数据和脑电信号数据，其中大模型的核心在于对海量数据的处理和学习，从中提取有用的信息和模式，而脑机接口则解析大脑产生的复杂电信号，提取出意图信息，两者在数据处理和模式识别方面有着共同的技术需求和挑战。从属性上看，大模型和脑机接口都是人机交互型技术，前者通过自然语言处理、图像识别等技术实现人机交互，后者则通过直接的大脑信号传输实现更为直接和高效的交互。

两者的互补性在于，脑机接口能够捕捉大脑活动的细微信号，而大模型则可以处理和解析这些信号；脑机接口需要高级的信号处理和模式识别算法来解码大脑活动，而大模型则能提供丰富的上下文理解和生成能力，两者的结合可以促进算法和模型的共同优化；大模型试图通过模拟人类的认知过程来实现智能，而脑机接口则试图直接连接人脑与机器，重拾或增强人类的能力，两者都在探索认知与智能的本质和边界，促进人脑与计算机之间的直接交互，并使这种交互更加自然和便捷，或者说推动人机交互领域向更加高效和智能化的方向发展。人脑相比电脑有着极低的能耗和强大的功能，脑机接口与大模型结合或许能够开发出更高效的智能系统，甚至创造出新型的智能形态，这种智能形态将超越传统的机器智能，融合生物智能和机器智能的优势。

这些共性和互补，使得两者的融合可以使双方获益，用脑机接口数据训练大模型，与用大模型来解码脑信号和生成指令的脑机接口，使得两种技术都获得发展，这就是融合所带来的“共赢”式发展。两者的融合体既可称为“脑机接口大模型”，也可称为“基于大模型的脑机接口”或“大模型介导的脑机接口”，前者强调被脑机接口拓展的大模型，后者强调被大模型增强的脑机接口，两者作为“实体”是同一个对象。总之，两者形成了技术上相互增强的关系和效果，形成“双赢”式的发展，有望开启智能化新篇章，为人类社会带来更广阔的应用前景和更深刻的技术变革。

三、两者融合发展的哲学预期

1. 关于两者融合的医学预期

大模型与脑机接口的融合在医学领域的应用前景被广泛看好，尤其在治疗和改善各种残疾状况方面展现出巨大潜力。例如，对于由脊髓损伤、中风或其他神经系统疾病导致的运动障碍患者，脑机接口可以通过直接连接大脑与外部设备或瘫痪肢体的刺激器，绕过受损的神经通路，帮助患者重新获得运动控制能力，大模型融入脑机接口后则可以进一步提高运动控制的精确度和复杂性。对于言语障碍或运动受限的个体，脑机接口可以直接捕捉大脑中意图表达的语言信号，然后通过大语言模型解码并生成可理解的自然语言文本或语音，实现无缝沟通。这一技术还可以用于恢复或增强听觉、视觉等感官功能。例如，为聋哑人开发的听觉脑机接口，可以将声音信号直接转换成大脑能理解的电信号，绕过受损的耳蜗或听神经，帮助他们重获听力。在视觉恢复方面，通过植入电极阵列到视网膜或直接到大脑的视觉皮层，可以帮助盲人恢复一定程度的视觉感知。针对帕金森病、阿尔茨海默病等神经退行性疾病，脑机接口可能被用来监测异常的脑活动模式，并通过精确的电刺激调节这些异常活动，减缓疾病进展，甚至恢复部分失去的功能。此外，它还可以作为研究这些疾病机制的工具，促进新疗法的开发。对于患有闭锁综合征或严重运动障碍而无法正常沟通的患者，脑机接口提供了脑对脑的直接思维交流的可能性。脑机接口甚至还有可能通过监测和调节与情绪相关的脑区活动，帮助治疗抑郁症、焦虑症等精神健康问题。

对脑机接口最高的医学预期是消除残疾，使身体瘫痪或有严重缺陷的人能够克服运动、语言和感知功能方面的障碍。BrainCo的创始人韩璧丞对此充满信心，认为脑机接口使得人机融合时代到来，以后的世界将没有“残障人”这个概念，只有更强大的半机械人，他们可以像正常人一样美好而有尊严地生活。

2.哲学预期：“以想行事”的泛在工具

从哲学的角度审视脑机接口与大模型的深度融合，一个重要的预期是它有可能成为一种可以改变人类行为方式的泛在工具。

脑机接口技术如果成熟和完善，尤其是与大模型相融合成为基于大模型的脑机接口后，可以极大地提高意念与行动之间的交互能力，成为人们“以想行事”的泛在工具，此时人的思维与行动之间借助新型的脑机接口可以即时转换，只需通过思考就能操控周围的智能设备进行创作、交流信息，乃至控制远距离的机械装置，彻底革新行为或行动方式：人的思想可以更快捷有效地作用于物质世界。

在传统的视野中，思想和行动是人的两种不同活动，思想是脑内的精神活动，而行动是动用身体（尤其是肢体）去实际地改变对象的实在的物质活动，通俗地说就是“动手做事”的过程，即“以手行事”的过程。思想如果只停留在脑内，是无法在外部世界“做事”的。但借助大模型介导的脑机接口，改变了过去只能“以手行事”的路径，脑中的意念可以不借助肢体也能对外部世界施加作用，实现做事的目的。施泰纳特等人将这一过程称为“以想行事”，认为它为人类与世界互动提供了有趣而新颖的方式，即提供了一种绕过身体肌肉系统的新颖输出通道，由此创造了一种“非具身”的行动方式。这也是一种基于人机交互的知行贯通，它改变了传统的知行联结方式，“仅通过大脑活动就将思想转化为行动”，它使“意念制动”或“用运动想象来行动”成为一种普遍的行动方式。[①]

脑机接口是用来实现“以想行事”的手段，但在大模型介入前，这种手段的效能不高，用户体验也不佳，往往需要经过艰苦的训练才能取得初步的效果，重要的原因之一是智能算法解析人脑的信号不精准。而大模型介入后，可以解析更复杂的人脑信号并形成

---

① J. Lee，“Brain-computer interfaces and dualism：a problem of brain，mind，and body”，*AI & society：The journal of human-centered systems and machine intelligence*，2016，31（1）：pp.29-40.

更精准的控制指令，并确保执行的精确性和安全性，机器或效用设备还可以根据大模型的预测能力进行决策优化，从而实现更高效的“以想行事”，如在帮助失语者“以想说话”即表达所想时，可以从“想一个字母在屏幕上敲一个字母”到“想一个提示词在屏幕上生成整段话语”。这是因为大模型与脑机接口的融合，或推动脑机接口读脑能力的飞跃，甚至颠覆性地改变读心的方式：从浅层读心到深层读心，从复制型读心到生成式读心，从简单的机械化读心到智能化读心，从解析脑电到善解人意（基于它有理解力），基于这样的读心能力无疑可以实现更精准、更智能的机器运行控制，所能控制的动作也从简单到复杂不断推进，因此两者的融合可以生成更合人意的行动，使“以想行事”的水平不断提升。

其实，使用大模型也具有改变人类行动方式的意义，因为大模型提供了人机之间对话或聊天式的交互，人以自然语言告诉大模型做什么，大模型就替人去完成相应的工作任务，这可以称之为人机合作的“一键生成”式的“以言行事”。而当脑机接口与大模型相融合后，人使用大模型为自己做事可以进一步从“一键生成”演进为“一念生成”，人类的行为方式则相应地从“以言行事”进展为“以想行事”，由此改变了大模型功能的实现方式，提供了人机交互的新界面。这种新界面可以克服使用大模型时的“提示词缺陷”（提示词不能充分表达意图，或大模型不能准确理解提示词如言外之意，从而使人机交互受限），实现更便捷、更快速的人机交互或更即时的人机合作，使大模型发挥更大的效力，且人承担的劳作或付出得更少，人借助大模型为自己做事的效率大大提高。可以设想，联结脑机接口的大模型能够让人迈过语言表达实现与大模型的交互，从而从文生图片、文生视频（Sora）进一步过渡到意念生图片、想象生视频，实现“脑画”的直接外显，省却向大模型告知提示词的“以言行事”环节。

从机制上，大模型和脑机接口可以联合用于人机协同的“以想行事”。人可以通过脑机接口支配大模型，而大模型的生成维度是可以扩展的，除了可以生成语言（文本）外，还可以生成动作，生成物理世界的运动，而且是更智能化的动作。也就是说，脑机接口与大模型的深度集成，可以将人机交互提升到新的水平，使大模型从仅能生成信息形态的文本或视频，到可以生成物理世界的行动；由此不仅能够革新信息的生成与传播方式，也将在改造物质世界、提升人的身体功能等方面发挥重要作用。换句话说，大模型融入脑机接口后，脑机接口“以想行事”的功能将得到大模型的强劲加持，人脑借助机器实现的外部行动将更加高效和精准。可见，融入大模型的脑机接口发展和完善到一定程度时，有可能成为被人普遍使用的工具，使传统的“以手行事”和基于大模型的“以言行事”进一步提升为更加高效和便捷的“以想行事”，无疑是人类行为方式的重大嬗变。

大模型与脑机接口的融合体成为一种泛在工具的哲学意义重大。对于人类的技术，目前有多种分类的视角，如材料技术、能源技术、信息技术等。这里还可以从另一个视角区分出工具意义的技术与非工具（消费品）意义的技术，其中工具意义的技术是决定怎样生产或怎样行为的技术，是改变生产方式或行为方式的技术，它的地位比作为一般消费品的技术更重要，因为人类的时代变迁就是根据工具技术的革命来划分的，如根据工具革命划分出手工时代——机器时代——智能时代，或农业社会——工业社会——信息社会等，就是如此。

脑机接口目前还是医疗技术，属于消费品的范畴，所以在目前还不具有生产工具的属性，尤其是不具有作为普遍的行动工具的职能。但随着大模型的融入使脑机接口技术在安全性和功用性上的双重提高，未来它有可能成为即使是残障人也能使用的工具。工具化的大模型介导的脑机接口，意味着它从医疗技术提升为工具技术，从而可以对人造成更多、更大、更广泛的影响。可以说，脑机接口与大模型的融合，行将开启一个全新的人机交互时代，成为文本+行动的生成器、“以言行事”与“以想行事”相结合的新手段、改变信息世界和物质世界的“全能工具”，势必将人类的认知和行为能力推向新的高度。

当然，即使大模型与脑机接口的融合可以导向高水平的“以想行事”，也不意味着“以言行事”和“以手行事”从此毫无意义。其实，即使在“以想行事”可以泛在化的未来，它也不能取代另外两种行事方式的价值。例如，“以手行事”在未来可能不再具有劳动的功能，因为劳动可以被工具化的脑机接口与大模型的“以想行事”或“以言行事”所全面取代，但其仍具生活或生存价值，尤其是健身和体验世界的价值。对于健全人来说，或许可以在三者之间形成新的分工：“以手行事”主职身体锻炼（健康的身体才能支撑“以言行事”或“以想行事”，所以“以手行事”仍具有基础性的作用），“以言行事”主职思想表达，“以想行事”主职完成劳动或工作任务。而且三者之间还可以结成互补关系：难言的事以想行之，想法失控时以言行之，需要健身时则以手行之。即使在“以言行事”和“以想行事”之间也需因人制宜——擅长什么用什么，或者因事制宜——哪种合适用哪种。

3. 哲学预期中的人学预期

大模型与脑机接口融合所带来的工具革命不仅改变了人类的行为方式，还可能带来人本身的存在论变化，从而形成种种新的人学预期。

例如，对于作为个体的人来说，融合大模型的脑机接口对于使用者可能会引发身份同一性和认知边界等问题。当大模型介导的脑机接口增强了用户“以想行事”的能力后，用户对于所完成的任务是否为自己所为可能会产生疑惑；当用户借助这一系统与外部知识库或AI系统直接连接时，用户可以即时调用其中的知识，起到记忆增强和扩展认知边界的效果，则对于自己是否真知产生质疑，由此带来真实体验、个人成就与价值等关涉身份同一性的人学问题。与此相关，如果机器能解读和响应用户的思维，那么意识是否可以脱离生物体而存在？这会如何影响我们对自我身份、自由意志和责任的理解？

再如，当人类借助大模型介导的脑机接口实现了超出治疗的增强时，或将展现出使人成为克服现有“生物学局限性”的“超人”或“后人类”的前景。当脑机融合进而人机融合所造就的“新人”（“赛博人”）超越了人的自然性状或“天性”时，如何面对这一人文后果目前存在着极大的争议，其焦点是人性（人的自然的天性）能否被允许加以技术性的改变？经过这样的改变是否会使人丧失人的本质？脑机融合建构出来的“超人”或“后人类”是否会彻底动摇我们关于“人是什么”的信念？或者说，这些功能的扩展或过渡是否对人类身份、本质等构成威胁从而是否应该进行，它在何种情况下可以进行，在这个过程中我们应秉持一种什么样的“人类观”或“人的本质观”？是否存在不能或不应该被技术操纵所触及的“人的本质”方面？走向脑机融合是否意味着人类走向一种新形态？“后人类”是否就是人类使用大模型介导的脑机接口实现脑机融合的必然趋向？这些都是争论激烈的人学新问题。

此外，在这个过程中还存在大量的伦理问题，如新的社会分化问题、隐私保护问题、技术失控和异化问题、责任归属问题、价值对齐问题等，如果大模型本身就蕴含着巨大的人文风险（所以马斯克等人呼吁暂停训练大型AI模型），是否需要阻止它与脑机接口的结合？或者即使不能阻止，是否也存在一个限度问题，即脑机接口应用人工智能到什么程度最合适？如此等等，都是需要认真对待和深入研究的人学问题。

四、结语

随着技术的不断进步和相关问题的解决，大模型与脑机接口融合发展的前景十分广阔，这不仅可能引领新一轮的技术和产业革命，还将作为新的泛在的工具深刻改变人类的行为方式，甚至带来人类进化的新前景，并推动人类进入一个充满未知可能的新时代。我们的哲学期待是，在迎接大模型与脑机接口的融合发展为人类带来更多的便利和进步时，也必须关注并积极应对伴随而来的新问题和新挑战，确保这两项最前沿的新技术在融合发展中能够真正惠及全人类。

第四章

智能机器人的主体地位、权利和义务

孙伟平

智能机器人在智能方面的快速增长，特别是其自主性行为蕴藏着巨大的不确定性和风险。它直接动摇了人类的唯一主体地位，人机之间已经在一定领域展开了或明或暗的主体之争，以及治理权和主导地位之争。智能机器人可能要求拥有新的"身份"，提出以往专属于人的权利诉求；同时，也应该承担与其"身份"、权利相匹配的责任和义务。直面智能机器人的主体地位、权利、责任与义务等具有革命性、颠覆性意义的新问题，我们必须彻底地反思和厘清既有的立场、理论和方法，基于智能技术的快速发展和丰富的应用场景，通过批判性、革命性的理论创新努力寻求问题的实质性解决。

智能机器人在智能方面的快速增长，特别是其自主性行为，蕴藏着巨大的不确定性和风险。智能机器人在执行任务的过程中，环境、条件往往是动态变化的，需要权衡多方面因素，需要应对各种不确定性，因而需要自动识别目标、自主选择操作方式，并排除外界的干扰以完成使命。而各种智能机器人越是自主、自由，越是能够自主进行评价、选择和决策，它的主体地位和权利问题，以及相应的责任和义务问题就越是突出。那么，智能机器人是否可能，或者在何种意义上可能成为责权利相统一的主体呢？这有待我们立足智能科技的发展现状和趋势，运用马克思主义哲学的立场、理论和方法进行分析。

一、智能机器人是否享有类人主体地位?

作为通用人工智能的智能机器人具有类似人类的智能，甚至在一定意义上具有“人”的本质特征，这无疑会颠覆传统的认知和观念，带来一系列严重的哲学和社会后果。其中，最直接的是可能冲击甚至动摇人类的唯一主体地位。当然，关于这一问题可以基于不同理论、从不同角度进行讨论。除了哲学上有关“主体”“主体性”之类的争论外，主要涉及“成为主体必须满足哪些条件”“谁来判定主体地位是否确立”等问题。在这里，我们仅仅立足智能机器人目前的发展现状和可能的发展趋势，从以下几个基本层面进行初步的哲学分析。

首先，智能机器人是否有意识？特别是是否可能产生自我意识和对象意识？一般而言，主体必须具有健全的主体意识，包括自我意识和对象意识。就目前的技术发展与人们的认知而论，智能机器人是否有意识、是否会思维无疑存在争议，或者说“机器思维”之类概念能否成立尚没有共识；但是，智能机器人将纳入自己视野、相互交往和作用的其他人或事物（包括其他智能系统或智能机器人）视作自己的“对象”，形成相应的“对象意识”，这从技术层面说没有什么难度。同时，智能机器人“认识自我”，“知晓”自己是一个智能机器人，“知晓”自己拥有一些什么样的“硬件”和“软件”——“硬件”可以说是智能机器人的“物质性”的“身体”，以大数据和算法为核心的“软件”则是智能机器人的“灵魂”——在技术上已经可以做到；并且，“知晓”这些“硬件”和“软件”的主要性质、功能、特点，以及某些局限性，也不太困难。与此同时，虽然人类有意识（包括自我意识和对象意识）、会思维，且目前对于自我的认识正在不断进步，但仍然存在着不少恼人的未解之谜。例如，人类是什么时候、又是如何起源的？一个人什么时候开始意识到自己的存在？人脑的构成及其“工作机制”是怎样的？意识是如何产生、如何在身体内传输的？为什么每个人的指纹、血型、惯用手倾向（左撇子或右撇子）等存在差异？应该依据什么标准判定一个人“死亡”？人死之后究竟会发生什么？等等。这表明人类的自我意识仍然既不清晰，也不彻底。智能机器人虽然存在“算法黑箱”、不透明性之类局限性，却可以做到对自己“了如指掌”；今后智能机器人还可能做到对自己的“硬件”和“软件”进行实时监控和诊断，不断地进行自我调整、完善、升级。因而在一定意义上可以说，智能机器人可以比人类更加全面地“认识自我”，形成全面、动态的关于“我”的意识。

其次，智能机器人是否拥有并“知晓”自己的“本性”、欲望、需要和动机？在智能机器人的主体意识中，这是更为“高级”，当然也更为复杂的部分。它与智能机器人的所谓“主观自主性”相关，是其自主思考和行为的“发动机”和“调节器”。Y.E.比格曼指出：“即使机器人专家创造了具有更多‘客观’自主性的机器人，我们也注意到‘主观’自主性可能更重要。”[①]就此而言，智能机器人若要思考“我是谁”，建构一个“精神上的自我”，“知晓”自己的“本性”，以及基于“本性”的欲望、需要和动机，甚至拥有情绪、情感和意志，在目前还是比较困难的事情，有关今后的发展方向的争议也比较激烈。也正因如此，智能机器人只能在比较初级的意义上产生自我意识和对象意识，“知晓”自己所需要实现的目标、完成的任务，目前还难以产生真正的心物一体意义上的自我意识和对象意识，还不能说它有自己的欲望、动机和采取自主行动的意图。这也是有人拒绝承认智能机器人的主体地位的重要原因。

再次，智能机器人是否具备自主行为能力，可否自主地采取行动，在社会生活中成为“劳动主体”或“实践主体”？随着智能科技，特别是“机器思维”的发展，智能系统或智能机器人的“智能”“技能”日益逼近人类，并且在不少领域已经超过了人类。它们扮演的社会角色不但越来越多元化，而且越来越重要。目前，不少原本属于人类的工作岗位，包括农业生产（耕地、除草、灭虫、收割等）、矿产开掘、工业制造、交通运输、金融服务、商品交易、咨询服务、在线授课、法律顾问、远程手术、文学创作、新闻报道、播音主持、艺术表演等，已经可以看到越来越多的智能系统或智能机器人的身影。在社会生产、生活的诸多领域，智能机器人的

---

① Bigman，Yochanan E.，“*Holding Robots Responsible*：*The Elements of Machine Morality*”，Science & Society，Vol.23，No.5，2019，p.366.

自动化、智能化程度越来越高，甚至出现了汹涌澎湃的“无人化”趋势，无人银行、无人车间、无人商店、无人驾驶之类正在遍地开花。智能机器人从事这些活动时的自主性越来越强，可以主动地有计划、分步骤地去做，甚至尝试采取一些新的方式、方法去做，表现出类似于人的主观能动性。虽然智能机器人的这些活动是否可以称为“劳动”或者“实践”，目前还存在比较激烈的争议，但它们可以扮演一定的社会角色，承担大量劳动任务，履行相应的劳动职责，却得到越来越多人的首肯。相应的，越来越多的人愿意考虑这些智能机器人的“劳动主体”“实践主体”地位。当然，就此达成基本的共识还需要进一步观察，需要更充分的讨论。

最后，特殊的智能机器人——智能管理、决策系统——正在承担越来越多的社会治理工作，它们是否可能成为价值论、实践论意义上的评价主体、决策主体和管理主体？在智能科技已经成为基本的“社会技术架构”的情况下，它们不仅在从事大量的生产和服务活动，而且渗透到社会治理的诸领域，默默地承担了越来越多的价值评价、决策和管理工作。例如，以经济、商贸、金融领域的大数据为基础，智能征信系统一直在明里暗里搜集我们每个人的信息，并据此实时进行分析、判断，对每个人是否诚实、守信进行评价，并对其所认定的失信者适用一定的经济、法律和行政惩戒。在社会信息化、智能化进程中，随着类似的智能系统的广泛使用，人类对各种智能系统的依赖日益加深，正在主动地或被动地交出越来越多的评价权、决策权和管理权。直面这种新的情势，我们应该合理地追问：有什么理由阻止智能机器人成为评价主体、决策主体和管理主体？

毋庸讳言，目前作为通用人工智能的智能机器人的研发仍然处于初创阶段，大致相当于人类历史的蒙昧时期，发展的水平有限，而且人类总体上仍然只是将智能机器人当作工具来使用，因而人们对其自主性、主体地位的认定仍然是传统的观念占上风。但无论如何可以肯定的是，智能机器人事业正在不断取得实质性突破，它们早已不是工业时代的机械性机器了，人机之间已经在一定领域展开了或明或暗的主体之争，以及治理权和主导地位之争。

随着ChatGPT之类生成式人工智能风靡全球，诸如此类的深层次问题不断暴露出来，令人们不断受到深深的震撼。一是既然智能机器人日益自主地开展活动，那么，我们是否或者应该在何种程度上承认它们的“主体”地位，以及相应的，如何设计机器人的行为伦理？[①]二是这难免对人的优先地位、人的自主性、人的隐私和权利、人的价值和尊严等造成直接冲击，甚至导致传统的关于“人”的理论和实践出现系统性崩溃。2017年10月25日，沙特阿拉伯未经充分的理论论证，也未加审慎的实践考量，授予了香港汉森机器人公司研发的女性机器人索菲娅以“公民”身份。从传统的物种角度和政治理论来说，“公民”当然首先是“人”；从哲学和社会学层面考虑，“公民”自然应该是“主体”，包括政治主体、经济主体、道德主体和法律主体等。沙特阿拉伯这一既没有经过缜密的理论思考又缺乏落实索菲娅“公民”身份的实际举措的轻率之举引发了一场轩然大波。不过，尽管显得鲁莽且轻率，这仍然标志着智能机器人对人的主体地位提出了史无前例的挑战。

二、智能机器人是否应该享有权利?

以往一直被人类视为“驯服的工具”的机器，现在随着“智

① P.M.Asaro，“*What should we want from a robot ethics?*” International Review of Information Ethics，2006，6（12），pp.9-16.

能”“知识”等的增长，特别是自主性的增强，正在扮演更多的社会角色，发挥更大的社会作用，表现得越来越像人。这可能导致智能机器人要求拥有新的“身份”，提出以往专属于人的权利诉求。“哲学的关键问题是，一旦人工智能机器人符合相关标准（无论它们是什么），它们是否也有权享有人权。”① “随着人工智能越来越占据过于专属于人类的角色，人工智能将需要获得更像人一样的对待，而人类有时也将需要获得更像人工智能那样的对待。”②

从哲学视角具体而论，智能机器人是否应该拥有类似人权一样的基本权利？这种权利基于什么理论进行讨论，基于什么程序予以确认？类似的问题正在如雨后春笋般涌现出来。在智能社会的架构中，由于智能系统或智能机器人无处不在，活动的领域非常广阔，因而可能的权利诉求往往是多元的，涉及各种各样的类型。

一是与人类的人格、尊严相类似的人格权利。例如，是否应该将有智能、有记忆、“会思维”的人形智能机器人视为“人”？它们是否应该享有与自然人平等的人格和尊严？在使用人形智能机器人或人机交往过程中，是否应该平等地对待它们，像尊重人一样的尊重它们，严禁贬损、侮辱和虐待它们？人形智能机器人是否拥有不受侵犯的自由意志，包括人身自由、言论和通信自由？等等。2017年3月，欧洲议会法律事务委员会提出，应该发展出一种适用于机器人和超级智能的“电子人格”模式，以保障未来或许会出现的类人机器人以及人工智能的权益和责任。“电子人格”的建议引发了一场轩然大波，许多人工智能专家和法律、伦理专家都明确表示反

① John-Stewart Gordon，Ausrine Pasvenskiene，“*Human rights for robots? A literature review*”，AI Ethics，Vol.1，2021，p.580.

② 瑞恩·艾伯特：《理性机器人：人工智能未来法治图景》，张金平、周睿隽译，上海人民出版社，2021，第6页。

对。他们认为这将导致一系列问题，“导致权利泛化”。

二是与智能机器人的安全相关联的权利，包括以自我保存为核心的自卫权。有人已经提出“智能机器人的命也是命”之类的命题，估计这种呼声今后还会进一步高涨。例如，智能机器人是否应该对涉及其重大利益、安全等相关的信息和决策具有知情权？在完成任务的过程中，如果它发现存在严重的风险，是否有权暂停执行任务、规避风险？如果安全受到外部对象的严重威胁，它是否应该拥有以自我保存为核心的自卫权？等等。根据同理心，智能机器人维护自身的安全似乎不难获得同情与理解，但问题的关键是，这种权利有时可能与人的利益、安全相冲突，那么这时智能机器人是否可以将自己的权利置于优先地位？

三是与智能机器人的“（身心）健康”“生存”“生死”相关联的权利。例如：是否应该关爱智能机器人，严禁将其置于可能导致硬件和软件受损的恶劣环境之中；是否不应该过度使用机器人，加速其元器件的老化和整个智能机器人的报废；一旦其元器件或者系统出现故障，是否严禁“坏了不修”，甚至“坏了就扔”；一旦智能机器人“过时”了，是否应该尽可能对其进行改造、升级；一旦智能机器人“报废”了，是否应该安排其“退休”“安享余生”；等等。顺便应该指出的是，如果出现了功能强大，但身心不健康，甚至将生死置之度外的智能机器人，那将是极其危险的存在，其所作所为可能将世界拖入巨大的不确定性和风险之中。

四是与智能机器人的“劳动”“实践”活动相联系的社会性权利。例如，智能机器人正在广泛进入劳动领域，它们是否应该拥有自主的劳动权、休息权？它们在承担劳动职责和劳动任务时，是否可以对劳动环境、条件提出基本的要求？它们是否可以要求获得相应的劳动报酬，“占有”自己的劳动成果，拥有诸如财产权、知识产权之类的权利？如果有人将智能系统、智能机器人创造的成果——包括思想创意、文艺作品、科研成果、发明专利等——据为己有，是否属于侵权？智能机器人是否可以依法维权，而现有的专利法、版权法等又应该做哪些必要的修改？

五是与智能机器人的社会角色相关联的更加多元、广泛的经济、政治、法律、道德、文化权利。这些权利当然与它们是否应该被确立为经济、政治、法律、道德和文化主体直接相关。例如，当智能机器人扮演一定社会角色时，是否应该给予它们类似于人的公民身份，允许它与其他自然人或智能机器人自由联网、交往？是否可以拥有选举权与被选举权？是否可以拥有包括恋爱、结婚、信教、结社、集会、游行、示威之类的权利？是否应该由其自主地承担与享有的权利相应的责任和义务？如果智能机器人损害了他人的权益，甚至违法犯罪，给社会造成了一定的危害性后果，是否应该限制甚至剥夺它的某些权利？等等。

诸如此类的权利还有很多，新的权利诉求或许还会不断地涌现。“正如一些专家担忧的那样，机器人权利运动很可能会沿着上个世纪的残疾人权利和动物权利运动的路径兴起。”[①]当然，学术界对于是否认同诸如此类的权利的争论十分激烈，几乎呈现水火不容之态势。反对者如马麻克坚持：“授予机器人权利的问题正在两极分化。……我声称机器人永远不会拥有所有人权，即使我们接受它们在道德上与人类平等。”[②]赞同者如阿希拉费恩则认为：“无论这种智能是否是‘人为的’，都不会减损这样一个问题，即新的数字

① John-Stewart Gordon，Ausrine Pasvenskiene，“*Human rights for robots? A literature review*”，AI Ethics，Vol.1，2021，p.590.

② Mamak，K.，“*Humans，Neanderthals，robots and rights*”，Ethics and Information Technology，Vol.24，No.33，2022，p.1.

人口将应该得到道德尊严和权利，以及保护他们的新法律。”[①]约瑟夫·巴-科恩、大卫·汉森也认为：“如果它们发展到足够聪明，它们将就获取和人类一样的权利的问题和人类展开争论，而且随着时间的推进，我们会发现其实对此我们无可辩驳。”[②]

此外，假如以上的这些权利诉求成立的话，目前尚无定论的是：类似的权利是由人类更新观念、主动赋予，就像有些伦理学家主张的动物伦理赋予宠物一定的权利一样；还是在日益频繁的人机互动，特别是人机矛盾与冲突中，人类不得不向日益强大的智能机器人妥协，智能机器人通过“抗争”而获得相应的权利。由于历史的惯性和人类中心主义根深蒂固，发展的趋势很有可能是人类“且战且退”，迫于情势的发展不断更新观念，逐渐承认智能机器人的若干权利，并通过立法的方式加以确认。

三、智能机器人是否应该承担责任和义务？

马克思深刻地指出：“没有无义务的权利，也没有无权利的义务。”[③]权利与义务往往是相互关联、相辅相成的。由于智能机器人在社会生产、生活的各个领域广泛存在，并且拥有越来越丰富的专业知识和技能，扮演的社会角色也越来越重要，因而如果智能机器人拥有了一定的权利，那么，也必须明确其应该承担的责任、应该履行的义务。这正如阿希拉费恩所说：“有关人工智能和机器人的

---

① Ashrafian, H., “*Intelligent robots must uphold human rights*”, Nature, Vol.519, p.391.

② 约瑟夫·巴-科恩、大卫·汉森：《机器人革命——即将到来的机器人时代》，潘俊译，机械工业出版社，2015，第236页。

③ 《马克思恩格斯文集》第3卷，人民出版社，2009，第227页。

权利的观念需要匹配同等程度的社会责任和义务。"[①]这里应该强调指出的是，责任和义务具有强制性，即使智能机器人自愿放弃了一定的权利，但相应的责任、义务也必须履行，不允许逃避。

毋庸置疑，智能机器人的责任与义务与其自主性和主体地位直接相关。Y.E.比格曼指出："哲学、法律和现代认知科学都表明，对人类道德责任的判断取决于自主性。""随着机器人变得更加自主，它们承担道德责任的潜力只会越来越大。"[②]如果智能机器人在一定意义上是主体，拥有一定的自主行为能力和权利，那么，应该匹配什么样的责任、义务呢？它又如何承担相应的责任、履行相应的义务呢？

首先，作为人类有史以来最伟大的发明，智能机器人必须坚持"人是目的"，"对人类负责"，即承担对于人类整体、群体和个体的责任和义务。这是智能机器人之所以被发明并与人类共存的"原初义务"。1942年，美国科幻作家艾萨克·阿西莫夫在《我，机器人》中提出了著名的"机器人三定律"；2009年，罗宾·墨菲和戴维·D.伍兹提出了"负责任的机器人学三定律"……他们所提出的这些康德式的道德律令都涉及智能机器人的责任和义务。例如，必须服从人类的命令，不得伤害人类个体，必须维护人类的整体利益，以及在此前提下机器人具有自我保护的义务。近些年来，不少组织机构纷纷提出诸如"机器人宪章""人工智能开发者的设计原则"等；中国新一代人工智能治理专业委员会于2019年6月发布了《新一代人工智能治理原则——发展负责任的人工智能》，2021年9月发布了

---

① Ashrafian，H.，"*Artificial Intelligence and Robot Responsibilities*：*Innovating Beyond Rights*"，Science and Engineering Ethics，Vol.21，2015，p.318.

② Bigman，Yochanan E.，"*Holding Robots Responsible*：*The Elements of Machine Morality*"，Science & Society，Vol.23，No.5，2019，p.366.

《新一代人工智能伦理规范》；联合国教科文组织2021年11月发布了《人工智能伦理建议书》，世界卫生组织2021年6月发布了《世界卫生组织卫生健康领域人工智能伦理与治理指南》；学者们更是积极参与相关伦理标准、伦理规范的讨论和制定，创立了体系化的“机器人伦理学”或“智能机器伦理学”，促使智能机器人的权利、责任和义务的探讨不断走向全面、深入。

其次，智能机器人应该承担社会分工体系中，与其所担当的社会角色相匹配的职责和义务。无论是作为社会基础设施的各种智能系统，还是居于特定工作岗位、承担一定工作任务的智能机器人，都因其角色、岗位、任务而拥有一定的权力，这些权力往往关联着相应的职责和义务。例如，智能医疗是人工智能应用的重点领域。智能医疗系统的应用范围越来越广，它每天都在搜集、存储人们的相关数据，掌握着许多人的“秘密”；对人们的身体状况、既往病史和诊疗数据进行整理、分析，还可以“发现”不少有价值的信息；这对人们的隐私构成了直接且巨大的威胁。因此，智能医疗系统必须内嵌人类的基本价值观，其所作所为必须恪守职业道德，严格遵守相应的政策和道德、法律规范。如果它不能做到遵纪守法、谨言慎行，那么势必引发数不胜数的问题和纠纷，给被侵害者的身心、财产、安全等带来损害，对当事人的社会交往和人际关系（包括爱情、婚姻、家庭关系）构成困扰。

再次，在信息、智能科技“再结构”社会的过程中，智能机器人闯入社会生产、生活领域，可能会“要求”获得某些以往人们并不熟悉的新权利；与此同时，它也就应该承担一些相应的新责任、新义务。社会公正原则要求它所获得的新权利与承担的新责任、新义务保持基本平衡。例如，如果某种智能系统、智能机器人在生产、服务时获得了经济上的收益，那么，它就应该如实“申报”，并履行纳税的义务。隐瞒收益、逃避纳税同样应该受到惩处。

当然，我们也应该清醒地意识到，智能机器人毕竟是与人不一样的“新物种”，它如果“承担”责任和义务，方式也可能与人不尽相同。在这里，我们需要有针对性地考虑的是，如果智能机器人犯了错，特别是侵害了他人的合法权利，那么，它应该承担什么责任和义务呢？又如何对它进行有效的惩戒呢？

我们不妨以智能无人驾驶汽车为例进行分析。顾名思义，智能无人驾驶汽车没有人类驾驶员。一旦发生交通事故，既不存在驾驶员的“主观故意”，也不存在驾驶员酒后驾驶、疲劳驾驶、情绪驾驶、错误操作之类“过错”。统计表明，大约94%的交通事故源自驾驶员的过错。智能无人驾驶令传统的以驾驶员的过错责任为基础建立的“风险分配责任体系”失效了。一旦智能无人驾驶汽车在行驶中发生了交通事故，造成了一定的生命、财产损失，那么应该由谁来承担相应的经济、法律和道德责任呢？这时，智能无人驾驶汽车本身是否可以作为责任主体，承担相应的经济、法律和道德责任呢？它又以什么方式承担这种责任呢？现行社会体制中针对人类驾驶员的道德、行政、经济和法律处罚，诸如道德谴责、吊销驾照、经济赔偿、刑事处罚等，对各种智能无人系统又有什么实质性意义呢？让它们付出什么代价，才能令其感受到“切肤之痛”，才是一种真正适用于它的惩罚呢？目前，由于智能无人驾驶汽车“生理”上没有愉快、痛苦之类感觉，“心理”上也没有耻感或荣誉感，并且尚未取得主体地位，对它施加各种各样的惩罚——如修改算法甚至重新编程、禁止拥有某种功能或者功能升级、“勒令停职”或者“监禁”，甚至“判处死刑”（肢解、报废）——都没有什么实质性意义。因此，目前更可能的选择是，我们不得不拓展、延伸责任主体，在智能无人驾驶汽车的设计者、生产者、所有者、使用者等之间重新分配相关的责任。

总之，智能机器人“越来越像人”，越来越能够“像人一样思考，像人一样行动”，使人觉得它应该“像人一样承担责任和义务”；这正如Y.E.比格曼所说的，“拥有类似人类的身体、类似人类的声音和类似人类的面孔都会导致人们将更多的道德责任归于机器”[①]。但是，由于这种“硅基存在物”与人之间存在着“物种区别”，实际上它无法“像人一样承担责任和义务”。这与智能机器人所扮演的社会角色、所拥有的实际权利日益形成对比强烈的反差。目前比较保守的观点，是将智能机器人仍然视为一定主体所拥有的“工具”，将责任或义务延伸到相关的人类主体身上，如智能机器人的设计者、生产者、所有者、使用者等身上。而比较激进的方略，则要求视智能机器人为像人一样的责权利相统一的主体，让智能机器人对自己的行为负责。后者显然是一条全新的思路，但有待基于技术进展开展有针对性的研究，探索智能机器人有效“承担”责任和义务的可行方式。

四、若干需要进一步研讨的问题

智能与自主性是智能机器人正在获得的主要特征和功能优势。从以上的讨论我们可以看出，智能科技的发展和应用，智能机器人的自主性的思维和行为，对人类享有的“唯一的主体”地位造成了强烈的冲击，传统的权利和责任、义务体系也正在被瓦解、被颠覆。

在人们对以上问题众说纷纭、试图重建相关的理论时，我们发

① Bigman，Yochanan E.，“*Holding Robots Responsible*：*The Elements of Machine Morality*”，Science & Society，Vol.23，No.5，2019，p.366.

现，这些问题不仅新颖，而且并不单纯。实际上，这里还存在大量相关联的问题要求进一步厘清与解决。

第一，我们讨论的对象是智能机器人的“类”还是相关的个体？或者说，是智能机器人的“类”还是相关的个体在争取主体地位、权利？众所周知，“人”是一个抽象的概念，它由历史与现实中的许多具体的、活生生的人所构成。抽象的“人”诚然满足成为主体的条件，但一个个具体的人是否具有相应的主体意识、主体地位，可能就需要具体问题具体分析。当然，我们在讨论一个个具体的人的主体意识、主体地位时，我们往往会比较宽容，标准的适用往往不会那么刻板。但与此类似，无论如何需要追问的是，智能机器人的主体地位是针对单一的某一个体进行讨论，还是针对智能系统或智能机器人的“类”进行讨论呢？如果是前者，由于智能机器人的基本结构、智能水平和自主能力千差万别，相关的讨论可能会无比繁琐；而如果是后者，又可能存在以点带面、以偏概全之类问题。大致说来，一方面，“拟人化”的智能系统或智能机器人的“类”，大概率可以逐步满足成为主体的条件；另一方面，某一具体的智能机器人要满足作为主体的条件，必须具体地进行分析，这往往面临严苛的考验。实际上，大量的智能系统或智能机器人并不以“拟人化”为目标，它们并“无意”成为主体，也根本没有必要成为主体。

第二，智能机器人的意识、思维、需要、情感，特别是自我意识，是这里讨论主体地位、权利、责任与义务的一个前提性问题。如果智能机器人根本就没有类人意识、思维、需要、情感，特别是自我意识，那么它就不可能提出主体地位、主体权利之类诉求，同时也就无所谓承担相应的责任和义务的问题。而自艾伦·图灵1950年提出“机器会思维吗”这一问题以来，智能机器人是否具有意识、思维、需要、情感，特别是自我意识，恰恰是一些聚讼不断、短时间无法形成共识的难题。这也决定了相关的口舌之争将不会止息，会一直伴随智能机器人的研发和应用，直至在“实践”中看看它究竟能否通过“图灵测试”，对这些问题做出比较明确的裁决。

第三，权利、责任与义务往往是相互关联、相互作用、辩证统一的。在纷繁复杂的社会利益纠葛中，如何平衡人们的权利、责任与义务，实现社会的公平正义，向来是一个众说纷纭、莫衷一是的难题。智能机器人大规模涌入社会以后，对传统的社会组织结构和社会生产方式、生活方式等进行了重塑和“再结构”，更是为这一难题增加了必须考虑的新的基础性变量。在社会智能化过程中新出现的一些领域，或者智能机器人可能“搅局”的一些领域，权利、责任与义务的“分配”往往变得更加复杂。此外，在社会智能化与智能机器人快速发展的过程中，应该由谁、按照什么样的原则，平衡智能机器人的权利、责任与义务？特别是，智能机器人的发展日新月异，应用的领域也不断突破既有的阈限，那么，又应该由谁、按照什么样的机制，对它们进行必要的调整，从而建立动态的、合理的平衡？这些深层次问题也有待思考和解决。

第四，在上述涉及智能机器人的诸多方面，目前无疑仍然是人类牢牢地掌握着话语权，谨慎地控制着事态的发展和走向。但随着智能科技的指数级发展，以及超级智能可能超越人类的“奇点”到来，需要进一步大胆质疑的是：无论是人类的立场、观念、思想，还是人类的具体的政策、规范、行为，是否可能在人类并不一定熟悉和理解的“智能机器人界”得到积极的响应？今后的超级智能是否可能遵循人类的逻辑程式和思维方式，接受、认同人类“自作主张”制定的这些规则和秩序？完全可以质疑的是，单向度的“人为智能机器人立法”，可能既不一定具有合理性——因为“合谁的理”

“合什么样的理”都是问题，有些人在“反人类中心主义”的基础上，已经将“人为智能机器人立法”进一步斥为“人类碳基沙文主义”；也不一定具有可行性——因为日益强大的智能机器人作为当事方并没有参与对自身的规制，它可能会粗暴地说“不”，甚至漠然地拒绝配合。因此，这里可能需要超越人与智能机器人各自的视野，引入“元层次”的理性思考；同时，建立人与智能机器人的互动机制，通过商谈找到有效解决问题的办法。这正如史密斯和韦克尔斯指出的：“只有通过持续的人与人工智能互动，我们才能确定人工智能是否可以成为道德主体，完全的还是边缘的。”[①]

总之，随着智能科技的发展和智能时代的到来，研究和解决智能机器人的主体地位、权利、责任与义务等问题已经提上了日程。对这些重大的棘手的新问题不以为然，甚至“假装看不见”，只能令问题不断累积、发酵而导致传统的社会秩序崩塌；而运用传统的理论和方法处理这些新问题，又会让人觉得“隔靴搔痒”，抱怨理论与实践相脱节；同时，还难免激化甚至制造人机矛盾，造成不必要的人机疏离和人机对立。因此，面对这些具有革命性、颠覆性意义的问题，我们必须彻底地反思和厘清既有的立场、理论和方法，基于智能技术的快速发展和丰富的应用场景，通过批判性、革命性的理论创新努力寻求问题的实质性解决。

---

① Smith, N., Vickers, D., “*Statistically responsible artificial intelligences*”, Ethics and Information Technology, Vol.23, 2021, p.492.

第五章

大数据个人画像应用的认知不公问题

谭 笑

大数据生成的个人画像，在大量社会事务中取代了自我知识而成为判断依据，对个人造成了认知伤害，从而形成认知不公。认知不公通常被认为在认知和伦理两方面都带来了伤害，但由于自我知识并不具有认识论优越性，大数据与之相比并不妨害求知过程，这对认知不公的认知维度标准构成了一个悖论。这一悖论在交易型不公层面上确实存在，而在结构型不公中被消解，即在后一层面个人画像不合理地构成了认知权威，系统性地提前将主体自身排除在外，对社会构成了结构型认知不公。

大数据对网络用户的信息采集和个人画像描绘已经被广泛运用到各个行业当中，尤其是从传统的消费领域逐渐延伸至招聘、司法等多个与社会秩序和个人利益深切相关的领域。以往与大数据相关的哲学研究更多关切的是采集阶段所涉及的个人信息隐私问题，其实，在大数据的应用阶段也存在不少值得关切的哲学问题。随着数据量的累积和技术的进步，在理想状态下，大数据生成的个人画像构成了关于个人的另一种知识。例如，职场社交软件勾勒出的个人画像中包含个人处理问题的能力、工作效率等，甚至与其他社交软件联动，摸索出其更广泛的社会交往能力与资源。与这种知识相对照的是个人自己所陈述的自我知识。当社会机构普遍性地信赖大数据个人画像，逐渐以之取代过去个体的自我知识的作用，是不是就意味着它们选择了一种更为科学的决策依据？如果答案为肯定，这种取代是否会产生以及在何种情况下会产生认知不公的问题？在个人画像的应用中应当如何对待自我知识？这些问题都是大数据个人画像在应用过程中所必须考量的深层伦理问题和认识论问题。

认知不公强调的是主体作为一个认知者在认知能力上所遭遇的不公正。认知能力是形成一个全面而完整的人的核心要素，对于主体认知能力的不恰当否定给主体带来的伤害可以被视作对人的深层否定。与传统讨论的分配不公不同，认知不公具有双重意义上的不公。它既是伦理上的错待，也是认知上的错待。例如，认为女生不擅长数学的刻板印象使得面试官在挑选与数学相关岗位人选时更倾向于男性，这是仅仅出于性别偏见就否定了女生应得的认知上的肯定的典型案例。这在伦理层面构成了性别之间的机会不平等，认知层面挫伤了女性在数学相关领域的自信心和积极性，也让社会错失了本应有的人才，延缓了整体的知识发展。

综上，认知不公是通过社会的集体想象所实施的隐性权力活动，在各种社会偏见和既定成见影响下，低估发言者的置信度，即产生“证言不公”，或者缺乏合适的解释资源使得一些人不能阐释自己独特的社会感受，即产生“诠释不公”。认知不公在认识论层面的错误也可以分为两个方面：一方面是对受到错待的人而言，他的认知能力没有得到应有的“承认”；另一方面是从客观上来说，这种错待对社会整体的求知而言是不利的。例如，证言不公妨碍我们获得真相，诠释不公妨碍更多事实的揭示和准确表达。

妨害求知是认知不公现象造成的主要危害，亦是它区别于传统分配不公的核心特征。传统分配不公主要指伦理意义上的不公，而在认知不公中，错待的“错”中除了包含伦理意味，还包含着认识论的标准：只有对方在认识论上具有优势却被不合理地低估或无视时，才构成认知不公。大数据个人画像与自我知识的对照为探讨认知不公的判别标准提供了一个试验场，它构造出一种新的省思情境。简单来说，大数据有“客观准确”的身份标签，自我知识有“主观”的身份标签，因此似乎大数据在认识论上更有优势，这样的身份标签亦使得社会机构在社会事务中更愿意采信大数据。

本文将首先梳理关于大数据应用所带来的认知不公现象的典型论证；然后通过对比大数据和自我知识来判断何者在认识论上更具优势，以及在这种判断下是否存在认知不公；最后指出认知不公所具有的“个人性”与“结构性”的区分，尝试通过重新认识自我知识的独特性来界定大数据所带来的认知不公，并回应双重错误标准的问题。

一、大数据所带来的认知不公的相关论证

大数据个人画像的技术本质是用户信息标签化。它主要包含以下几个步骤：第一，大数据将我们在网络上的数据痕迹收集起来，包括网络行为数据、内容偏好数据等；第二，处理上述数据，进行行为建模，抽象出用户的标签，如“技术宅”等；第三，修正前面的模型，根据新数据细化、更新标签，使画像更加立体、真实、个性化。大数据个人画像构建了一个“我”在互联网上的形象，这个形象是专属于我个人的，其中包含了关于我的各方面知识。一些是直接的信息，例如行动轨迹、社交关系等，另一些是推论，例如偏好、性格等。这些知识还将预测我之后将作出什么选择、如何行事等。这就是大数据个人画像，数据构成的另外一个“我”，也有学者称之为“统计二重身”。这个“我”与我自己所认知的自我通常并不相同，然而却成了大多数陌生人或社会机构了解到的“我”，并且他们将依据这个二重身作出很多关于真实的我的决定。例如，用人单位会根据职场社交软件的大数据个人画像来从众多求职者中筛选出符合他们需求的候选人。因此，有学者认为个人画像的以下几方面属性使得认知不公不可避免。

首先，大数据个人画像拥有一种看上去的“客观性”，这使得它成为一个比自我知识更加可靠的证言来源。人的记忆并不总是可靠的，甚至可能由于某些目的有意或无意地修改基于记忆的证言。然而大数据的基础是记录在互联网上的数据，具有某种“客观性”。因此当大数据的结果和当事者记忆相冲突时（如当事者是不是在某天到过案发现场），法庭显然更愿意采纳大数据的结论，而不是当事者本人的证言。此时，我基于记忆的第一人称通道在大数据面前自动失去了权威，也就是说当事者的证言可靠性受到了极大的冲击。

其次，大数据个人画像这一在线形象不受数据主体的控制，它是与数据主体相疏离的存在。网络平台在收集信息时给用户提供的知情协议对大多数用户而言是形同虚设或是不可理解的，用户对于哪些信息会被收集并不充分了解。在信息收集完成之后，平台会根据自己的利益（如吸引眼球、博取流量等目的）来设计算法，筛选原始信息。这个处理过程对用户而言是不透明的，或者即使透明也因为其专业门槛而不能被理解。在算法中，除了对经济效益最大化的追求，还通常包含着人类社会中更为极端的偏见和歧视，更容易被标签化处理。基于这些算法，统计二重身所呈现出来的形象通常对我们自己而言是陌生的，甚至令我们惊讶。也就是说，产生了另一个自身无法掌握甚至无法预知的自我。但此时主体自己所言说的“我是一个怎样的人”已经不太有说服力，也无力纠正大数据个人画像。

再次，大数据个人画像的存在使得人被异化为纯粹的客体，其基本的主体身份被无视。例如，“我”浏览求职网站这一行为，在传统的生活框架中的解读是，这是主体基于自由意志作出的一个行为决定，因为“我”是一个有意向性的主体。然而在大数据的框架里，这一行为变成了关于主体的数据流中的一个点，而数据流中包含着主体背后某种隐性的行为模式，大数据能够从统计层面发掘出这种行为模式。浏览求职网站这一行为只不过是行为模式在该情境中的一种展现而已，也就是说在某种意义上被行为模式所决定。这一行为模式在算法中可能被标记为“有意离职”。两种解释对照之下，可以看到大数据个人画像中主体完全被异化为一个纯粹的客体。主体不再是自由作出行为选择的人，而是被行为模式所主导的数据点。在大数据个人画像的构造和诠释中，主体由于失去了参与的资格和机会，认知能力被否认，因而就遭遇了诠释不公正。

最后，主体不仅不能管理自己的大数据个人画像，也通常没有诠释资源来讨论这个数字实体。大数据技术对于一般人而言已经成为一个黑箱，人们无从了解数据的从属者，也不知道这些事实以何种方式相关联，又有哪些结论会从数据中得出。

上述理由充分论述了伦理伤害和认知维度中的第一方面：大数据给主体带来了认知伤害，否定了他们的认知能力和主体性，也在很多社会事务中给他们带来了实质性的不公正对待。但是认知维度中的第二方面并没有得到深入讨论，即是否错待了认识论上具有优势的一方，从而妨害了求知过程。当大数据给主体的画像与主体的自我知识之间存在竞争关系时，选择大数据提供的知识是否妨害认知价值？回答这一问题时首先需对比大数据和自我知识在认识论上的地位，弄清楚以下问题：主体的自我知识是否拥有独特的认知渠道，是否拥有必然的权威，使得我们有充分理由选择之？

二、自我知识是否具有认识论优势

“自我知识”实际上是一个非常宽泛的概念，涵盖了我对自我状态的全部认知——从直接的感知，到更高阶的理知。不少哲学家主张，相对于外部世界知识来说，自我知识有特殊的认识论含义，或者其获得方式是独一无二的，因此在认识论上拥有特别的地位，如齐硕姆、罗素等。但是这种总体上的主张都受到了严峻挑战。学界比较能达成共识的是“自我知识在某一些领域中具有优先性”。例如，一个人对自己心智状态的知识是不可错的，如“我手指有些刺痛”“我想到了雪”。“内省”在了解自己的心智状态上也被认为有着特殊的功能。

然而在更广泛的领域中，自我知识却并不可靠，尤其是非理性领域中所谓的“实质性自我知识”。例如，1.对于自己的品格的判断，如“我是一个诚实的人”。实验表明我们通常会对自己有过高的估计和更正面的评价，而在其他人眼中并非如此。2.对于自我情感的预测，如“我将为我朋友获奖而激动”等。情绪受身体状况、外在情境等多重因素影响，并不完全由高阶认知行为控制，因而很难预测。3.基于记忆类的自我知识，如“我记得十年前去过一家餐厅”。记忆通常会发生有意无意的偏差或篡改，例如为了自身更好的生存状态，大脑自动屏蔽极端痛苦的记忆，或将听来的传闻慢慢转变为自身的记忆。

还有一大类自我反思行动理由的知识并不拥有权威，关键原因之一在于人们经常会发生自我归因错误。自我归因错误并非偶然，大量心理学实验证明了这是一种常见的大脑机制。经典的验证实验如下：实验者让实验对象从四双丝袜中选出质量最好的那双，实验对象对从左至右的四双袜子给出了不同的偏好判断，但实际上四双袜子是完全相同的。他们只不过受到了位置效应的影响，大部分人选择了最右边的袜子。然而通过内省，实验对象会认为自己是真的依照袜子质量好坏给出判断的，而完全没有意识到位置影响的原因。在很多情境下，内省给出的解释并不是我们作出判断的真实理由。神经学家的研究表明，大脑与身体行动的回路系统之间的关系并不完全是如下顺序：我们作出决定，然后身体执行决定。相反，一些行动是在决定之前就已经由其他原因触发，大脑对这个过程再进行事后的合理化解释。也就是说，尽管我们有意识的想法能驱使我们行动，但我们行为的因果来源却并不总是被我们自己所真正知晓的。自我知识包含着对自我行为的理解和诠释，这是构成自我认知的重要部分，只是这种诠释未必与真实因果关系相符合。因此，在这一类认知中，自我知识容易出错。

在优先性通道之外的知识领域当中，主体对于自己的偏好、未来的行为及其归因并不总是有意识地知晓的，甚至某些归因是被误导的结果。与此相对照，大数据基于我们在互联网上的点点滴滴，形成了关于我们的偏好、选择行为的预测。它在这些领域上反而有更可靠的知识产出。以个人对商品的偏好为例，大数据技术能够对商品摆放位置、推出时机、价格设置、邻近商品等各个细节数据进行统计、分析，从相关度来描绘出顾客的偏好及其影响因素。尽管并不能真正找到因果关联，但是从经验上看，理想的大数据技术能提供基于偏好的较为准确的行为预测。加之与算法推送“塑造”偏好相结合，这种预测的准确度被进一步提升。换言之，关于“我”的偏好的知识，大数据的结论在不少情境中较之自我陈述更为真实可靠，更不用说“是否到过案发现场”这类与记忆相关的知识了。因此，在一些自我知识领域中，采信大数据提供的关于自我的知识更有利于认知求真。如果认知维度的错误是认知不公的必要判别标准，那么在这一案例中认知不公就不成立吗？如果不成立，又当如何看待大数据个人画像取代自我知识所带来的认知伤害？

三、两个层面的认知不公

要回应上述难题，有必要厘清两种层面的认知不公：个人层面上的“交易型”认知不公与社会层面上的“结构型”认知不公。这两种不公的形式原来是分配不正义中的理论，但在认知不公中其实也存在这两个不同层面。交易型认知不公指的是发生在个人之间、单个的知识传递或交换过程中的不公正，其中所涉及的正义原则是局部的。一方给予知识，另一方给予与之相当的置信度。当知识为真时，置信度高；知识不为真时，置信度低。置信度与知识真假不匹配时，则可能造成不公。单纯的交易不对等情况是认知错误。例如，观鸟时一位路人准确地向我指出鸟的种类，我将信将疑，没有给予足够的置信度，这是一次偶然的错误，而非不公；但由于偏见等原因造成的有伦理过失的交易不对等，就构成了认知不公。例如，在药店导购员真诚地向我建议一种适合我的药物时，我基于心中对导购员的偏见（认为她只是为了自己的提成）而忽略了她的建议。在这一次事件中，不仅原本应得的置信度在知识交易中没有得到公平的置换，而且其原因在于身份偏见，因而构成认知不公。

结构型认知不公指的是由于规则体系造成的全局性的不公，其中所涉及的正义原则是系统性的。更为关键的是，单个交易型知识传递中没有问题的案例亦有着存在系统性不公的可能。结构型认知不公的典型情形是“提前被排除在外”，即主体由于其身份被排除在证言提供者之外，无法参加知识交易的过程。所以此处即使没有出现交易型不公正，却存在着严重的结构型不公正。在不同的人群之间，优势主流群体在认知能力和德性上更被认可，也拥有更丰富的解释资源，边缘群体则反之。边缘群体会由于长期以来的偏见而被制度化地排除在他们理应提供认知见解的活动之外。例如女性在传统社会中被视为情绪不稳定、没有社会见识的群体，从而被整体地排除在社会公共事务的讨论之外。由于长久以来形成了这样的传统，女性被排除在外甚至已经在制度上被合理化，她们没有进行知识交易的机会，虽然在单个事件上她们可能没有被错待，但是从整体认知结构上，她们的认知贡献被完全取消了。在结构型认知不公中可能找不到有过失的直接责任人，但这种不公对认知活动造成了极大的破坏，也对相关人员造成了深远的认知伤害。

上述区分非常有利于重新澄清“大数据应用是否带来认知不公”的问题。上述大数据与自我知识对认知活动的意义的对比，都是从局部的、单个的案例出发在交易层面进行的分析。从这个层面上看，当大数据比自我知识更可能提供真知时，没有发生这种交易不对等，没有认知不公。然而，从更宏观的社会结构层面来看，大数据个人画像由于在一些知识领域中相对于自我知识具有认识论优势而被认定为一种更好、更“客观”的知识来源，进而形成了知识来源上的霸权，逐渐湮没了自我知识的声音。一旦它的这种认识论地位被社会广泛接受，生物主体的身份标签即成为不可靠知识来源，因而也就稳定地变成了边缘群体。这便导致一种危险，使得人类作为一个整体在大数据面前被提前排除在知识来源之外，因此陷入了典型的结构型认知不公。在需要提供证词或阐释的时候，他们被提前排除在外，这种排除仅仅是出于作为人类的身份，而不是出于对实际状况的认知判断。

尽管自我知识在认识论上并不总是具有优势地位，但大数据取代自我知识并不因此就具有了合理性。这有两方面的原因。一方面，认知上的错误概率或可能性并不能成为合理地排除一个群体的充要条件。这一点可以通过类比来说明。从统计上看，在传统社会中，由于受教育权等基本权益的限制，女性大概率对于社会公共事务没有太多了解，更遑论提出高明的见解了，但并不能因此就直接将整个群体提前排除在意见来源之外。

另一方面，尽管自我知识在认识论上并不总是具有优势地位，但它在非认识论领域却有其独特性。这种独特性是在社会约定中建立起来的。在社会网络中，人们普遍认为自我知识可以通过理性进行重构，也行使宣告功能，因此自我能够也确实承担着相关的社会责任。自我知识并不仅仅是一种知识的来源，也是自主性的来源，是整个现代社会运转的基础。伯奇和莫兰是这一观点的典型代表。他们认为，人类具有批判理性，可以基于理由为自我态度作出辩护，因此具有独特性。信念、希望领域的自我知识是自我构成的，以社会约定确立了其权威，以自我宣告方式进入社会责任网络。

自我知识的独特性在于它不是一个被动地等待被观察、被研究的对象，相反，它能够被有意识的“我”主动构成。人作为理性的动物，能够用理智、教化来重塑、修正自己的欲望、希冀等。这是理智主义的知识论学者所坚持的观点。人类可以在慎思之后主动修正自己的不当信念，重新塑造之前的观点，消除一些不必要的欲望，这样便构成了新的自我知识。这种属性是关于客体的知识所不可能具有的。例如，公司面临困难时，我希望跳槽去薪资更高的公司，也通过各种职场软件了解其他职位信息。然而经过与朋友交流、自己深思，我认为自己认同公司的企业文化，也热爱这个行业，决心留在公司做好自己的项目。新的决心构成了新的自我知识，新的自我知识将对我产生因果效力，使我改变之前的行为模式等，也产生了重塑未来轨迹的可能。

尽管大数据个人画像也能一直根据新的数据信息来不断修正画像，随着自我的改变而不断更新，产生新的个人画像，但这样的“自我塑造”与自我知识的重塑大为不同。大数据个人画像的重塑依旧是根据个人过往的、确定的数据来进行的。例如在上例中，只有当我忠诚地投入现有工作的行为被大数据大量捕捉后，平台才会将我的标签从“潜在离职者”改换为“忠诚员工”，并由此来进行预测。然而自我知识是对未来的自己要成为什么样的人作出决定，并由此对行为产生因果效力，使个体作出改变。改变的方向是开放的，充满多种可能。

在集体交流层面上，自我知识同时是一种“言语行为”，对自身进行言说是一个社会人重要的权利，同时也构成了对社会的承诺。在社会交往中，我们向他人告知自己的信念、欲望时同样行使着宣告功能。这种宣告背后意味着我愿意为这些宣告负一定的社会责任，它构成了社会关系中的“我”。我宣告的不一定是在认识论上为真的结论，然而它为我构成了一种信用关系，也行使着社会功能。尽管自我归因经常出现偏差，但它在社会关系中所承担的角色奠定了其独特性。也由于这一特殊性，如果以大数据来取消自我知识，则将会在社会层面上产生错位，即承担社会责任的是生物人，而进行社会宣告的是大数据个人画像。这样的特性会造成如下结果，即如果大数据系统性地取代自我知识，上述结构型认知不公将在认知和伦理两重意义上都成立。

四、认知、伦理双重标准依然成立

首先，在认知层面上，大数据个人画像取代自我知识将带来认知错误，妨害整体认知过程。因为其知识形态，从共时层面上来说，是对身体终端信息和外显行为的记录，不涉及内在的感受、理念等；从历时层面上来说，是对过往统计数据的归纳，预设能从归纳结果中找到规律，从而预测个体之后的行为。

共时记录完全从行为主义出发，忽视了人的丰富性，也忽视了不同类型自我知识之间的互相影响。身体终端信息和行为记录不足以完全定义人，尤其是不能定义人的高阶情感和认知，如忠诚、友谊等。同样的外在信息可能对应不同的内在高阶认知，不同的外在信息也完全可以对应相同的内在高阶认知。自我知识能够超越这些信息记录，而有更深入、宽广的知识内容。

其历时的行为预测否定了个人理性的反思、重塑作用，否定了主体能自主地改变未来行为决定的可能。如果我们承认自由意志这一共识[①]，那么从过去的行为轨迹来决定未来的个人行为选择必然会产生错误。人类的批判理性使得人类能从过往的经验中吸取教训，总结经验，从而可能从过去的行为轨迹中摆脱出来，成就更好的自己，过更好的生活。

大数据个人画像被社会所广泛认可和使用，逐渐替代了个人所主张的自我知识，这在一定程度上剥夺了理性行使自我修正功能的机会。它与算法相结合，不断给主体呈现自我确证的信息，营造信息茧房，而不是引发自我反思。自我在原先的轨迹上不断加强，很难引入新鲜信息来修正原有信念和欲望等，这是对个人认知能力发展的极大限制。

其次，从伦理层面上来说，大数据个人画像系统性地取代自我知识给个人和社会同时带来了困扰和伤害。这一变化触动了基本的社会结构和生活模式，从底层转换了知识来源和自我认知。这种转换从浅的方面来说，是自我知识证词在社会制度层面上大大降低了效力，从而削弱了"我"作为认知主体的信心和社会参与度。大数据替代自我知识的宣告功能也形成了最直接的认知伤害。从深的方面来说，它主动地取消了我们生活中的诸多权利，以独立于个体之外的知识形态提前决定了个体生活轨迹。个人画像以"客观"的面貌代替了证言主体来完成部分社会功能，然而最终后果却由生物个体来承担。这一点可以从下面这个应用场景中更尖锐地体现出来。基于员工最近浏览的度假网站、通勤距离、加班时长等人力资源大数据，系统可以评测出该员工最近随时可能离职。这一预测结论很可能与未来事实相符合，但是个人决定能够被提前预测这一点就说明它某种程度上否定了员工本人的自由意志，因为员工本应该可以

① 这里暂且不讨论李贝特实验等带来的关于自由意志的争议。

随时作出决定或改变决定。大数据作出的行为预测实际上有一个预设——人类行为受到隐藏的行为规律的主导，而不完全是“我”在当下的决定。因此，从更一般的公平正义的角度上讲，它确实部分取消了人的主体性，造成了根本的认知伤害，个体权利以合理方式被侵蚀，因而切实构成了不公正。

最后，需要补充说明的是，从以上的论述似乎可以得出，任何与自我知识相竞争的外在知识都能构成这样的认知不公，例如他人对主体的认知、科学对主体的研究等。但情况并非如此。这里并非主张任何自我知识之外的探索都将导致认知不公。

大数据被视为一种更客观的、更有优势的知识是由于它是一种第三人称知识，即不受主体主观意愿影响，从外部经验数据获得结论，因此与第一人称自我知识构成了某种竞争关系。以前者取代后者将引发社会责任关系上的问题。但是否所有第三人称知识都以这种方式取消了主体性？在这里以医学知识为参照来讨论这一问题。作为一种第三人称知识，大数据并不新颖，许多自然科学的知识都是为了增进人类对自己的认识，医学知识就是其中的典型代表。在关于个体的健康问题上，通过仪器、试剂检测得到的身体状况知识，大部分情况下是自我知识所不具有的。自我知识对自身健康会产生误判，没有发生疼痛等症状的疾病并不能被个体及时感知和处理。医学知识的介入显然有益于更及时、更全面地了解病情发展。因此，医学知识和大数据一样，在求真的意义上在一些领域更有优势。

然而医学知识与自我知识保持在一种相对可控的张力之中。首先，从求真的意义上看，医学知识在原则上依赖自我知识提供诊断线索和治疗反馈，它们之间存在相互补充的关系。其次，个人对关于自己的医学知识具有一定程度上的知晓和控制，后者并没有构成黑箱。再次，从知识的目的来说，医学知识最终是服务于患者的，以治疗患者的疾病为目标，因此医学知识的评判很大程度上取决于自我知识。最后，尽管医学知识具有权威，但最终还是由个体自己作出选择，决定与自己的身体、生活相关的医疗方案。从社会约定上看，医学知识并未越过个体自身而独立成为知识替代性来源，作出针对个体的社会性决定。[①]由此可见，第三人称知识可以作为自我知识的有益补充，增进个体对自身的了解，从而引导自己过更为良好的生活，前提是与自我知识保持一种良性的平衡，而不是武断地取代后者。

大数据与自我知识之间的关系并没有维持在这样的张力之中，反而呈现了一种绕开主体的模式。它借用了以医学为代表的科学基于客观性的认知权威，却构成了一种不正当的权威关系。在知识形成上，它并不需要自我知识作为基础，而是纯粹由外在数据构成，主体与之完全疏离。在使用上，它并不服务于数据相关主体，而是服务于数据所有者，所以最终并不由主体来运用知识作出决定。因此，大数据取代自我知识导致的认知不公有其独特性。

五、结语

认知不公会带给主体认知和伦理层面的双重伤害，这亦构成了判定认知不公的双重标准。大数据是一种从第三人称角度对自我进行认识的有力工具。精良的大数据个人画像如自然科学一样为人类理解自我提供了新的角度和结论，它在预测人类的行为选择上可能

---

① 不过，在传染性疾病、个体丧失理性能力的精神疾病等情况下，医学知识会具有更高的话语权，甚至取代自我知识进入社会领域作出关于个体的决定，这种情况也较为容易引发争议，也有学者认为这些情况下亦存在认知不公。

给出比本人认识更为真实的结论。在这个意义上，它并不必然妨碍求真过程，因而似乎只有伦理上的伤害，没有认识论上的错待，进而不符合双重不公的标准。然而这一说法只在个体知识交易层面上成立。大数据个人画像替代自我知识很可能带来结构型认知不公，它提前将生物主体排除在知识交易之外。在这一层面上既存在伦理伤害，也造成了认知伤害。因为自我知识来源于人是批判理性的主体，具有自我塑造的特性。而大数据的逻辑使得人异化为完全被动的客体，取消了自我知识在这个层面上的独特性。即使它在单个的事件中提供了可靠的知识，也并不意味着就一定具有合理的认知权威。一旦大数据个人画像在社会关系中逐渐取代生物主体来宣告关于“自我”的知识，社会规则将被重塑，生物主体作为理性人能重塑自己信念、欲望等的能力将被抹杀，其承担社会责任的方式也将被改写。在这一意义上，大数据画像对生物主体造成了认知伤害，也构成了认知不公。不过，如果大数据个人画像能像医学知识一样，与自我知识处在一种合理的张力之中而不是滥施其系统性霸权，则它也能成为人类认识自我、辅助决策的新工具。

第六章

数字化时代身体隐私再认知

范海潮

隐私观念体现公民对隐私的认知取向，也直接影响公民隐私保护的路径选择。身体隐私作为隐私观念的源点，长久以来被认为与物质性的身体相关联，这一思维在数字化时代显得较为片面。因此，应契合时代特点对身体隐私进行再认知，在身体隐私生存时空已发生流动性转变的背景下，关注“数字化身体”对身体隐私观念的重组现象并进行意义解读。根据“液态监视”理论，身体所置身的“液态监视”社会将导致身体隐私主体的权力失衡，进而产生隐私歧视、预测性隐私伤害、尊严焦虑等伦理困境。

如果我们翻开隐私观念史就会发现，人类对身体的遮蔽是认识并形成隐私观念的开端。早在远古时期，先民们便使用植物茎叶、动物皮毛等将身体的某些部分（如性器官等）遮掩与包裹，以表达“知羞耻”“掩外阴”的心态，这说明“人类的先民即已认识到某些纯属于私人的、不宜示人的事物——隐私之存在”[①]。而身体隐私之观念也在很长一段时间内成为人类社会对于隐私认识与需求的核心内容，正如阿伦特所言：“有史以来，直至我们这个时代，需要隐匿于私下的东西一直都是人类存在中身体的部分，即一切与生命过程的必然性相关联的东西。”[②]即使当“隐私”作为法律中人格权的重要基石来讨论时，布兰代斯和沃伦提出“‘隐私权’即‘不受打扰的权利’”这一论述的背后，也是对那种“立拍即现”、侵犯公民身体样貌的照相技术和报刊形态的指责。在中国早期的出版物中，也有将“隐私”与人身体的“阴私”完全等同的论述。可以说，在很长的一段时间内身体的曝露与否成为隐私成立的直接判别标准。由此判别出发，以公民私人身体为中心，隐私观念的内容随着社会的发展逐渐丰富，“隐私”一词开始带有信息、财产和决定等方面的含义，“通常有私人通信秘密、生活秘密、身体秘密等”[③]。相辅相成地，人们隐私观念的认知范围也日渐拓展，学界

① 张新宝：《隐私权的法律保护》，群众出版社，2004，第2页。

② 阿伦特：《公共领域和私人领域》，刘锋译，载汪晖、陈燕谷主编《文化与公共性》，生活·读书·新知三联书店，1998，第101页。

③ 顾理平：《新闻传播法学》，江苏教育出版社，2012，第209页。

主要以“隐私边界说”“隐私控制说”“隐私价值说”呈现。此三种学说存在的合理性，得益于公私有别、二元对立的社会认同，其背后的核心始终是私人身体与公民精神性追求之间的张力问题。身体隐私的观念勾勒了社会发展史中人类对于“隐私”的认识源点，因为“人不可能摆脱肉体性动物存在的宿命，但是人确实需要精神上认识自我、支配自我、超越自我，这种认识和超越需要在肉体和精神、公共和私人空间的博弈中完成”[①]。因此，“身体隐私”在隐私内涵中具有独特价值。

既然隐私最初以“身体隐私”观念存在，那么在现代社会语境中，这一古老的观念又呈现出何种新的形态呢？如今，数字化设备如机器人、摄像头、传感器、监测仪等已经成为人们追求健康生活的必备物件，它们记录着有关身体内外的一切信息，还“不断赋予我们新的想象力与探索能力，也打开了一些过去人的感官不能达及的新领域”。人类探索有关身体奥秘的进程再次加速。当然，技术在提供健康便利的同时，还作为人类身体信息的翻译机和传播器，创造了许多新的身体隐私获取点。透过设备，政府、企业、私人和黑客拥有了一个可随时窥探私人身体及私生活的渠道，原本悉心保护的身体及其生活空间变得不再私密。身体隐私数据以大数据的形式实时产生、存储、传输与使用，并且开始成为平台经济红利的来源和社会治理者监视的重要内容。甚至，这些身体隐私数据的分析（测评）结果还会返回用户，作用于身体，进而可能对人的主体性产生潜在威胁。当数字技术嵌入身体时，自我感官、人机关系、具身化体验都被重新配置。因此，在这一现实语境下，探讨隐私保护时应“正视并置入身体观念”，认真关注“身体隐私”因技术而动

① 王秀哲：《信息社会个人隐私权的公法保护研究》，中国民主法制出版社，2017，第16页。

态、异质的一面。

基于此，本文试图站在中微观的视角，将身体看成社会构成过程中的多维中介，对流动社会中的“身体隐私”观念进行再思考，研究的核心拟定四个密切关联的命题：（1）“身体隐私”生存在怎样的时空背景中？（2）数字化语境中“身体隐私”的形态与观念是怎样的？（3）“身体隐私”蕴含怎样的权力运行逻辑？（4）数字技术嵌入身体后对公民造成了何种隐私伤害？

一、身体隐私生存的时空转向

对身体隐私的再认识，需要回到一个本质性的问题，即身体隐私生存的时空发生了何种转变？“身体是知识的产品，它不能独立于在具体时空中持续地生产它的实践而存在。”[①]因而，身体隐私也是被社会性地建构与生产的，智能媒介、数字设备作为一种传播工具重塑了身体内外固定的时空关系，一种微观协作、流动生产、姿态多元的身体隐私正在形成。

长久以来，我们习惯于将身体隐私生存活动的空间看成社会外在静止的附带品，而忽视了空间在身体隐私发展过程中所承担的使命，这与人类长期对身体隐私观念的刻板印象有关。以前人们认为身体隐私仅仅与人体相对直观与可视的生物表征相关，是一种实体的存在，而移动媒介和嵌入式数字设备的开发与普及使解构身体成为可能，由表及里，身体隐私的概念自然丰富起来。无论是嵌入身体，还是以身体为载具，身体都在一定程度上充当了外界了解私人生活情况的定位场所。“人的实体会越来越多地被数据化，数据从

---

① 特纳：《身体问题：社会理论的新近发展》，汪民安译，载汪民安、陈永国主编《后身体：文化、权力和生命政治学》，吉林人民出版社，2003，第34页。

不同维度映射着人的‘虚拟实体’，数据也可以用来对个体的某个身体‘元件’进行描摹与复制。”身体是怎样的，身体状态应该是怎样的，均由数据构建与呈现。身体隐私也被纳入其中，并作为一个系统或者一种话语进行传递。

特纳将身体分割为内部空间和外部空间。身体的外部性涉及社会空间内的身体表现以及身体的控制和调配，这是表征问题。身体的内部研究则关注身体的内在结构、组织和保护，这是约束问题。如果沿着这一理路对身体隐私进行切分，也将显现两个组别的关系。(1)“身体之于空间”的隐私——这一空间组别尤指身体作为工具座架进入社会空间中所生产出的外部隐私。数字媒介已经不只是单纯的传输工具，而是普遍地借助身体渗透进人们的私人空间中，成为参与、分析或监视身体活动及周遭环境的交互工具。如随身携带的移动手机可随时追踪个人身体的活动轨迹，如果再穿戴上轻巧的摄像机NarrativeClip，那么每50秒自动对焦拍摄的照片合成后将形成有关私人生活的真实电影。如此交互的背后，是对身体所处私人生活空间的开发与利用。这些侵入身体外部空间的移动互联设备，一方面通过监视与测量等手段，将私人生活形成数据，并将这些数据与一个可以轻易串联、任意分享、随时联结的更为广阔的公共生活空间进行真实结合；另一方面还展现出“伴随化”的趋势，用来追踪个人的日常生活行动，以达到远程监视的目的。这种入侵隐私的方式显然是十分危险的，因为被访问对象不再是文件和邮件，而是我们的房间和身体。(2)“身体作为空间”的隐私——这一组别指外部移动设备进入身体空间后所生产出的生物体征的内部隐私信息。随着可穿戴设备如运动手环、健康监测仪等在大众生活中迅速普及，身体开始作为一种空间介质，服务于“进入并伴随”身体空间的设备工具。这些工具进入人的身体空间后，技术平台依照某种算法，产生心跳、血压、体温、运动强度、健康指数等身体隐私数据并传输至数据平台进行处理、分析与解释，最终将结果反馈回身体主体。在此情形下，身体俨然成为数据实践的空间，处于随时“开放营业”的状态，而中介化嵌入式设备却成为私人身体与公共社会空间的触角与把手，穿透、浸润私人身体的内外，监视身体空间各角落、各方向的隐私数据，并动态地交互传输管理与配置身体空间，增强数据在身体内部和身体间的流动感。

当数字设备可以被随身携带并流动时，时间的流动便成为对身体隐私收集、存储、流通、使用的重要维度。时间流动作用于身体隐私，兼具持续性和快速性。一方面，当可穿戴设备附着身体时，数据生产就已经开始，有关身体的足迹和数据收集将发生于不计成本的时间中。这些设备可以在任何时间连接互联网，监视和测量用户肉身的行为，促进和加强对个人私生活的观察与探索，通过时间的持续性使身体在潜移默化中接受“被控制”的感觉。除此之外，持续性也体现在身体隐私数据的永生存留上。自然身体具有生物的消亡性，因而躯体性的身体隐私是一种有限时间的显现，但身体隐私数据（或称数据性身体隐私）则不会随着时间的消逝而消失，而是永久性地存留在数据的世界中，以一种持续性的规则向公众敞现，这些数据具有更长的使用寿命和跨时空传播的能力。另一方面，时间的流动决定着身体隐私数据的更替速度，数字技术频繁地在人类私人身体和公共空间进行互动协调作用，那些持续生成的私生活快照、身体数据、健康报表飞越在无垠的虚拟空间中，并在传播流动中重建其存在的框架。身体进入了不确定性的状态，从收集、储存、分析身体隐私到自动算法产生“整合型”身体隐私再到隐私数据的交换与售卖，人们当下往往来不及采取任何隐私保护措施，甚至无从感知到对自身身体隐私侵权行为的发生，新一轮的隐私侵害又随之产生。身体隐私的加速传输，隐私主体对伤害后果的感受却长期滞后，这是此类隐私侵犯最令人担忧的地方——无所不在但又无从感知，最终沦为不堪其痛。鲍曼和里昂如此总结这一时代的快速性："各种社会形式快速更替，还没有来得及成型或固化为人类行为和生活策略的参考框架，就已经面临下架。"[①]未来成了人所共知的令人讨厌的不可知的绝对的他者。

二、数字化的身体：数据实践中身体隐私的重组

既然身体隐私的生存时空转向"流动"与"快速"，那么自然引发对"身体隐私自身的形态与观念又如何"问题的思考。随着量化自我等数字设备的广泛使用，数字技术扩展了可以测量的生命领域，更重要的是，这些身体数据还会自动地构建和传达主体，形成数字化的身体。从某种意义上说，数字化身体时代的来临，使得隐私与身体相分离，真实肉身变得不再重要，因为真实身体不过是"一种被变动不居的控制模式弄得消极顺从的客体"[②]。只要数字设备融入身体中并进行实际的数据生产，就会塑造另一种全新的相互构成的关系，为理论上理解虚拟数据如何与真实身体互动提供基础。基于此，从"数字化的身体"出发，可对身体隐私的意义作如下解读。

一是身体隐私生物解读域被打破。在传统语境中，有关身体的指标被赋予强烈的专业医学色彩，医生被视作使身体生物维度清晰

---

① Bauman, z., Lyon, D.Liquid Surveillance: A Conversation, Cambridge: Polity Press, 2013, p.9.

② 希林：《文化、技术与社会中的身体》，李康译，北京大学出版社，2011，第6页。

可见的中介化隐喻，他们对患者的身体进行个性化测量与诊断，结合医学专业认知分析身体指标并给出专业化建议，最终建立并维护患者的身体健康隐私信息档案。由于专业化解读的内容关涉个体隐私、尊严及社会评价，因此信息解读者（即医生和相关医疗机构）需严格遵从职业法规与伦理，身体隐私不保或阐释不力很可能导致个体的健康风险、医患关系恶化，乃至出现信任危机等。数字设备的引入打破了这一固定的制度安排，个体可直接经由健康设备所提供的可视化、数据化技术观察和认知自我身体，这种“媒介逻辑显著降低了常人身体数据监测与解读的门槛”。从身体隐私信息到身体健康建议的转码愿景由数据算法体系支撑与决定，此时嵌入式设备被视为与医学专业人员拥有同等的地位，专业化解读的代理关系被消解，身体隐私的解蔽不再得益于医学专业知识，而是取决于算法体系的“专业”知识，这使得病人、医生和医学研究人员都需要重新协商定义自己的角色。这看似为个体赋权，实则将健康的责任进一步转移给个人，同时还塑造了一种新的知识权威，即以健康设备为主的“技术依赖”。

二是身体隐私公私边界的消失。海勒认为，这样一种身体与技术耦合的赛博格设备提出了一种新的信息观念，他把信息理解为“某种没有具体形状的流，可以在不同的基质（载体）之间流通传递，而信息的意义和本质都不会丢失”。量化自我设备即是拥有巨大信息力量的流动的、无法控制的实体，它在扩展与增强身体隐私数据生产的同时，还推动隐私数据以液态形式参与“身体敞现”的过程，其本质是“私人领域”向“公共领域”的反向流动。“我”即是数据，身体不再藏私，曾经的“私”不过是对外开放的数据质料，“身体隐私”变得日益“稀薄”。这种公私的反向流动意味着身体隐私观念自身的三点转向：“一是公私的边界在流动、延展甚至消失，直至重新谈判；二是公民个体的隐私将会成为公共讨论的议题；三是公共领域的狭窄与单向将会让公众侵犯个体的隐私变得简单。”[①]

三是基于身体隐私数据组合带来精神层面的“隐私”实体化。这是最为关键的变化。“隐私”概念意涵虽多元，但不可否认的是，“隐私”至少兼具“物理层面”和“精神层面”双重解释。“物理层面”的隐私对应私人身体在特定时空中的状态，如安宁居住、穿衣蔽体等；“精神层面”的隐私则对应身体主体所产生的私密精神体验，如不愿为人知的身体问题、情感经历等。“每个人都有许多不愿公开的私人生活秘密，每个人也要追求精神生活的自治，而不愿意使其被完全暴露于社会中。隐私权以实现个人精神上的自治为目的，并为个人个性的充分发展提供空间。”[②]精神层面的隐私常以非实体化的形式存留于隐私主体的意识中，由隐私主体自由支配与控制，因此从某种程度上，“捍卫物理层面的‘隐’‘私’是为了捍卫精神层面的‘隐’‘私’”。而具备实时产生与自动重建身体数据功能的智能设备，将身体主体与隐私数据分割成一系列离散的组合，并在数据组合中层层丰富个体的隐私含义：通过自相似的组件合成新的隐私数据。也就是说，隐私数据间的组合越多越复杂，所预测和擘画的精神层面的隐私就越丰富。这其实也在启示我们，在数字化时代，无论怎样在一般意义上谈论身体隐私，总包含着更基础的元隐私模块。正是技术的递归性让身体实现了“去物质化”，也造成了对身体隐私的贬抑化与混杂化。如果我们顺延海勒的思维，当今的主体有两个身体：“表现的身体”以血肉之躯出现在电脑屏幕一侧，“再现的身体”则通过语言和符号学的标记在电子环境中产

---

① 范海潮：《作为“流动的隐私”：现代隐私观念的转变及理念审视——兼议“公私二元”隐私观念的内部矛盾》，《新闻界》2019年第8期。

② 王利明：《生活安宁权：一种特殊的隐私权》，《中州学刊》2019年第7期。

生，那么，身体隐私则主要以“再现的身体隐私”形式呈现，它既有自然肉身之实体隐私，也包含潜藏在肉身背后的精神性隐私。它强调技术在身体的生物表征、实践意义和历史数据三个维度聚合的基础上对身体隐私的整体性认识，即在嵌入式设备上读取身体数据的同时，还以高度特定和自适应的方式理解与使用身体隐私数据，“原本自然隐蔽的生命及其存在信息，在大数据中正经历去‘隐蔽’的‘敞现’过程”[①]。

三、“液态监视”社会中身体隐私的权力逻辑

拜数字技术之赐，人们的确可以体验身体在生活经验中“质”的变化，身体隐私数据成为“感觉的替代品”，帮助我们感觉着身体或周围世界的一切。当然，对技术的发展、浸润与超载，学术界始终保持着某种警惕与批判的默契，如鲍曼和里昂就更为细节地关注到数据流动中监视权力的变迁，认为监视形式和技术的不断变化导致了监视的液态化。这种“液态监视”是一种去中心化的监视模式，具有监视范围更广、操作手段更隐蔽、运行效率更高的特点。“电子技术的建筑结构使权力能够在变换的流动的组织里运作，也使墙壁和窗户的结构变得冗余。”[②]监视的行为随着信息洪流悄然弥散至人之所及的任何场所，数字平台、算法系统等替代了曾经的“瞭望塔”，监视工具随之“流动”起来，数据的流动增加了个体的透明性，却降低了监视者（平台、算法、程式等）的透明度，我们

① 高兆明、高昊：《第二肉身：数据时代的隐私与隐私危机》，《哲学动态》2019年第8期。

② Bauman，Lyon，D.Liquid Surveillance：A Conversation，Cambridge：Polity Press，2013，p.10.

甚至无法指认出“老大哥”是谁，鲍曼和里昂据此将现代社会解读为“液态监视”社会。“液态监视”社会有两个明显特征。一方面，监视不仅有泛化和匿名的特点，还吸引着个体主动配合参与。如人们使用手机、商场购物、网上冲浪等大多是自为或心甘情愿的，从而形成一种“参与式监视”，易造成隐私的多重伤害。另一方面，数字化设备也让监视跨越了时空界限，打造出更具韧性的人机复合体网络，既赋予人们成为监视者的可能性，也将个体裹挟在其中，造成人机不分的主体性危机。基于此，从“液态监视”角度切近身体隐私问题域的核心，至少可以讨论以下三个问题。

首先，身体正置身于“液态监视”社会中。鲍曼和里昂认为现代性社会趋于流动与软性，它“不可能总是一个固定形式，或者长久维持原来的方向”[①]。“液态监视”可以说是身体隐私流动性的具体回应。对身体的监视无需固定的容器，监视本身也变得更加灵活，以一种去中心化的形式不断渗透、浸润许多曾经只有微弱影响力的生活领域，与此同时自然也打开了许多与私人身体生存空间有关的接口。如无处不在的二维码、移动设备中的射频识别芯片、GPS定位系统随时监视记录着身体移动的轨迹，身体成了“人形超链接”，而身体设备则直接将人类最后的自治私域数据化了，一些具体现象正在发生。第　，隐蔽化和高效化的“数据加倍”。德乌兹认为，21世纪传播或媒介研究最大的挑战可能是媒介的消逝不见。媒介作为一种生活的背景，参与也监视着人们生活的日常。监视技术获得个人身体隐私数据并出于各种目的重新组装时，不断产生和创建隐私程序集，以此重新创造了特定类型的对象，有学者称之为“数据双倍”或“数据加倍”。这些对象可以被仔细检查、监

① 鲍曼：《流动的生活》，徐朝友译，江苏人民出版社，2012，第1页。

视，并用于各种目的，包括干预。因此，身体隐私数据的产生、流动、分析、响应是“液态监视”社会中循环播放的连续统，它将身体的所有都带至前台。第二，身体隐私逐渐变得“稀薄”。“数据加倍”最直接的现象莫过于隐私与身体的分离，即肉身不必“在场”，身体的秘密可以被数据和图表完全覆盖，智能监视技术也可以根据数据化的生物特征、行为轨迹对肉身进行复原，一切私人意志均可被理解为数据性的存在，排他的隐蔽性被摧毁，身体隐私逐渐变得稀薄，成为一种视情况而定的数字化产物。第三，“液态监视”实际上还潜伏着诸多不具名的危险。如身体隐私以电子信号的速度流动在网络中，产创出新的隐私透明文化，但这种文化是以技术的不透明为前提的。再如身体主体选择权的丧失，“液态监视”社会表面上赋予人们更多的技术使用与选择的权利，实际上私人身体却被包围在更为宏观的、液化的监视中，最终以监视者给出的方案行动。

其次，数字身体设备的本质是对身体的规训，最终导致身体无隐私的结果。身体规训与隐私监视有着密切的关系，全景敞视结构要求被规训的身体保持纪律，并按照规范行动，这是极其中心化的隐私监视模式。身体在封闭的和被阻隔的空间中，监视者（规训者）对身体公私的边界拥有绝对的控制权，如他们对囚犯身体的规训，直接导致身体隐私的集权主义。而随着“后全景敞视结构”——“液态监视”社会的到来，身体隐私内部权力出现了新现象。一是身体监视者的流动与弥散现象，这是从“液态监视”宏观处的考虑。“监视人员可以随时溜走，逃到无法到达的区域，监视必备的相互接触已经完全性结束，随之而来的是机动性和游牧主义开始备受重视。”[①]此时，监视者发挥的主要功能不再只是线下对身

① Bauman, Lyon, D. Liquid Surveillance: A Conversation, Cambridge: Polity Press, 2013, p.10.

体的规训，而是收集与处置身体数据，利用数据技术对身体施行全方位的规训。在这样的逻辑框架中，监视者的流动导致了权力的流动，权力的流动产生了流动的权力。正如曼纽尔·卡斯特所述："人们生活在地点上，而权力通过流动来统治。"[①]二是身体规训中的自我监督与隐私表露。在现代社会中，个体的身体意识不断觉醒，高效地管理身体和提高身体素质已成为人们的共识，这推动了以身体为主的消费文化的兴起。人们开始使用嵌入式设备来追踪身体数据，进行自我反思，并根据设备的建议制定身体规训方式，最终达到对身体整饰的目的。但使用设备的过程实际上也是身体隐私让渡的过程，因为身体主体更倾向于将规训后的完美身体数据在线分享，以获得某种社交回馈或情感依托，以此来弭平日常的身体焦虑。这也是数字化身体作为一种社会资本的意义。三是当身体隐私呈现社交化的独特性质，必然引发第三点思考，即他者监督可能产生隐私侵犯之嫌。大部分可穿戴设备经由手机APP（如运动健身类APP keep、咕咚等；女性健康APP美柚、木瓜健康等）使身体数据变得"可视化"。这类APP工具通常还兼具圈层社交功能，用户不仅可以展示身体数据的变化，也可以稳固和扩展社交联系。这样的圈层文化对人具有强大的社会控制力，身体的规训超越了曾经的自我凝视，外在的"凝视"与监督往往给身体规训带来更强大的竞争力和紧迫感。同时，圈层中的陌生人在"凝视"时是否会破坏身体主体的隐私边界也不得而知，因为"分享"行为归根到底是一种信息（数据）的流动（互换），它会带来身体与时空、他者等的摩擦与冲突。当圈层中的所有人都进行平等化分享时，可以说隐私让渡处于公平的信息环境中；而当分享的信息不对等时，较多身体数据

① 卡斯特、王志弘：《流动空间中社会意义的重建》，《国外城市规划》2006年第5期。

分享者则可能面临不公平的隐私侵犯，此时只有那些掌握圈层内流动性主动权的人，才能最终实现利益和需求的转化。

最后，数据监视型资本主义导致身体隐私权力失衡。“液态监视”社会崇尚监视型资本主义，它把监视身体主体生活的碎片塑造成可交易的资本。在祖波夫看来，这种新型资本主义肆无忌惮地收集个人数据用于分析、筛选，最终实现公司的巨额盈利。这至少体现在三个方面。一是有关身体的商业话语对身体隐私窃取的隐瞒。大部分智能身体设备公司在营销时传递了一套强调身体外表、塑造更好自己的道德话语，激励用户通过穿戴设备与嵌入设备实现对自我身体的掌控。如有研究中的受访者就表示，这些嵌入式设备不仅在行动上督促使用者，而且在心理上也给使用者积极的暗示，“带着一种奋发向上的仪式感”。“自我激励”成了一种有效的话语策略，一方面将产品特征与生活态度进行深度关联，另一方面也有效淡化了技术公司并不打算认真考虑身体隐私数据保护问题的事实。二是设备嵌入使身体成为动态经济的参与者。数字经济的发展就是建立在存取、分析用户的数据之上的。在这个新经济结构中，身体与可穿戴设备的每一次交流自然变成了一个“有价值的实体”。这些设备将监视的时间延伸到私人时间当中，身体似乎成为一块“白板”，或是一套“信号收发系统”，全天候传递身体隐私数据，接收广告商品的链接，受到平台的操控，所有为了技术自我而成立的条件与行为都变得具体化、商品化和公共化。三是身体隐私数据的价值错位。在监视型资本主义体制下，身体隐私被商业资本收编，在数据资本博弈中导致价值关系的错位。被嵌入设备的身体付出了实质劳动力，生产出的身体数据有两方面的价值：其一，基于身体规训的智识价值，这一部分价值经由专业解读被身体主体普遍获得与承认；其二，身体数据在资本运作中体现的商业价值，这主要指由数据公司所操纵、流转的经济效益。隐私主体本应获得两方面的价值回馈，但由于数据公司在数据生产、使用、售卖过程中占据单方面的优势，由此造成了一种价值错位感。“资本家透过垂直与平行的全面窥探与监视获取利润最大化，当平台与广告主掌握主要权力，使用者必难以追求所谓使用与隐私之间的平衡点。”[①]因而，错位的本质仍是权力关系的不对等问题。正如有学者所言：“监视型资本主义确实是一种新型的不平等的资本体系，可这种不平等无法被直接察觉，因为它一开始就没有进入传统正义观的视野之内，无法被形容，甚至描述。”[②]

四、定量的身体与定性的尊严：隐私伤害和尊严焦虑

“身体隐私观念的变迁对公民造成了何种伤害”这一问题来源于人们生活中最直接的感受，也是学界讨论最多的话题。不难理解，该议题主要关乎技术嵌入身体对人类切身利益的损伤，或者进一步说，技术的便利性所带来的身体隐私威胁，能否通过其他价值得以平衡。如果回到隐私观念的源点，从“保护人格尊严”的角度出发，或可尝试回答这一问题。

人们对待隐私的态度往往是非常主观的，因为隐私与人格尊严是相互联系的，“人格尊严是隐私存在的主体哲学基础”[③]。美国学者惠特曼认为，保护隐私权实际上就是为了保护人格尊严，整个欧

---

① 刘佩奇、王维菁：《Facebook使用者创造内容商品化与其劳动之分析》，《传播研究与实践》2015年第1期。

② 陈本皓：《大数据与监视型资本主义》，《开放时代》2020年第1期。

③ 卢家银：《论隐私自治：数据迁移权的起源、挑战与利益平衡》，《新闻与传播研究》2019年第8期。

洲的隐私概念[1]都是奠基于人格尊严之上的。隐私既是人格尊严的具体展开，也是以维护人格尊严为目的的。沃伦与布兰代斯的《隐私权》一书也是将隐私视作与人类尊严不可分割的一种条件和权利，对人的平等的尊重和一种人格尊严。尊重个人隐私就是尊重人格尊严，尊重人格尊严必然也要保护私人生活的安宁。而身体隐私又是对人格尊严的深层次抽象，“特别是像与身体有关的私生活隐私，都与个人尊严相联系，如果暴露这些隐私，将严重损害个人人格尊严”[2]。随着数字化时代的到来，个人数据作为数据监视型资本主义的重要生产原料，承载了个人的尊严，并被授予了一种伦理价值。

在数字化时代，定量的身体与定性的尊严是相辅相成的，或者说身体数据与人格尊严的纠缠在流动的现代社会中显得尤为突出。这有两个维度的思考。一个较为传统，体现在对尊严本身的侵犯上。当数据公司在未经或超越用户允许的情况下分析售卖身体数据时，用户的尊严和自由就会被削弱，因此尊重个人信息使用的自主权就体现了对人格尊严的尊重。另一个是数字化人格中的尊严问题，这是对数字化身体意义解读的下行思考，是核心问题。技术并非仅仅为身体主体带来健身、饮食、睡眠等身体数据的中性工具，那些潜藏在数据生产背后不甚明确的关系，更可能改变甚至产生出新的性质，如进一步定性人格尊严就列位其中。作为身体/自我的延伸与修复，由身体生产的数据被技术无形中赋予了主体性的情感价值，在线和离线的身体之间变得模糊甚至难以区分。通过身体隐私

---

① 一般而言，欧洲总是更关注涉及公共尊严的问题，而美国总是更关注自由价值以及涉及国家掠夺的问题。

② 王利明：《人格权法中的人格尊严价值及其实现》，《清华法学》2013年第5期。

数据间的联系（“数据加倍”），主体的生平信息、生物印记乃至亲密关系被洞见，从而构建出现实生活中未显露、表现出来的人格，可称之为虚拟人格、数字人格。这类人格来源于现实人格，在现实社会中无从被直接感知，但它真实地对主体的尊严产生影响和效用，并逐渐取代传统的有形人格和无形人格，成为评判、形塑尊严特质的标志，进而带给主体一种尊严的异化感。数字设备让主体感知隐秘自我的方式被量化。人们根据各种数据、指标等数字化内容来认识自己的身体状况、日常生活规律和行为特征等，发现身体问题，调整和改变自己的行为习惯，最终实现身体健康。这本是一种正向中立的媒介使用过程，然而量化技术对身体数据的“意向延伸”却容易将人的尊严扁平化，因为身体数据呈现的是一种有限的、还原的内容，不仅无法全面定义主体在私生活中的兴趣喜好、道德修养等，甚至连身体数据本身的监测也是片面的。从眼见为实到“嵌入为实”，技术定性使得隐私、尊严、数字人格的复杂互动成为一个焦点。虽然“数据加倍”并不必然假定数字人格指向就是尊严家园，但其实际表现已然造成主体性尊严的受损与冲突。

上文提及，数字技术对身体原始数据进行识别与处理，并与其他数据库中的数据一起形成具有主体特征的“数据加倍”，最终会干预或规训主体的生活机会与选择。这其中的大部分都是以窃取身体隐私数据而完成的，并且这一过程是一种“无监督式的学习”，数据的输入、分析、输出均为未知。由于无法知晓算法规则，主体自然也对算法数据为谁所用、怎样传递、理性与否一无所知，诸如身体可视化图表和健康等级报告等数据产品是“勿需推敲”的成品，它们已经为主体作出各种决策，身体仿佛生活在“黑箱社会”中，成为受摆布的物品。

数字技术还将私人身体的数据联网，从中分析、预测身体的行为，获得新的有关身体的推论。这些结果虽然是一种预测分析，却会参与到社会方方面面的结构评判中。如一些雇主会假借员工健康和工作效率的名义，监视员工的健康、体能、睡眠模式或作息习惯数据，并以此为降低员工医疗支出成本的抓手和人事命令参考的重要指标。对保险公司来说，健康等级较低的参保客户则需要支付更为高昂的健康保险费用甚至遭受拒绝。但人们很少会意识到嵌入身体的设备会使用离散的元数据碎片和以往的数据档案来产生关于身体状况和社会信用的报告，并且还会影响到工作晋升或社会福利保险、贷款额度等日常事务。这意味着数据的预测分析和数据集合的交叉引用识别会对个人或群体产生偏见和歧视，身体等级较差人群将面临“个人认定被贬损”或“人格尊严被侮辱”的尴尬境地。这实际上是“预测性隐私”受损害的产物，它会进一步加速数字社会掩饰下社会等级的错分与社会阶层的撕裂。另外，“预测性隐私”虽然可能提供了一种理解身体的方案，但需正视的是，这些基于隐私元数据分析得出的产品往往是不精确的，没有落地生活的实践，有时候极为片面甚至分析错误。

鲍曼和里昂认为这一社会现实隐含两重伦理困境。一是“道德中立化”问题。对身体隐私的监视以技术之名剥离了道德判断。技术人员认为他们只是在“处理数据”，所以他们的角色是“道德中立”的，他们的评估和歧视都是“理性的”。技术“道德中立化”传递了一套“技术结果无关伦理”的话语思维，所有有关道德的思考以及隐私保护的智识，都退隐到了“技术伪中立”的背后。技术缺乏传统熟人社会的伦理约束，人格尊严将长期面临“悬浮与贬抑”的挑战。二是“远距离的道德钝感”，这其实是主体性分散的后果。监视技术简化了远距离做事的过程，智能设备虽嵌入身体，与身体紧密结合，而隐私信息的生产与处理却离人越来越远。技术无形中将人与行为的后果分离开来，因此即便隐私主体产生尊严受损的痛苦，也会囿于远距离，产生道德的迟钝感和尊严的无奈感。

从更为宏观的角度来看，“流动性”进入传统的身体隐私领域，推拉出“尊严（隐私）的焦虑”。流动性是一种过程，更是一种权利，获得流动的权利意味着对时空的占领、社交的扩展、资本的累积，“剥夺流动的机会和能力是对其权利的一种剥夺”。[①]身体隐私信息作为个人信息的一部分，是直接关涉人格尊严的。个人信息权是每个人独立享有的、不受他人非法剥夺的权利，这种权利也常被称为“信息自决权”，表现为个人对自身信息的支配权，即个人可以自由决定何时、何地以何种方式与外界进行信息沟通。但这种信息自决权在信息的流动中似乎被削弱了，隐私主体一方面根本无法掌控隐私信息从身体出发后的流向、流速和变异形式，另一方面信息流动的结果又已经反馈在身体上，因为在人们能够作出自己的决定之前，智能机器已经抢在了前面。这种流动方式本身就可能固化了权利的不均等，甚至又生产出新的权利不对等。不得不承认的是，当人走向机器，机器也从计算中心进入日常生活。人机间信息流动性隐喻的基础是，人们对数字技术及其产生的数据的普遍存在性和明显的不可控性感到焦虑，而尊严焦虑则需要不停地在信息流动中磨合和协商。

五、余论

媒介永远是驶向广袤未知世界的飞行器。数字技术作为一种媒介嵌入身体后给原本古老的身体隐私带来的影响也是未知与巨大

---

① 孙九霞等：《跨学科聚焦的新领域：流动的时间、空间与社会》，《地理研究》2016年第10期。

的。当身体隐私从“静态”阶段向“流动”甚至“自动”阶段过渡时，这意味着原本有关身体隐私的观念（包括时空背景、身体隐私形态、内部权力逻辑、尊严的保护）都不再能够长久保持不变，因为古老的思考维度只会让身体隐私陷入更为确定的伤害中，那些曾经为保护身体隐私所做的长期性的思考、计划和行动已不及分秒间的流动，这种崩溃与断裂正是本文思考的起点，身体隐私的思考当“勇敢进入滋生不确定性的温床”。当然，必须要明确的一点是，身体隐私与其他隐私并不是割裂的，在观念上也长期处于有机的整体，因此在讨论时，许多侵权现象的交叉自然会导致观点的普适。至于本文未提及“如何保护身体隐私的思路”，是因为身体隐私的保护不能脱离隐私保护整体来探讨，而数字化时代公民隐私保护议题本又是一个宏大界域的问题，当然值得另辟他文单独思考。

第七章

自动驾驶责任主体缺失的算法迭代迷思

李大山

近年来，关于自动驾驶的伦理研究中有一个知名度与认同度都很高的观点：算法迭代会导致自动驾驶责任主体缺失。该观点混淆了算法结构与算法在应用中展现出的能力。算法供应商虽然难以控制机器学习型算法的迭代过程，难以预测迭代后的算法结构，但仍能控制算法在应用中展现出的能力，包括感知识别型算法的识别准确率、路径规划型算法与行为决策型算法的合理程度。在健全的算法产品准入与质检制度下，有充分的理由主张算法供应商对算法产品承担有限的产品责任，尽管不是特别清楚算法迭代是否导致交通事故责任主体缺失。

自动驾驶相较于传统汽车的一大特点是，凭借软硬件集成的智能系统，无需人类驾驶员即可完成驾驶任务。除了雷达、摄像头等感知系统硬件，实现自动驾驶最为重要的一环就是算法了。从实现自动驾驶的功能分析，至少有感知识别型、路径规划型与行为决策型三类算法。现代计算机科学的一个进步是算法能够自己迭代、进化，俗称机器学习。机器学习无疑极大地推动了计算机科学及相关应用产品的发展，但也带来了不少困惑，因为机器学习的过程似乎是一个黑箱，算法迭代的过程不可知并且结构难以预测。

如果机器学习是一个黑箱，随之产生的困惑就是，这会影响我们对自动驾驶责任主体的判断吗？于是产生了算法迭代导致的自动驾驶责任主体缺失难题，根据一些学者的分类，该难题属于算法黑箱中的技术黑箱。虽然国内外不少学者都赞成“算法迭代会导致自动驾驶责任主体缺失”，但除了安德里亚斯·马提亚，鲜有学者给出具体的论证；而且算法迭代导致的是交通事故责任主体缺失还是产品事故责任主体缺失，二者不可一概而论。

一、自动驾驶责任归属的概念基础与论证框架

自动驾驶不完全是工程技术视域下的，自动驾驶的责任主体研究也专属于法律或法学，道德哲学与行动哲学的思想资源为我们提供了讨论自动驾驶责任归属的概念基础与论证框架。

伊曼努尔·康德的道德哲学有一条非常著名的原则：应当蕴含能够（ought imply can，简称OIC）。康德曾指出：义务命令我们做这件事，义务也仅仅命令我们做我们自己力所能及的事情。类似的表述还见于《实践理性批判》：纯粹几何学拥有一些作为实践命题的公设，但它们包含的无非是这一预设，假如我们被要求应当做某事，我们就能够做某事。

诚然有学者考证，康德本人没有明确将这些思想概括成“应当蕴含能够”，不过这篇文章不涉及康德哲学文本训诂，仅采用学界对“应当蕴含能够”的一般性理解，甚至仅采用我们的常识理解就够了：如果一个人有义务做这件事，这个人必定有能力做这件事。例如，小李看到河边有人落水，很焦急，想下水救人，但小李不会游泳，根据该原则，小李不应当下水救人（但仍有义务通过其他方法救人）。反过来说，如果没有相应的能力，则没有相应的义务。

回到自动驾驶的语境中来，根据该原则可构造一个论证：

（1）如果算法供应商应当对自动驾驶的车辆行为负责，则算法供应商必定有能力导致相关车辆行为。

（2）算法供应商没有能力导致相关车辆行为。

（3）所以算法供应商不应当对相关车辆行为负责。

该论证符合我们对传统交通事故责任归属的直觉，如果算法供应商不是车辆行为的原因，那有什么理由要求他们承担责任呢？现在，借助行动哲学的思想资源，我们可以将该论证进一步精致化。

行动哲学的共识是，能动者有能力做出某行为的必要条件是能动者能够控制该行为，并且能够描述行为以及预测行为后果，即拥有关于该行为的知识。只有能动者具有这些能力，才可讨论该能动者是否是该行为的责任主体。例如，小李与同伴并肩在河边走，小李被突然从路边冲出的自行车撞击，没站稳撞向了同伴，将同伴撞下了河。如果自行车撞击小李的力量较小（假设是一位五岁小孩骑着儿童自行车低速相撞），或者说小李的身体素质、平衡能力比较好，完全经得住这一撞，仍能保持重心而不撞向同伴，那么小李要为同伴的落水负责，因为小李其实有能力避免。但如果自行车撞击的力量非常大（假设是一位运动员骑着大型自行车高速相撞），力量大到能够轻易令小李失去平衡，那么似乎小李无需对同伴落水负责，因为他撞向同伴的行为不是他能够避免的。

结合自动驾驶语境，算法供应商若要对车辆行为负责，必须能够控制车辆行为，包括能够描述该行为及预测后果，据此可紧接着上一个论证：

（4）如果算法供应商难以控制相关车辆行为（包括难以描述行为、预测行为后果），则不应当为相关车辆行为负责。

（5）算法供应商难以控制相关车辆行为（包括难以描述行为、预测行为后果）。

（6）算法供应商不应当为车辆行为负责。

不难看出，如果对行动哲学概括的大众直觉没有异议，那么整个论证成立的关键就是（5），基于什么理由主张算法供应商难以控制车辆行为？如果算法供应商能够控制，那么这种控制是什么意义上的？这事关算法供应商与车辆行为之间的因果关系能否成立，进而事关算法供应商能否成为责任主体，以下几节将以马提亚的论证为靶子展开分析。

二、算法供应商难以控制车辆行为的理由之一

算法迭代导致算法供应商难以控制车辆行为，甚至不少官方与

半官方文件也有明文承认，如欧盟的《机器人民事法律规则》。[①]在哲学与法学界，也有不少学者直接或间接主张该观点，例如王天恩教授，[②]但只有马提亚具体给出了论证，我重构为一弱一强两个。

弱论证大致的思路是，影响自动驾驶车辆行为的因素有许多，算法供应商只是影响因素之一，车辆行驶当下的路况、环境等因素都会影响车辆行为。马提亚举了一个例子，火星探测器装有摄像头与图像处理程序，具有避障功能，但由于火星上风沙太大的缘故，火星探测器掉进了岩洞失联，地球上的操控者与制造厂商都不应对此负责。

这里马提亚偷换了概念。论题是算法供应商是否有能力控制自动驾驶的车辆行为，而不是算法供应商是否有能力控制事故的原因。或许马提亚想说的是，自动驾驶汽车发生交通事故的车辆行为不是自动驾驶能够控制的，但只要我们用人类驾驶员替换考察就会发现该理由不成立。因为在涉及人类驾驶员的许多交通事故中，事故致因并不是人类驾驶员，而是脱离其控制的自然灾害。

例如，乡间公路上人类驾驶员驾驶着无自动驾驶功能的传统汽车遭遇山体滑坡，为躲避落石撞击而撞死了农民的耕牛。即便自然灾害不可抗，该司机仍要承担责任赔偿农民。马提亚没有做出解释，为什么同样自然灾害下，控制火星探测器的人类无需承担责任。控制火星探测器的人类操控员与人类驾驶员的具体差异是什么？

---

① 然而，自主机器人将带来更多前所未有的困难，因为在某些情况下，确定造成损害的原因可能会更加困难，特别是如果机器人能够自己学习新事物。原文参见https://www.europarl.europa.eu/RegData/etudes/STUD/2016/571379/IPOL_STU（2016）571379_EN.pdf

② 王天恩："人工智能应用中的算法追责困难，不仅有透明度方面的挑战……这主要与发展到机器学习之后的人工智能算法有关，机器学习开启的智能算法自主性发展进程。"参见王天恩：《人工智能应用"责任鸿沟"的造世伦理跨越——以自动驾驶汽车为典型案例》，《哲学分析》2022年第1期。

退一步而言，就算自动驾驶无需对自然灾害不可抗力导致的事故负责，这种免责也应建立在一定的条件上，即自动驾驶从产品设计到软硬件质量再到算法都已经达到产品极限了，难以预测前方的自然灾害。换句话说，如果耕牛之死是人类驾驶员操作不当或失误导致，那么责任主体显然是人类驾驶员。如果耕牛之死是人类驾驶员紧急避险导致，那么人类驾驶员作为避险受益人有义务承担赔偿。

同样的道理，简单讨论地球操控者是否有能力控制探测器是没有意义的，需要结合探测器设计商与生产商的产品质量与操控者的能力。如果这种风沙带来的影响是可预见的，而设计者未能预见，那么设计者需要承担设计责任。毕竟，避免自然灾害等意外事故的能力也是自动驾驶产品质量的一部分。所以马提亚的这个例子没有说服力。

三、算法供应商难以控制车辆行为的理由之二

算法供应商难以控制车辆行为的第二个理由围绕着“自主性”概念做文章。人工智能拥有某种相对自主性。例如，火星探测器这类人工智能一般会内置导航系统、决策控制系统与存储系统，当遇到某类障碍物时，系统能够归类记忆，下次遇到类似情境就可以采取曾经成功过的避障方法。在马提亚看来：这些人工智能在决定行动时无需人类干预，所遵循的规则并不在生产中确定，而在机器操作的过程中由机器自己改变。

反对缺失论的学者会说，自动驾驶等人工智能看似独立自主的决策控制系统实乃人类工程师赋予。可类比完全行为能力与受限制行为能力，自动驾驶至多属于受限制行为能力，应当受到监护，监

护人需要承担责任，因此不会导致责任主体缺失。

缺失论者则会强调不能如此类比。人类工程师就像驾校教练，学员通过交通管理部门考试并取得驾照后，驾车发生交通事故，能将责任推给驾校教练吗？显然不合适。这个类比论证启示我们：算法供应商是否能够控制自动驾驶的车辆行为，取决于如何理解自动驾驶的自主性，人类之于自动驾驶的关系，类似于驾校教练之于取得驾照后的学员，还是监护人之于被监护人？

20世纪50年代兴起的机器学习进路为缺失论者给出一个强论证提供了思想资源：算法迭代导致算法供应商难以控制车辆行为。自动驾驶因算法迭代而获得了某种自主性，这在火星探测器的记忆能力中已露端倪。

马提亚考察了符号系统、人工神经网络、遗传算法等算法，发现最近几种机器学习型算法与早期符号系统有一个巨大差异。

符号系统的特点是，所有可能的输出已经以演绎推理的方式预先编写在程序中了。例如，用于诊断病情的专家系统，预先编写好特定疾病与特定症状的对应关系，存入数据库，系统工作时将病人的症状与数据库进行分析对比，得到一个拟合度。如果数据库的内容确定，分析方式确定，那么拟合度确定。换句话说，如果误诊，只有两种可能：一是机械故障；二是数据库不够充分，未能涵盖到一些疾病与症状。整个诊断过程的因果链条对于设计者来说是连续且透明的，出现误诊后可针对性改进。然而，当计算机科学发展到机器学习阶段，计算符号的因果链条发生了断裂且不再透明，人类工程师似乎不再能够控制自己创造出来的“魔鬼”了。

目前不少机器学习型算法将被处理对象（或信息）转化为一个模拟若干个神经元构成的网络，通过调整神经节点之间的权重来达到处理信息的目的。神经网络式算法的神经节点可以有多个层次之别，因多层次神经节点而提升学习效率的神经网络式算法称为深度学习。马提亚指出，不像符号程序，人工神经网络没有一个囊括所有被学习信息的“列表”或“目录”，程序员并不知道特定的信息储存在什么部位，难以通过检查储存在网络中的信息来评价行为，因而无从针对性纠错，难以手术式精确调整，只能依据经验修改代码不断调试以达到收敛目的。

如果说神经网络模仿生命系统的神经结构，那么遗传算法通过变异、基因重组与选择而模仿演化。遗传算法的解决方案通常由从“字母表”中选出的有序符号链表征。例如，小李从住处到单位上班，在不同时段选择不同路线才能实现用时最短，一段时间后遗传算法在不同时段均能筛选出用时最短的路线。然而，算法供应商难以预测子代算法的具体参数。

甚至，在机器学习阶段，错误之于系统是必要的，与我们对技术的传统理解完全相反，传统理解是算法正确地运行必须避免错误，错误总是工程师的错误而不是算法本身的。强化学习抹平了系统在训练与应用阶段的区别，系统在最终的操作环境中学习，以试错方式探索合适的车辆行为，并根据结果优化参数，所以错误是学习与选择行为的前提条件，并不仅仅是缺陷。假如小李的自动驾驶拥有强化学习能力，那么机器学习发生在每天上下班的过程中，越使用越“聪明”。

从认知科学分析也能得到相同的结论。在西蒙、艾伦·纽维尔等符号主义者看来，人工智能是由符号与符号运算规则构成的计算装置，计算过程与物理过程是一致的。如果物理过程可用清晰的数学公式表达进而控制，那么计算过程也是能表达并且能控制的。然而，当认知科学发展到联结主义与生成主义阶段，计算过程与物理过程不再一致。生成主义阶段，计算过程与物理过程不再同一，神经节点不储存语义与计算信息，掌握神经元的物理属性并不意味着掌握神经网络算法的计算属性，神经节点的权重变化与参数获得是随机性的。算法的聪明与否取决于数据“投喂”与学习方式（如半监督学习、深度学习、强化学习）是否有效，具有很强的外部依赖性，计算细节难以被独立表征出来，故而有黑箱之意。

四、反对缺失论的理由之一

本文不去纠结马提亚在计算机科学理解上的错误，例如，他所谓的“错误是机器学习之必要”与“符号系统的错误”中的两个“错误”显然语义不同。前者指结果不及预期，后者指编码错误或冗余。

判断算法供应商能否控制车辆行为的关键在于如何理解算法迭代赋予自动驾驶的自主性。首先需要排除的一个论证是，反缺失论者可能会说：不是所有子系统都涉及机器学习型算法。从功能上划分，自动驾驶系统可分为感知子系统、决策子系统与控制子系统，由于控制子系统在传统汽车中同样存在，因此它不涉及机器学习型算法。

该解释是片面的，也没有动摇缺失论，理由有三个：一是感知、决策与控制子系统三分是理论上的，实际生产与应用中三者集成在一款产品上，如高级驾驶辅助系统（ADAS），感知子系统与决策子系统是耦合的，甚至一些产品的感知子系统的信息接收器本身就具备信息处理能力。二是即便单纯从控制子系统分析，也有植入算法的余地，因为系统总是由软件与硬件两部分组成，如自动紧急制动（AEB），耦合了决策子系统与控制子系统。三是即便自动驾驶系统中有部分算法不涉及机器学习，逻辑上也不妨碍缺失论者的论点，因为责任主体缺失也许由另一部分涉及机器学习的算法导致。

笔者反对“算法迭代导致自动驾驶责任主体缺失”的第一个理由是缺失论者没有注意到不同算法的功能是互补的。一款自动驾驶产品有感知识别型算法，也有紧急制动算法。当系统发现紧急情况，制动算法会自动采取制动，这能降低感知识别型算法能力不足导致的事故风险，即最小风险策略。感知识别型算法能力不足只是事故原因的一种可能，还有自动紧急制动算法等其他因果链条可以干预。

自动紧急制动系统对于降低自动驾驶事故概率至关重要，因为就驾驶常识而言，只要减速到一定范围，那么即使发生事故也不会造成严重伤亡。2022年3月底举行的中国电动车百人会论坛上，理想汽车创始人李想提议新车应标配自动紧急制动系统，提议得到了全国政协经济委员会副主任苗圩的赞同。

从产品角度看，自动驾驶的责任主体不只算法供应商一个维度，也不只一家算法供应商。即使某些机器学习型算法迭代导致供应商与车辆行为之间的因果链条断裂，自动紧急制动算法也能重新缝合，总是可以将车辆行为的因果链条追溯至某个、某几个供应商或者整车制造商。这也反过来解释了自动驾驶归责的“多元责任理论”为何受到许多追捧。

对于以上论证，缺失论者可能会有两方面回应：首先，缺失论者会缩小阵地，他们主张的是算法迭代导致算法供应商难以成为责任主体，而没有主张算法迭代导致自动驾驶缺少任何责任主体。以上论证只说明了自动驾驶车辆行为总有因果链条能够追溯至相关责任主体，但被追溯的责任主体可能不是算法供应商，所以没有反驳到位。其次，自动紧急制动算法也属于机器学习型算法，因而也有迭代特征，自动紧急制动算法的供应商同样面临难以控制车辆紧急制动行为的窘境。事实上，目前市面上大多数自动紧急制动算法都是机器学习型的。这两方面回应都有一定道理，下一节给出更强的第二个理由。

五、反对缺失论的理由之二

机器学习型算法仍在供应商的掌控之内，因为供应商能够控制算法在应用中最终展现出来的水平，不妨称之为算法能力。例如，感知识别型算法的能力是识别障碍物，识别准确率越高，算法能力越强。从马提亚的论证看，他似乎完全忽略了，算法供应商能够控制算法在应用中最终展现出来的水平，而误以为算法供应商对车辆行为的控制体现在算法解释透明性上，其实这种能够随时查看代码并纠错的能力只是控制能力的表现之一。算法供应商的控制能力不应被理解为算法解释或迭代过程的透明性，有两个理由。

第一个理由是，按照这个逻辑，所有机器学习型算法都不能被算法供应商控制，从而都会导致责任缺失，这样一来打击面过大，会引起整个人工智能领域的责任主体缺失，虽然这也是人文社科学者一直在预警的。笔者赞成人工智能中某些具体领域（包括自动驾驶交通事故）有可能出现责任主体缺失，但需要结合具体内容详尽论证，算法迭代结构黑箱不是自动驾驶领域专有的困难。

第二个理由是，算法供应商能够在统计意义上控制车辆行为，不需要解释算法迭代的过程。以所有自动驾驶都要搭载的感知识别系统为例，算法供应商只需通过研发、训练与调试，使得自动驾驶的感知识别能力达到特定的水平，一般用识别准确率评价，即可视为在统计意义上拥有控制车辆行为的能力。如果这样理解，那么算法供应商能够预测准确率，并且能够描述统计意义上的车辆行为及后果。

类比NBA篮球运动，运动员三分球赛季命中率达到40%以上就算优秀射手，职业生涯多个赛季保持40%以上的三分球命中率则属于神射手，每一记三分球投出的瞬间，运动员能够在统计意义上预测进球与否（相信有篮球运动经验的读者亦有此“预测能力”），但这并不意味着运动员能够确保投出去的每一记三分球都命中。同样的道理，如果一个算法供应商能够做到感知识别型算法的识别准确率达到99.9%，那么它控制自动驾驶感知识别行为的能力就非常强，不要求能够实际控制每一个识别行为。事实上，目前市面上感知识别型算法的准确率远没有达到这么高，低于80%的比比皆是。

至于究竟达到多高的识别准确率才算合格的一款算法产品，才能获得市场准入资格，这不由算法供应商决定，公共部门与行业协会在其中扮演了重要角色。于是，在健全有效的产品准入制度下，识别准确率不达标的算法产品将被禁止进入市场；而在一套健全有效的质检制度下，已处于用户使用中的算法产品，若因质量问题导致事故，那么相关算法供应商应当承担产品责任；已处于用户使用中的算法产品需定期更新并纳入年度质检，若发现隐患，那么用户有权利向相关算法供应商主张修缮，若超出质保范围则用户自行承担超出部分的费用。

事实上，世界各国的法律实践已经体现了供应商的产品责任。2021年日本发布《自动驾驶相关制度整备大纲》，规定L3发生事故时原则上由车辆所有者承担责任，供应商的责任仅限于产品存在明确缺陷之际。我国也进行了试点探索，《深圳经济特区智能网联汽车管理条例》于2022年8月1日正式实施，其中第七章第五十四条规定，智能网联汽车（即自动驾驶）发生交通事故，因智能网联汽车存在缺陷造成损害的，车辆驾驶人或者所有人、管理人依法赔偿后，可以依法向生产者、销售者请求赔偿。在产品准入方面，该条例第八章规定了自动驾驶产品销售必须列入国家汽车产品目录或深圳市智能网联汽车产品目录，对产品准入进行了严格规范。

缺失论者可能会这样回应，感知识别型算法确实可以通过识别准确率来评价，但路径规划型算法与行为决策型算法难以如此评价。路径规划型算法旨在选择一条最优化的路径从起点到终点，而行为决策型算法旨在应对静态与动态障碍物，决定超车、变道、转向等车辆行为。

虽然这两类算法难以通过准确率来评价，但各自都有产品准入标准。2017年，工业和信息化部、国家标准委联合发布《国家车联网产业标准体系建设指南》，提出要制定智能网联汽车及相关产品的约269个标准，这些标准不仅涵盖感知识别型算法，也涵盖路径规划与行为决策型算法。2022年11月工业和信息化部会同公安部发布《关于开展智能网联汽车准入和上路通行试点工作的通知（征求意见稿）》，其中“智能网联汽车生产企业产品准入试点要求（试行）”对自动驾驶功能产品技术有明确规定：在动态驾驶任务执行中，自动驾驶系统应具备安全驾驶决策及控制的能力，至少包括符合合理规划车辆行驶路径与行驶速度、合理应对存在风险等要求。

这些准入标准涵盖了路径规划与行为决策型算法。合理性是路径规划与行为决策型算法的评价标准。假设存在ABC三种路径规划，系统选择了A路程，但事实上B路程更短且更不拥堵，那么系统的规划就是不合理的。在算法的厂内训练阶段，这种评价数据较为容易获得；在用户使用阶段，这种数据虽然较难获得，但用户会有直观体验，可通过售后渠道反馈。

算法产品检测是产品准入资格的重要依据。根据中国智能网联汽车产业创新联盟与公共部门2018年共同编制的《智能网联汽车自动驾驶功能测试规程（试行）》，自动驾驶测试的必测项目9个，测试场景20个，选测项目5个，测试场景14个。根据2021年7月发布的《智能网联汽车自动驾驶功能通用检测项目》，目前自动驾驶通用检测项目至少有8项，包括交通信号识别及响应、道路交通基础设施与障碍物识别及响应、行人与非机动车识别及响应、周边车辆行驶状态识别及响应、动态驾驶任务干预及接管、风险减缓策略及最小风险状态、自动紧急避险、车辆定位。其中后五项的评价指标都不是准确率。

况且，依据多个识别准确率指标可以构建高阶评价指标。例如，对交通信号、静态障碍物、动态障碍物的识别准确率进行加权整合，可构建行为决策型算法的评价指标。马提亚自己也承认，我们可以通过检测范式与观察输出来评价神经网络式算法。

也许缺失论者还会担忧，部分机器学习型算法的迭代发生在用户使用过程中而非训练过程中，因此算法供应商难以通过提前训练获得算法能力。该担忧忽略了算法供应商对算法产品的潜力与可能出现的风险有着预见义务。算法供应商应建立预期功能安全开发流程，具备设计定义、危害识别和评估、功能不足识别和评估、已知与未知的危害场景评估等能力。总而言之，算法迭代不透明更要求供应商具备预见能力。诚然这种预见能力是有限度的，如果事故原因超出了预见能力，则无需承担责任。这也是算法供应商只对算法产品承担有限责任的缘由。

综上，算法迭代不会导致自动驾驶责任主体缺失。即便算法供应商难以解释算法迭代的结构与过程，但在健全的自动驾驶产品准入制度、质检制度以及必要的信息反馈与维权机制下，算法供应商能够控制算法在应用中的水平从而承担产品责任。

六、结语

在算法责任治理的背景下，澄清责任类型、责任主体与责任限度是自动驾驶大规模民用的前提。计算机科学的发展确实给自动驾驶的人文社科研究带来了一定程度的困惑，不过建构主义者有足够多的思想资源与法律工具在算法供应商与算法在应用中展现出的能力之间建立因果联系。

就拙文上述论证来看，这种因果联系更多地体现在产品责任上。然而，社会公众最关心的自动驾驶交通事故的责任主体是否缺失仍然存疑，产品责任与交通事故责任是两个性质不同的问题，算法供应商应当承担产品责任，这并不意味着他们也应当承担交通事故责任，前者甚至不是讨论后者的必要条件。造成二者差异最主要的原因是产品质量达标只需在统计意义上满足标准，算法供应商无需对统计学上允许的以及国家管理部门许可的误差负责，正是由于这部分误差有可能导致交通事故责任主体缺失。可见有必要对"算法迭代导致自动驾驶责任主体缺失"这一观点展开两重反思：以马提亚的论证为靶子，第一重反思区分算法结构与算法展现出的能力，最终得到结论——算法供应商能够控制算法展现出的能力；第二重反思区分交通事故责任与产品（事故）责任，最终得到结论——算法迭代不会导致产品责任主体缺失，但有可能导致交通事故责任主体缺失。

考虑到自动驾驶的这些特征，除了学术讨论，我国更应加紧相关法律法规的制定。2021、2022年，政府出台了不少"管理条例"与"意见"，在行业内部与管理层形成了一定的共识，接下去应该在立法层面发力，修改汽车制造与交通法规中不合时宜的内容，加入符合自动驾驶发展规律的内容。

第八章

智能时代的新型人机关系及其构建

孙伟平

随着智能机器人的拟人化或自主性发展，传统的以人为中心的人机关系正遭受革命性、颠覆性的冲击，特别是人类千百年来一直稳如泰山的主导地位正变得岌岌可危。在社会信息化、智能化背景下，人机之间可能建立的关系是多元且复杂的，如智能机器人可能是人类的“新工具”或“新奴仆”，对人类友善、驯服的“AI神”，人类的伙伴或朋友，人类的竞争对手或敌人，人类的继承者或“后裔”，人机融合的新型智能生命，等等。只有坚持“人是目的”、以人为本地发展人工智能，使智能机器人成为可以通过“道德图灵测试”的“道德机器”，善于运用先进的生物、智能技术和设备“武装”自己，将自己塑造成具有智能时代特质的“时代新人”，并且善于与各种智能系统（智能机器人）沟通、协作、融合，创造性地探索人机关系的生成和运作机制，人类才可能“扼住命运的咽喉”，建设一种人机协作、人机和谐、人机一体化的新型人机关系。

人工智能是一种革命性、颠覆性的高新科学技术，被有些学者称为人类“最后的发明”。智能技术、纳米技术与生物技术的结合，“人”本身不仅可以被“编辑”和“改造”，而且正在加速“创造”人形智能机器人，这类智能机器人已经初露端倪，具有自主意识、创造能力、类人情感、社会交往属性。智能机器人的拟人化和自主性发展正在颠覆传统的认知，令我们关于“人”“机”的定义，关于人机关系的设定，以及关于未来人机文明的看法，都面临大量需要批判性反思的哲学难题。我们必须在技术变革过程中重新认识“人”和智能机器人，与时俱进地反思和构建新型的人机关系。

一、传统的以人为中心的人机关系受到革命性冲击

传统的观念认为，机器是人们制造的在生产、生活中使用的工具。它可以进行能量变换、信息处理，以及产生有用功；它延伸、拓展人的身体器官，帮助或代替人承担各种劳动任务。机器的类型非常之多，包括发电机、电动机、内燃机之类动力机器，汽车、火车、飞机、轮船之类运输机器，纺织机、普通机床、数控机床、工业机器人之类加工机器，以及相机、电话机、传真机、计算机、手机之类信息机器。而且，机器仍然在不断地创新性发展，还将有无数的令人瞠目的机器正在或将要被创造出来。

自有文明史以来，人与机器之间的关系一直是确定的，即机器是人的发明与创造，人是一切人机关系的主导者，一切机器（包括

各种工具、机器、自动化系统）只有掌握在人的手中，才能在生产和生活中发挥作用。例如，爱因斯坦指出，科学技术“是一种强有力的工具。怎样用它，究竟是给人带来幸福还是带来灾难，全取决于人自己，而不取决于工具。刀子在人类生活上是有用的，但它也能用来杀人”[①]。技术中性论的代表人物梅塞勒指出：“技术为人类的选择与行动创造了新的可能性，但也使得对这些可能性的处置处于一种不确立的状态。技术产生什么影响、服务于什么目的，这些都不是技术本身所固有的，而取决于人用技术来做什么。”[②]

马克思、恩格斯以及受其影响的西方马克思主义者特别重视科学技术、大机器生产的社会改造力量。马克思、恩格斯比较系统、深入地剖析了工业时代机器的资本主义运用及其经济和社会后果。一方面，机器延长了人类器官、提升了人类能力，延展了人类实践、提升了活动效率，促进了社会生产、生活的发展；另一方面，在资本主义体制中，它推进了机器技术与社会权力的同构化，造成和加深了对工人的异化，造成了“人机关系”的分离和对立。马克思、恩格斯深刻地揭示了资本主义社会“人机关系”对立的根源在于“机器资本化”或“资本化机器”的广泛应用。“由于推广机器和分工，无产者的劳动已经失去了任何独立的性质，因而对工人也失去了任何吸引力。工人变成了机器的单纯的附属品，要求他做的只是极其简单、极其单调和极容易学会的操作。”[③]但资本只不过是资本家的化身，资本对机器的资本主义运用并没有改变机器作为特定的人的工具这一基本观念。

---

① 《爱因斯坦文集》第3卷，许良英等译，商务印书馆，1979，第56页。

② Emmanul G. Mesthene，*Technological Change*：*Its Impact on Man and Society*，New york：New American Library，1970，p.60.

③ 《马克思恩格斯选集》第1卷，人民出版社，2012，第407页。

“然而，如今我们与技术之间的关系正在反转；哲学家、学者赫伯特·马歇尔·麦克卢恩认为，人类制造的工具正在开始改造人类，甚至创造人类。”[①]迈入信息、智能时代，人工智能之类的革命性、颠覆性的新技术令人类如虎添翼，生存、活动的空间正在虚实结合地广泛拓展，劳动或工作的能力、效率得到全方位提升，人类正据此对客观世界和主观世界进行彻底的全方位的改造和塑造。面对以智能机器人为代表的“新生力量”，人类当然不情愿束手就擒，放弃长期进化史中获得的主导地位，而是希望智能机器人成为类似工业时代的机械性机器一样驯服的新工具，拓展、延长人类的各种功能性器官，帮助或者代替人类完成各种任务、实现各种目标。不过，这一次事情似乎并不那么简单。即使是在人工智能、社会智能化发展的初期，我们就发现事情并未按照既有的逻辑发展：人类打开的似乎是一个神秘性和能量超乎想象的“潘多拉魔盒”，正在释放出一种人类未能逆料且难以驾驭的异己力量。

人工智能是一种与以往技术不同的、开放性的高新科学技术。它加工处理的“原料”除了人们熟知的物质，主要是以往时代由人脑处理的信息和知识，因而它发展的方向、方式与以往“作为工具的机器”都不尽相同，今后可能造成的革命性后果也难以按照以往的模式、方法进行理解和预测。今天，在汹涌澎湃的信息化、智能化浪潮中，包括智能机器人在内的智能科技正以指数级速度狂飙突进，应用的场景越来越广阔，传统的以人为中心的人机关系正遭受革命性、颠覆性的冲击，特别是人类千百年来一直稳如泰山的主导地位正变得岌岌可危。具体而言，这种革命性、颠覆性的冲击可以主要概括为以下几个方面。

---

① 戈尔德·莱昂哈德：《人机冲突：人类与智能世界如何共处》，张尧然、高艳梅译，机械工业出版社，2019，第29页。

第一，包括人形智能机器人在内的智能机器人正以指数级的速度快速发展，逐渐获得“像人一样思考，像人一样行动”的特质。借助当代高新科技技术，人形智能机器人可以设计、制造得越来越像人，甚至比现实中形形色色的人更加合乎“标准”；如果有必要，还可以突破自然人的各种局限，打造具有高科技色彩的“理想的人”。例如，一个以算法为基础的“数字人”“虚拟人”可以不必拥有有机的身体，不必占据物理空间，不必消耗什么物质资源，只是在虚拟时空存在，却也可以拥有超强的“记忆”、敏锐的思想和丰富的情感，可以承担和完成一定的工作任务……玛蒂娜·罗斯布拉特指出：“一旦被创造出的有意识的思维克隆人——即智能的、有情感的、活的虚拟人，成为一个普遍的人类追求，我们将面对很多新的个人问题和社会问题，因为它从根本上扩展了‘我’的定义。”[①]在这种情况下，“人”似乎正在被新的技术重新定义，“人是什么”或人的本质面临前所未有的挑战。

第二，基于大数据、深度学习之类技术的突破性进展，智能机器人逐渐拥有以往“专属于人”的一些本质特征，例如人一直引以为骄傲的思维或智能。这是智能机器人区别于且高于以往一切机器（包括自动化系统或工业机器人）的基础性表现。如果智能机器人确实会思维，甚至具有智能，并且其水平通过或接近通过“图灵测试”，那么就不仅可能令人类的精神生产和文化活动发生翻天覆地的变化，而且可能令人的本质特性、人的唯一主体地位受到直接的挑战：“认为机器可以和人类媲美甚至超过人类智慧的想法似乎再

① 玛蒂娜·罗斯布拉特：《虚拟人——人类新物种》，郭雪译，浙江人民出版社，2016，第3页。

一次挑战了人类地位。”[①]同时，智能机器人所拥有的意识（包括对象意识和一定程度的自我意识）水平日益提高，导致它们可能逐步“觉醒”，像自然人一样要求一定意义上的主体地位和主体权利。

第三，智能机器人思考和行为的自主性日益增强，并且或独立或与他者（人或其他机器）融合地、自主地承担一定的工作任务，导致人机之间在工作、生活领域的机会竞争和角色竞争。这里不仅包括智能机器人承担生产、生活，乃至休闲娱乐中的任务，而且包括人机生存环境的构建，以及人机治理之类任务；不仅包括智能机器人大量渗入生产、生活乃至休闲娱乐领域，成为人类生产的“同事”、生活的“伙伴”和娱乐的“玩伴”，而且它还可能冷静地“观察”“分析”人与其他机器，可以进行自我学习、自我提升，并帮助人类进行提升。这不仅导致马克思所批判过的“机器排斥人”，造成越来越严峻的“技术性失业”，越来越多的人沦为“无用阶层”，被全球化的经济和社会体系排斥在外，而且人类在长期劳动过程中积累起来的工作技能、物种优越感受到强烈冲击，人类的主宰地位和在人机关系中的主导作用也受到直接威胁。

第四，各种智能系统成为社会基础设施的重要组成部分，社会正因此被快速地进行信息化、智能化塑造。基于社会信息化、智能化的基础设施，智能机器人正在将人“拉入”一种物理空间与虚拟空间相融合的生存境遇之中，一定的智能系统或智能机器人正在“接管”各种各样的评价、决策和管理工作，正在与人类争夺评价权、决策权和管理权。例如，一定的智能系统可能长期搜集、存储、分析各种大数据，监控人们的观念变化和思想动向，变得“比人们自己更了解自己”；可能对人们的心理和行为倾向主动进行分

---

① 雷·库兹韦尔：《奇点临近》，李庆诚等译，机械工业出版社，2011，第260页。

析、预测，对有些人可能的违规、违法行为进行预判，甚至提前进行干预和惩处，等等。例如，依据某个人具有暴力倾向的偏激性格、认为凡犯错的人都应该死之类的激进观念、曾经行凶杀人之类的犯罪前科，以及新近的动向（例如购买了枪支或管制刀具），对其思想和行为的倾向性进行预判，智能系统干预，甚至提前限制可能实施犯罪行为的人的自由。如果这样，则可能导致人类让渡给智能机器人的权力越来越多、越来越大，而智能机器人能否合理、合法地运用这些权力，却并不是那么确定。

第五，随着人机之间的交往、协作、互动日益增多，人机之间难免出现越来越多的矛盾和冲突。例如，人机之间的结构、利益和需求可能存在巨大差异，价值观念、思维方式和语言表达可能难以沟通，存在和活动的目的和目标可能不尽相同，行为方式和实践逻辑也可能不尽一致，这一切都可能导致矛盾和冲突的产生。至于这些矛盾和冲突将在什么层面、以何种形式出现，又可能造成什么样的政治、经济和社会后果，以及将会通过什么样的方式、程序加以解决，一切都充满了巨大的不确定性和风险。在这个充斥风险与不确定性的智能时代，人类并不能像农业时代运用手工工具、工业时代运用机械工具那样，高高在上地“命令”“使唤”具有智能、自主活动的智能机器人。

第六，人机之间的矛盾和冲突，最关键也最引人注目的可能是未来的主导权和统治权（治理权）的争夺。随着算力的提升和大数据、机器学习之类技术的快速发展，智能机器人的智能、自主行动力、行动效率都可能以指数级增长的速度进化。这对进化缓慢的人类而言是一个巨大的自我挑战，即人类必须通过“自我革命”才能解决的挑战。如果人类盲目自信、傲慢自大、固步自封，不想方设法跟上人工智能的进化速度，不与人工智能实现“深度融合”，那么就难免被今后可能出现的超级智能远远地抛在后面。在新型人机关系的构建中，人类不仅可能丧失传统的主导地位和优越感，而且可能丧失平等“对话”、携手合作、和谐共生的资本和资格。

此外，在社会信息化、智能化进程中，不仅人机关系受到革命性、颠覆性冲击，而且既有的人际关系也会受到全面、深刻的影响。这不仅是指人际交往越来越离不开信息、智能基础设施、技术和设备，离不开像微信、抖音、脸书、推特之类的社交平台和ChatGPT之类的大型语言模型，而且是指包括智能机器人在内的各种智能系统已经走进人们的交往实践活动领域，正在影响、塑造、替代甚至排挤既有的人际交往关系。例如，随着包括智能机器人在内的各种智能系统大量进入人们的生产、生活以及休闲娱乐领域，承担越来越多的岗位职责和劳动任务，有些人可能觉得传统的自然人的感知能力、知识储备、劳动技能、劳动态度甚至道德水平都不如智能机器人，越来越倾向于信任智能机器人。他们可能更乐于咨询像ChatGPT之类“知识渊博”“见多识广”的聊天机器人，参考它们给予自己的意见和建议，甚至直接让它们帮助自己进行评价、决策；他们可能更愿意与各种专业的智能机器人一起工作，觉得智能机器人更可靠、更踏实；更喜欢与智能机器人一起嬉戏、娱乐，觉得智能机器人更厉害，也更诚信。有些人甚至可能觉得现实生活中的人太自私、太虚伪，或者太愚蠢、太顽固，热衷于夸夸其谈、尔虞我诈、巧取豪夺，而越来越倾向于与比较“单纯”“忠诚”“实干”的智能机器人交朋友。人与智能机器人之间谈情说爱，组建冲击传统观念的新式家庭，甚至以某种方式共同抚育后代，这类时髦的话题也越来越频繁地出现了……预测中长期发展的态势，很可能是人机之间的交往、互动越来越普遍，远远超过人与人之间的交往、互动频率。

二、智能时代多种可能的人机关系之考量

直面人工智能的快速发展和广泛应用，人机之间的交往、互动已经越来越普遍，人机之间也难免出现越来越多的矛盾和冲突。在社会信息化、智能化背景下，人机之间可能乃至应该建立什么样的关系？持不同立场、观点的学者们已经吵得不可开交。如果不考虑思考者的立场、社会意识形态（例如资本和“资本的逻辑”）等因素，删繁就简地梳理一下，那么，人机之间可能建立的关系是多元且复杂的。

1.人类的“新工具”或“新奴仆”

有些人沿袭传统的工具论的思路，坚定地认为智能机器人不可能会思维、有智能，或者智能机器人的思维、智能不可能超过人类。在他们看来，智能机器人只是人类的发明、创造，它们只是人类的工具或“帮手”，或者按照人类设定的程序默默地协助人开展工作，或者自主完成人们“交办”的各种劳动任务。近些年来，当智能机器人在思维和智能方面不断取得进步、能够在一定程度上自主地进行思考和行动时，他们仍然坚持认为，智能机器人只是按照人类编写的程序行事，如按照人类的基本价值观进行评价、决策，完成人类交办的工作任务，实现管理、服务之类的工作目标。

在这种关系中，人显然是唯一的、占据主导地位的主体，智能机器人则一直居于非主体性质的从属地位。这种关系能否成立取决于以下两个方面：一是人类自身的发展、进化是否足够快速、足够健康，是否有能力掌控智能机器这种革命性的“新工具”；二是智能机器人的发展不会“超速”，更不会因“觉醒”而“失控”，而始终处在人类理性的掌控之中。“机器人可能会意识到自己的价值远远超过作为人类工具的价值。一旦意识到它们的奴隶地位，并认为

被这样对待是不公平的，它们就可能会发动起义，进行反抗。因此人类要维持这一关系中的主人地位需要机器人毫无怨言地接受人类的主导地位。”①

2. 对人类友善、驯服的“AI神”

虽然通用人工智能的研究刚刚起步，超级智能还处在想象阶段，但人工智能确实正在许多领域——包括人类引以为傲的思维、智能等领域——超过人类。人们希望，包括超级智能在内的智能机器人将会自我约束、德行无亏，成为以下形态。①人类的“被奴役的神”：虽然智能机器人的智能和技能可能超过人类，却始终自觉地以人类为尊，听从人类的命令，任劳任怨地为人类工作和服务。②人类的“守护神”：智能机器人以其强大的感知、运算能力采集、加工各种信息，对来自包括外太空、虚拟时空在内的各种各样的风险向人类示警，并且与人类协同或者自主地采取应对措施，保卫人类的安全、生存和发展。③统治人类的“AI神”：松本徹三对人类的历史表现比较失望，甚至认为“AI神”的统治更有优势，更值得期待，“请胸怀善意，由持有坚定‘信念’而绝不会动摇的AI作为‘唯一的神’来支配这个世界”，“是‘人类自己的英明决断’，是为了让‘人类能够出于天性、本性地快乐生活’这个目的”。②

在这种关系中，人类承认智能机器人的“半主体”或“部分主体”地位，建立的是一种以人为主、以更为强大的智能机器人为仆的非稳态关系。这种关系能否成立的关键，在于日益强大的智能机器人的“意愿”和“态度”，即智能机器人是否心甘情愿地自我约

① 约瑟夫·巴-科恩、大卫·汉森：《机器人革命：即将到来的机器人时代》，潘俊译，机械工业出版社，2015，第226页。

② 松本徹三：《AI成“神”之日：人工智能的终极演变》，张林峰译，清华大学出版社，2019，第136、193页。

束，甘居从属地位，服从人类的命令，温驯地接受人类的一以贯之的“人性化统治”。

3.人类的伙伴或朋友

如果智能机器人能够向着“拟人化”方向发展，内嵌人类的常识和基本价值观，那么它不仅可以与人类协同进行生产、提供服务，而且可以渗透到人们的社会生活和休闲娱乐领域，从事诸如答疑解惑、聊天解闷、电子竞技、电子游戏、VR体验之类的事情。如果人形智能机器人的开发不断取得进展，或许将会有越来越多的人对它产生心理上、精神上的依赖，与它成为亲密无间的朋友；有的人甚至可能情难自禁地与智能机器人谈情说爱，步入婚姻殿堂，组成新颖、时髦的“人机家庭”。

在这种关系中，人类“谦逊”地承认了智能机器人责权利相统一的主体地位，人与智能机器人的关系是一种地位平等、相互尊重、互相协作、共存共荣的主体际关系。这种关系能否成立的关键，一方面在于智能机器人的基本价值观、情感模式和行为模式是否与人类相容，智能机器人的拟人化思维能否取得突破，人机之间的沟通水平能否逼近或通过“图灵测试”；另一方面在于人类能否加快自身身体和心灵的进化，与智能机器人共同进步，同频共振地自我提升。

4.人类的竞争对手甚至敌人

作为世界上出现的有智能的“新物种”，智能机器人的应用日益普遍。在日益信息化、智能化的世界上，它们可能成为人类无处不在的竞争对手，与人类争抢劳动机会和工作岗位，在不同的领域争夺管理权限，甚至与人类或者其他的机器争夺生存空间。如果它们的自主发展“失控”，“超级智能”可能发展成为威胁人类前途和命运的“征服者”“统治者”。2023年火爆全球的GPT4，令人们在一定程度上直观地感受、体验这种威胁。詹姆斯·巴拉特忧心忡忡地指出："随着它们获得宇宙间最不可预测、我们自己都无法达到的高级力量，它们会做出意想不到的行为，而且这些行为很可能无法与我们的生存兼容。"[①]牛津大学未来研究院院长尼克·波斯特洛姆提出可能出现"超级智能"，令人类面临前所未有的"整体存在性风险"："如果有一天我们发明了超越人类大脑一般智能的机器大脑，那么这种超级智能将会非常强大。并且，正如现在大猩猩的命运更多地取决于人类而不是它们自身一样，人类的命运将取决于超级智能机器。"[②]

在这种关系中，智能机器人不断以其自主的思维和行为争取主体地位，甚至试图以其强大的技术优势争夺领导权，建立"机主人仆"的社会秩序。这种关系能否成立的关键，在于人类自我提升、进化的速度是否确实大大落后于智能机器人，从而令人机竞争、人机博弈的局势逐步走向失控。

5.人类的继承者或者"后裔"

正如凯文·渥维克指出的："机器在变得越来越出色，而人类的进步如果确实有的话，也缓慢之极。"[③]如果人类自我提升、进化的速度大大落后于智能机器人，甚至与智能机器人相比出现了明显的"代际差异"，那么就难免被飞速发展的智能时代所抛弃，或者无法融入"智能化的世界秩序"，从而或主动或被动地"走进历史"。迈克斯·泰格马克畅想说："人工智能虽然取代了人类，但其

---

① 詹姆斯·巴拉特：《我们最后的发明：人工智能与人类时代的终结》，闾佳译，电子工业出版社，2016，第XII页。

② 尼克·波斯特洛姆：《超级智能——路线图、危险性与应对策略》，张体伟、张玉青译，中信出版集团，2015，第XXV页。

③ 凯文·渥维克：《机器的征途——为什么机器人将统治世界》，李碧、傅天英、项龙译，内蒙古人民出版社，1998，第152页。

允许我们从容优雅地退出历史舞台，让我们把它们视为值得称道的后裔，就像父母为子女比自己聪明而感到高兴和骄傲一样，虽然子女向父母学习了很多，但它们取得了父母做梦都想不到的成就，即便父母活不到亲眼目睹的那一天。”①谷歌首席未来学家雷·库兹韦尔也曾经预测，人工智能未来完全可能“大大超越人类的智能”，成为汉斯·莫拉维茨所谓的人类“进化的继承人”和“思想的继承者”。②

在这种关系中，智能机器人以人类“继承者”的身份自觉或非自觉地登上历史舞台，成为虚实结合的宇宙中的新一代主宰；人类则在残酷无情的生存竞争中败下阵来，沦为生物进化历程中的一个阶段性的辉煌。——当然，（4）与（5）两种失控的后果，一直是人类中的有识之士们用心提防并且竭力阻止发生的。

6.人机融合的新型智能生命

这是对人与智能机器人未来进化的一种大胆的、全新的，当然还十分粗糙的设想。它摒弃了人与智能机器人之间的二元对立观念：“随着人机结合体越来越多地出现，今天我们对人和机器这种过于简单的二元区分将不再适用。”③它还摒弃了人与智能机器人之间的“零和博弈”思维，倡导人与智能机器人之间来“一场达尔文式的协同进化”④，实现更高层次上的“内共生”或人机一体化。例如，自然人可以运用包括植入纳米机器人之类的生命增强技术以

① 迈克斯·泰格马克：《生命3.0》，汪婕舒译，浙江教育出版社，2018，第219页。

② 雷·库兹韦尔：《奇点临近》，李庆诚等译，机械工业出版社，2011，第11页。

③ 约翰·乔丹：《机器人与人》，刘宇驰译，中国人民大学出版社，2018，第158页。

④ 爱德华·阿什福德·李：《协同进化：人类与机器融合的未来》，李扬译，中信出版社，2022，第335页。

增强身体和心理机能，减少疾病，延长寿命，甚至摆脱脆弱的生物体形式；人可以基于脑机接口技术、互联网、物联网等与智能机器实现互联互通，可以将意识上传至机器，可以与各种智能机器实现即时互动；智能机器人与人可以根据特定的需要和任务，发挥各自的特点和优势，以不尽相同的方式逐步“融合为一”，构成一种新颖、别致的“人机混合体”。雷・库兹韦尔等人曾经设想过这种关系，但其比较系统的构想是由超人类主义运动所提供的。超人类主义“是一场解放运动，倡导人类从生物体形式中完全解放出来”，但“在现实中，这种解放最终带来的结果将是人类遭到技术的全面奴役”[①]。

这种关系激活、融合了近代“人是机器”与智能时代“机器是人”的激进理念，彻底打破了人与机器之间冰冷的分离与尖锐的对立状况，人机联系、沟通、协作、互动实现了最高级也最高效的形式——“人机一体化”。当然，不难推测，有些人可能难以理解、接受这种颠覆性的人机关系构想，更多的人的态度则可能是不以为然，觉得这不过是痴人说梦、天方夜谭。

当然，围绕以上所概括的六种人机关系，以及这里尚未论及的各种可能的新关系，人们一直众说纷纭、聚讼不断。由于智能技术和智能机器人正以指数级速度发展，发展的方向、程度和限度存在着多方面的可能性，因而可以预测，短期内人们就人机关系达到基本共识的希望十分渺茫；至于说得到不断进化、越来越强大的智能机器人的“首肯”和“认同”，更可以说完全只是一个想象中的时髦话题。但是，因为事已至此，并且事关重大，我们绝不能坐等结果，不能听之任之。我们不得不在发展态势尚不明朗、相关的讨论

---

① 马克・奥康奈尔：《最后一个人类》，郭雪译，浙江人民出版社，2019，引言第X页。

尚未取得共识之前，就面对既具有感知、思维、表达等“智能”又具有日益强大的行动能力的智能机器人，努力尝试构建一种既合理又可行的新型人机关系和人机文明。

三、创造性构建新型的合理的人机关系

冷静地剖析以上几种可能的关系，我们不难发现，人类在人机关系中曾经根深蒂固的主体地位、主导作用都面临着革命性冲击。而这种颠覆性后果是自诩“万物之灵”的人类难以坦然接受和认同的。人类能否牢牢掌握主动权的关键日益聚焦到以下息息相关的两个问题之上：一是越来越强大的智能机器人能否遵循人类的目的和意愿，向着对人类友善、负责任的方向发展，能否永远不脱离人类的掌握而走向“失控”；二是人类能否未雨绸缪，加快自我提升和进化，或者说跟上智能机器人发展、进化的速度，以便有资质和能力与智能机器人进行沟通、协作，共建、共享一种更高阶的人机关系和人机文明。

明确了问题的关键之所在，重构合理的、可持续的新型人机关系，或许需要做的便是“对症下药”，因应施策。因此，为了不丧失人类的尊严和主导地位，防止局面发展到不可收拾的地步，我们必须搁置现存的各种争议，拓展观念与思路，重点围绕“发展”“建构”做好新型人机关系这篇大文章。

首先，科技活动是人类的一种本质性活动，技术的研发、应用活动体现且塑造着人的本质。作为智能技术的发明者和创造者，人类不能放弃对智能技术、智能机器人的必要规制，而必须立足技术发展的可能性，基于人类的基本立场、价值原则和“底线伦理”，促使智能机器人成为可以通过“道德图灵测试”的“道德机器”。

“如果人形机器人变得更加能干并且具备了只有人类才有的认知能力的意识，那么现实的问题就是，它们是否仍会‘效忠’我们。”[①]越来越多的有识之士已经意识到风险的来临，要求趁人工智能的发展尚未失控就采取果决的行动，具有前瞻性地确立人工智能发展的价值原则，使智能机器人的研发、应用有规可循、有法可依。从人机关系的角度说，这里的关键在于始终坚持“人是目的”的立场，确立以人为中心的“人本原则”，即在智能机器人的算法中内嵌人类的基本价值观和“底线伦理”，要求智能机器人理性、友善、富有德性地对待人类、为人类服务，成为可以通过“道德图灵测试”的负责任的“道德机器”。智能机器人在任何情况下都必须确保不故意伤害人类，不损害人类的人格和尊严，不滥用人类让渡的权力，并且在能够救人于危难时尽力作为。而为了践行“人是目的”或“人本原则”，一是必须坚持透明和可解释原则，保证智能机器人的研发和应用处于可解释、可理解、可预测状态，随时接受相应机构、新闻媒介和社会公众的监督和质询；二是必须坚持责任原则，明确相关各方的权利、责任和义务，建立健全技术、经济、伦理和法律方面的追责、问责机制，敏锐地预测并预防重大风险以及可能的灾难性后果。

由于现实世界的丰富性和复杂性，具体的操作层面必须具体问题具体分析，尝试建立、完善一套有效的社会实践机制，将人工智能纳入以人为中心的正常、有序的发展轨道。第一，成立各种层级的包括科学家、工程师、伦理学家、法学家、政治家在内的多领域专家组成的伦理委员会，对人工智能的发展规划、前沿技术的研发和应用进行评估、监管和规制。伦理委员会对新技术（特别是高风

① 约瑟夫·巴-科恩、大卫·汉森：《机器人革命：即将到来的机器人时代》，潘俊译，机械工业出版社，2015，第213页。

险的前沿性技术）的研发和应用具有延迟表决权和否决权。第二，强化不同地域、不同层级的协同与合作，订立具有约束力的区域或全球契约，禁止研发、生产、贸易和使用致命性的智能武器，合作打击跨时空的智能犯罪和“智能恐怖主义”。第三，做好社会顶层设计，建立和完善人工智能研发、应用的社会机制，确保人工智能能够被公平公正地使用，防止资本所有者和技术精英相互勾结，通过封锁和垄断智能技术牟取暴利，通过滥用大数据和算法技术搜集和分析他人大数据，侵害他人隐私，从而监控、盘剥、掠夺和奴役“数字穷人”，等等。

其次，置身新颖别致的智能化世界，面对日新月异的智能机器人，无论是人类的身体机能还是思维水平，无论是人类的社会表现还是道德修养，都存在“提升”和“进化”的强烈需要。人类必须对自己进行一次彻底的批判性自省，深刻认识人自身的局限、不完美和社会组织架构的不完善，善于运用生物技术、智能技术“武装”人、塑造人，加快人类自身的成长和“进化”过程，打造适应智能时代的特质和要求的“时代新人”。

近些年来，相比智能科技和智能机器人的指数级发展速度，人类自身的成长和进化实在是太缓慢了。我们反躬自省不难发现，人类代际的进步常常可以忽略不计。如果人类被智能机器人追上，并被其在发展上持续拉大距离，直至完全不处于同一个层级，就像传说中的“神”与“人”之间的差别那么巨大，那时，需要智能机器人宽容、友善、怜悯地“给予人类平等地位”，这将会是一种极其危险、极不确定、极不可靠的关系。“如果‘仅仅作为人’还不够好，如果作为人还太笨拙，为什么不用技术来加强、来改善你自己呢？为什么不让技术成为你的‘第一天性’，拉平我们与机器之间的差距呢?”[①]毕竟，“从来就没有救世主”，能够拯救人类的永远只有人类自己。因为只有善于运用先进的生物和智能技术、设备，让人类的身体、思维和智能通过提升、进化而不断增强，才能减少疾病、强化功能、增强活力、延缓衰老、延长寿命，才有资格和“资本”掌握人机关系建构的主动权和话语权，才有能力和工具探索人与智能机器人共存、相处的恰当方式。

同时，从历史与现实冷静地看，人性善恶并存，社会结构不尽合理，人类自身的价值与道德表现一直广受诟病，社会治理更是显得一团糟，充斥着尔虞我诈、巧取豪夺、以强凌弱，甚至血腥的侵略和殖民。如果人类不能在自我修养与社会建构两个方面取得明显进展，而是停留在糟糕的价值观和道德表现层面，那将不仅难以团结起来，共同应对已知的和未来的风险，更难以令智能机器人服膺，从而主导充满风险和不确定性的人机关系。譬如说，如果智能机器人是“中规中矩”“遵纪守法”的“道德机器”，而人类却不断暴露自己的贪婪、冷漠和虚伪，不断各怀鬼胎互相倾轧、无休止地“内耗”，人为地制造不公正、苦难与罪恶，恐怕人类内部都难以达成共识，交由某些代表或某些机构治理虚实结合的未来时空。因此，有必要“让我们一起行动，在人工智能完全起飞之前对人类社会进行改善”[②]。我们必须“搞清楚强化的人类和人性化的机器两者的地位、局限”[③]，采取综合性的技术、经济和法律措施惩恶扬善，提升智能机器人与人自身的修养（包括价值和道德表现），尝

---

① 戈尔德·莱昂哈德：《人机冲突：人类与智能世界如何共处》，张尧然、高艳梅译，机械工业出版社，2019，第 122 页。

② 迈克斯·泰格马克：《生命 3.0》，汪婕舒译，浙江教育出版社，2018，第 444 页。

③ 约翰·乔丹：《机器人与人》，刘宇驰译，中国人民大学出版社，2018，第 136 页。

试建立相互尊重、理性合作、民主治理、和谐共处的人机关系。

再次，面对智能机器人的快速发展和自主行为，人类必须反思传统的基于人类中心主义的人机关系理念和框架，通过革命性的“思想解放”，创造性地建设人机之间的新型沟通、互动机制，在动态的沟通、互动中塑造新型的人机关系和人机文明。

迈入革命性、颠覆性的智能时代，虽然我们不太认同“超人类主义运动”“寻求以激进的方式用技术扩展人体的可能性”①，但面对ChatGPT之类通用人工智能的快速发展和进化，人类必须具有强烈的危机感，未雨绸缪，在主动加快自我提升、自我完善的基础上，探索与智能机器人合作共处、协同进化的机制和方式。试图像“武大郎开店”、像“卢德分子”那样人为限制智能技术的发展和应用，通过阻碍技术的进步来维护人类的尊严和主宰地位是不明智的；而期待智能机器人自然而然地拥有一颗“良芯”，自觉遵循既有的人类道德准则和法律规范，“谨言慎行”，又是消极且不负责任的。

智能技术必将会持续、快速发展；各种智能机器人将在越来越多的领域超过现在的人类，智能机器人将得到日益广泛、普遍的使用，这已经是无法阻挡的大势所趋；人机共存、人机协作、人机交互是人类必须面对的事实，人机之间的竞争、矛盾和冲突也是无法避免的后果。不过，人类并没有什么必要因此而悲观、绝望。因为人工智能或智能机器人也存在其局限性，也有许多至少可见的未来不能做的事情；“此外，人工智能一直专注于智力的理性，却忽略

---

① 菲利普·鲍尔：《如何制造一个人：改造生命的科学和被科学塑造的文化》，李可、王雅婷译，中信出版社，2021，第331页。

社会/情感智能，更别提心智了”[①]。除此之外，更为重要的是，目前人工智能并未失控，超级智能还停留在想象阶段，那些危险的预言并未成为现实。

迈克斯·泰格马克指出：“我们就是未来生命的守护者，因为人工智能时代正在由我们塑造。”[②]在社会智能化进程中，我们完全有机会构建不损害人类及其根本利益的新型的人机关系。第一，我们必须调整自己的观念和心态，破除千百年来根深蒂固的“人类中心主义”和主宰意识，克服狂妄自大的傲慢与自以为是的偏见，通过基于互相理解、互相尊重的持续磨合、动态调适，逐渐形成新型的人机关系。由于智能机器人在社会生产、生活中的地位和作用日益突出，如果人类狂妄地自诩为“万物之灵”和“世界的主宰”，完全无视智能机器人的“智能”“权利”和“尊严”，人机之间的矛盾就可能层出不穷，冲突就可能日趋激化。第二，我们应该重新审视智能技术和智能机器人，在促进其理性、负责任发展的基础上，尽可能赋予智能机器人以自主思考、自主行动的主体地位，尽可能保障智能机器人的基本权益；不得随意贬损智能机器人的“人格”和尊严，不得忽视智能机器人的合理的诉求和合法的权利，从而尽可能地减少，甚至消除人机之间的矛盾和冲突。第三，我们必须顺应智能革命的潮流和“智能技术范式”的要求，推动脑机接口、数据共享、意识上传之类人机交互、协作技术的发展，并据此主动探索一种相互尊重、相互协作、和谐共处的新型人机关系。第四，构建过程中的核心或“重中之重”，在于延展哈贝马斯的主体际的

---

① 玛格丽特·A.博登：《AI：人工智能的本质与未来》，孙诗惠译，中国人民大学出版社，2017，第180页。

② 迈克斯·泰格马克：《生命3.0》，汪婕舒译，浙江教育出版社，2018，第445页。

“交往理性”和“商谈伦理”，探索一种与智能机器人进行即时、有效沟通的方式，尝试与智能机器人进行高效、愉悦的交互，从而通过不断的协调、磨合，共同塑造、完善新型的人机关系。

在这种新型的人机关系中，不断“进化”的人类不仅不会退出历史舞台，反而借助先进的生物、智能技术和设备不断“提升”和“强化”自己，在适合自己的位置上演绎“将工作与兴趣、爱好有机结合的威力和意义”，在生命的演进中持续彰显“人性的光辉”“灵魂的净化”和“自由个性的趣味”；功能越来越强大的智能机器人则严守价值与道德底线，在生产和服务、社会运转和日常治理等方面承担越来越多的职责，在与人类的和谐协作与良性互动中，日益成长为内在具有“良知”和道德意识，外在行为具有强烈的使命感、责任感和义务感的新型“复合生命体”；人与智能机器人则不是对立的，更不是敌对关系，相互之间的交往和互动逐渐从单一走向多维，从简单走向复杂，从外在走向内在，在反反复复的调适与磨合中，逐渐向着“人机一体化”和“人机命运共同体”迈进。

综而言之，置身波澜壮阔、日新月异的智能革命时代，只要人类坚持“人是目的”、以人为本地发展人工智能，使智能机器人成为可以通过“道德图灵测试”的“道德机器”；善于运用先进的生物、智能技术和设备“武装”自己，将自己塑造成为与时俱进的“时代新人”；并且善于与强大的智能机器人沟通、协作、融合，创造性地探索人机关系的生成和运作机制，人类就完全可能“扼住命运的咽喉”，主导新型的人机关系，建设一种人机协作、人机和谐、人机一体化的新型文明形态。

第九章

数字技术资本化与劳动新异化

肖　峰

数字资本主义时代，数字技术通过使劳动力商品化、劳动对象非物质化、劳动资料智能化实现了对劳动方式的系统性重构。以人工智能为核心的数字技术催生出不同类型的数字劳动，而数字技术的资本化则导致数字劳动的新异化，具体表现为数字化平台技术的资本化与“售卖性情感劳动”，数字化生产系统的资本化与“主动性受迫劳动”，数字化传播技术的资本化与“消费性免费劳动”，数字化监控技术的资本化与“全景式透明劳动”。究其根本，这些“新异化”产生的根源在于数字技术的资本化即数字技术的资本主义应用，而消除异化的根本途径在于实现数字技术的社会主义应用，让数字技术回归其作为工具的本质，使其成为服务于人自由而全面发展的手段。

在早期工业资本主义阶段，工人除了将自身的劳动力出卖给拥有生产资料所有权的资本家以获得维持生存和再生产的生活资料以外，几乎别无选择，这种被迫异化的现实在传统物质生产方式中不可避免，资本家对工人的剥削表现为出售工人生产的商品而以少量工资的形式对商品的部分价值进行回报和补偿，其支付额仅能维持工人“牲畜般的存在状态”[①]。而到了数字资本主义时期，脑力性的数字劳动取代体力劳动成为主要劳动方式，非物质生产成为价值创造的主要来源，物质生活资料的丰富使发达国家的工人从被剥夺生存需求的绝对贫困中解放出来。工人在社交网络平台上的价值创造活动不同于以往工厂内的强制性被迫劳动，他们通常是自愿的，甚至在一定程度上是自由的，但这并不意味着异化在劳动过程中的消除。相反，数字技术的资本化使数字经济的盈利能力和经济效益与异化和剥削的程度直接挂钩：对用户生成的数据信息掌握和利用得越多，创造的价值收益就越大。不仅如此，生活中的一切活动似乎都具有了生产性质，连人的消费行为也变为生产行为，劳动甚至成为一种“自发”的“上瘾”的活动，衍化出“情感劳动”“消费劳动”等新型异化劳动。并且，工人（主要是社交网络平台用户）创造的价值通常只得到极少的补偿，甚至是没有任何回报，使剥削程度趋向无穷大。这种数字技术与资本相融合的新型信息生产规训术，“为把工人及其家属的全部生活时间转化为受资本支配的增殖

① 《马克思恩格斯文集》第1卷，人民出版社，2009，第115页。

资本价值的劳动时间的最可靠的手段”[①]，使劳动无时无刻不在受资本的吮吸。在产消一体、免费社交媒体、生活本身的商品化、“玩劳动”的出现以及当代数字资本主义涌现出的许多其他经验现实下，对数字资本主义中数字技术的资本化引发的劳动新异化进行分析，有助于认清其中的剥削实质，并找到消除劳动新异化的根本途径，这就是数字技术的社会主义应用。

一、数字资本主义中的数字技术及其资本化

早在1993年，《福布斯》杂志上就刊登了一篇名为《数字资本主义时代》的文章，伦茨纳和休斯莱因在文中提及期货、期权等计算机化的金融工具，用来描述数字技术在金融资本主义中发挥的重要作用。真正对数字资本主义进行深入批判性研究的是丹·席勒，他明确提出“数字资本主义”这一概念，用来描述互联网在资本主义实现全球市场扩张中的重要地位，即“网络正在扩大资本主义经济中的社会与文化的范围，这在以前从未发生过。我之所以称这一时代为数字资本主义，原因就在于此”[②]。这一时期，他对数字资本主义的分析主要集中于互联网的全球市场扩张所带来的影响。他认为即使在数字世界，资本仍然是政治经济的中心，互联网只是实现经济用途的一种新技术，互联网的发展及扩张受经济逻辑限制。随后，在《数字萧条：信息技术与经济危机》中，他对先前提出的数字资本主义概念进行修正，认为数字是一种有意识地使用的工具，而不是最初的驱动力，并阐明了“旧”工业资本主义的强大行动者如何使用数字选项来实现和塑造一种新形式的资本主义，阐述

① 《马克思恩格斯文集》第5卷，人民出版社，2009，第469页。

② 丹·席勒：《数字资本主义》，杨立平译，江西人民出版社，2001，第12页。

了以互联网和信息通信技术为标志的数字技术在全球资本主义政治经济发展中扮演的核心角色，表明全球资本主义正进入一种新形式或新阶段，即信息时代的资本主义。国内外学者关于这一术语的定义，虽有不同的具体概述，但其共同点是都关注到了数字技术在资本主义发展中发挥的重要作用。如将数字资本主义理解为以“数字”和“平台”为支点来获取利润的资本主义最新表现形式，将其理解为在数字技术支撑下衍生出的资本主义新形态，或将数字资本主义理解为在数字技术的作用下催生出的一种新型的自动化、非物质生产方式，或一种由数据驱动和人工智能驱动的商业模式。由此可见，大部分学者都十分重视数字技术的重要作用，并将其与资本主义生产方式相结合来加以探讨。

数字技术是基于数字化的电子计算机所控制的技术系统，随着人工智能技术的出现并向数字技术系统的介入，数字技术就走向了智能化的新阶段，由智能化数字技术掀起了一场关涉生产、生活等领域的全面变革，其力度、广度和深度完全可与工业革命带来的历史性巨变相媲美，由此关于技术社会的讨论被置于新的数字化图景中，以人工智能为核心的技术的数字化也成为当今社会的新的技术特征，而本文所称的“数字技术”也特指以人工智能为核心的最新数字技术。在马克思主义语境下，机器是分析技术现象最典型的代表，也是异化劳动形成的物质载体。工业资本主义时期，在资本增殖逻辑支配下，资本家将机器引入生产过程，试图通过机器缩短工人为“生产其工资所必需的劳动时间”以延长“无偿为资本劳动的工作日”[①]，即无偿地延长剩余劳动时间。如果说机器是对人的肢体器官的模拟，那么人工智能则可实现对人的心灵的模拟和替代，

① 马克思：《机器。自然力和科学的应用》，人民出版社，1978，第1—2页。

是更高级更智能的机器。因此，数字资本主义阶段的数字技术不是什么脱离了人类主体的神秘东西，其实质是更高级、更智能、更先进的机器手段，机器对人的劳动的剥削和异化在数字技术盛行下并未消失，反而在数字技术资本化的加持下变得更强也更隐蔽。在资本逻辑的支配下，数字技术造成的劳动新异化不过是更高级的机器和更先进的技术对人的劳动异化的延展。

数字技术可以有不同的分类，从而数字技术资本化造成的劳动新异化也就有不同的呈现。本文主要从数字平台技术、数字生产技术、数字传播技术和数字监控技术四种类型数字技术的资本化来分析劳动的新异化，从而审视数字技术背后的资本逻辑，发现相关劳动的各种新异化特征。通过这样的分析可以看到，数字资本主义阶段的数字技术依然遵循资本逻辑，资本家对以人工智能为核心的数字技术的革新不过是为了谋求更多剩余价值、促进资本积累以及实现“利润最大化”的目标而采取的一种技术化手段。工业资本主义时期机器对劳动的异化，以新的表现形式呈现为数字资本主义阶段数字技术对劳动的新异化。

二、数字技术资本化对劳动方式的系统性重构

数字技术对劳动方式的系统性重构是数字技术资本化引发劳动“新异化”的前提，因此，要探索数字技术资本化带来了哪些劳动新异化，有必要对这一前提作出先行的分析。马克思将“有目的的活动或劳动本身，劳动对象和劳动资料”[①]视为劳动过程的基本构成要素，数字技术通过对劳动过程的赋能使劳动力商品化，使劳动

① 《马克思恩格斯文集》第5卷，人民出版社，2009，第208页。

对象非物质化，使劳动资料智能化，从而实现了对劳动方式的系统性重构。

1.劳动者及其劳动力数字商品化

早在工业资本主义时期，资本家们就发现市场上存在着一种特殊的商品，通过使用这种商品就能够创造价值，这种特殊的商品就是劳动力，使用劳动力就能进行劳动，进而生产产品创造价值。对此，马克思将资本主义的商品生产过程，描述为“资本家消费劳动力的过程”①。机器是劳动者借以实现自身劳动力对象化“为他人所有的产品中”②的工具，机器使“工人降低为商品，而且降低为最贱的商品”③。如果说工业资本主义时期的机器主要是使劳动力在“生产过程”中商品化，那么在数字资本主义阶段，数字技术则是使劳动力在“消费活动”中再商品化；并且，如果说工业资本主义时期的机器主要使劳动力对象化为“实物形态”的商品，那么智能化数字技术作为数字资本主义时代更高级的机器，则是使劳动力对象化为可量化的“数字化商品”，这是数字资本主义时代与之相区别的特殊之处。当劳动力的出卖者本身（即劳动者）也被建构为可量化和出卖的“数字化商品”时，劳动力与劳动产品间的分离就更为加深。以数字平台为例，一方面，用户在使用这些由资本家控制的数字平台的同时，实际上被平台所有者当作商品出售给了广告商；另一方面，资本家通过本是由用户自身生产的数据信息有针对性地生产出能满足不同客户需求的商品，再通过精准营销策略出售给用户。在这一系列过程中，资本家将用户的交流及社交能力异化为可量化的资源或商品，用户自身及其生产的数据也被双重商品

① 《马克思恩格斯文集》第5卷，人民出版社，2009，第658页。
② 《马克思恩格斯文集》第5卷，人民出版社，2009，第658页。
③ 《马克思恩格斯文集》第1卷，人民出版社，2009，第155页。

化。马克思曾批评资本主义工厂手工业“从根本上侵袭了个人的劳动力”，怒斥其“压抑工人的多种多样的生产志趣和生产才能”，将工人培植为只有片面技巧的“畸形物”[①]。到了数字资本主义阶段，数字技术的资本化更是将这种畸形升级和扩大化，将原本可供自身在劳动时间以外自由支配的身体，在算法的组织和控制下异化为可操纵的外表，将人自身异化为数字化生产活动一环。

2. **直接劳动对象非物质化**

马克思曾经分析了在工业资本主义阶段，作为实体性物质存在的自然资源与劳动产品的劳动对象与现实劳动主体之间的异化现象。到了数字资本主义阶段，以人工智能为核心的智能化数字技术对劳动主体对象性活动的拓宽和延展，或许将使这种异化关系延伸为非物质化的虚拟劳动对象与虚拟主体之间的异化关系。各种高精尖技术、知识信息、数据资源逐渐取代工业革命时期的土地、资本等传统生产要素，跃升为当前商品价值创造和生产活动过程中最为重要的生产要素，使劳动对象的范围逐步从物质资源扩大为“非物质化”的信息资料。特别是以人工智能为核心的新一轮科技变革，催生出一种新型经济形态，即“数字经济”，它依托于人工智能、云计算、物联网等信息技术，通过分析、处理和使用海量数据信息等手段为各行各业赋能，促使着传统产业成功实现数字化转型。而数据、知识信息等资源作为“数字经济”最为核心的生产要素和劳动对象，以其全局性和总体性特征在推动社会经济进步和社会财富创造方面发挥着巨大作用。必须明确的是，无论是土地、矿藏等天然劳动对象，还是数据、信息等经由人类劳动过滤和加工过的劳动对象，都是生产劳动过程中重要的生产要素。数据、知识、信息这

---

① 《马克思恩格斯文集》第5卷，人民出版社，2009，第417页。

些极具现代性特征的生产要素对土地、资本等传统生产要素的替代并不是完全的，相反，智能时代下的生产活动往往是通过这两类生产要素的结合形成最优方案，通过它们的多元化协同发挥作用，从而推动社会生产力的跃升式发展。

3.部分劳动资料智能化

劳动资料智能化最明显的标志就是作为其最为重要组成部分的劳动工具的智能化。在人工智能、大数据等数字技术的升级优化和智能改造下，工业资本主义时期传统的劳动工具逐步由替代局部人力的“机械动力机器”扩展为具有人的总体性特征的“智能化控制系统”，变得更加智能化和信息化。劳动工具是承载着劳动者活动目的并被用于劳动对象之上的“传导物”，它是连接劳动者与劳动对象并使劳动者将劳动传导到劳动对象之上的中介，也是实体性劳动手段的一种。劳动手段在远古采集时期通常是自己的身体器官，而随着劳动对象的不断丰富及劳动过程的发展进步，劳动手段日益复杂，逐渐发展为被用作延长劳动者自身体格和延展其思维活动的各类工具。劳动手段经历了从手工劳动工具到机械劳动工具再到智能劳动工具的演变，这一演变历程也显示了劳动手段由最初的作为人的身体器官本身发展为作为人的肢体器官的延展再到人的智力活动的模拟这一不断深化过程。对于社会经济历史的研究，往往将使用何种劳动手段作为划分各个经济时期的标准，正如马克思所认为的，先进的劳动手段“更能显示一个社会生产时代的具有决定意义的特征”[①]。如今的数字资本主义时代，由智能化控制系统所衍生出的各种智能劳动手段，往往比机械动力性的劳动手段更能体现当下社会生产的决定性特征。

① 《马克思恩格斯文集》第5卷，人民出版社，2009，第210页。

三、数字技术资本化导致的劳动新异化

数字技术资本化引发的劳动新异化是数字技术在资本逻辑操纵下对劳动异化的延伸，具体而言，数字化平台技术、数字化生产技术（智能化生产系统）、数字化传播技术、数字化监控技术的资本化分别引发“售卖性情感劳动”“主动性受迫劳动”“消费性免费劳动”“全景性透明劳动”四种新型的异化劳动，并呈现出不同的异化特征。

1.数字平台技术的资本化与“售卖性情感劳动”

关于数字平台的资本化，博亚季耶夫和梅扎德拉认为，平台的运作与当代资本主义结构具有深层关联，平台是由保值和资本积累的逻辑所驱动的，它是资本为实现增殖而不断寻找新的利润获取渠道、新的利润开辟市场、新的商品以及新的剥削方式的技术载体和手段。兰利和雷申认为平台最初兴起的意义在于拓展互联网联网的能力，协调多边市场交易的中介功能，在平台资本主义中，平台所有者通过对平台用户生产数据的占有和提取，获得生产剩余价值的源泉，实现对平台劳动力的剥削。可见，各个学者对数字平台资本化的理解虽存在差异，但其共同点在于都将平台视为资本积累进程中的中介或工具。换言之，平台所有者对用户生成数据的提取实际上是平台资本主义实现资本积累和生产剩余价值的起点，即平台的资本化是平台所有者获取利润的目的和手段。在资本化的数字平台中，平台所有者对平台劳动力的剥削不仅体现在对其生成的数据信息的无偿占有和使用中，还体现在对其感觉、情感等感性认知活动的控制和压缩之中。

数字平台在一定意义上可视为由象征和符号所建构起来的虚拟空间，在数字平台虚拟空间中，智能化数字技术通过对人类意识的

摹写和现实世界的刻画，使人类在进入其建构的超现实景观中能够获得如身临其境般的“感觉”。在这一匿名、无界限、可操作的虚拟世界中，“情感劳动”作为一种新的劳动方式逐渐崛起并风靡社会。“情感劳动”概念来自马克思主义政治经济学者对霍赫希尔德提出的“情绪劳动”一词的同义理解。霍赫希尔德曾将“情绪劳动”表述为处于社会中的个体通过调整自身的面部表情，以表演的形式向公众展示经过自我管理的、符合公众期望的情绪这一过程，并指出其目的在于出售情绪劳动以获取工资，以此获得交换价值。在数字经济平台盛行的数字资本主义时代，现实物质条件不断被数字信息所增强，即不断被数字信息所编码或叠加，连现实的感性的生命个体也被编码和符号化，抽象为可拥有多重角色的“数字身份”。数字身份的获得，使人类的数字情感表达具有了载体，拥有数字身份的个体在数字平台上不仅从事生产数据信息等原料的数字劳动，也从事着“情感劳动”。

数字平台技术的资本化使个体情感的私人属性被资本家异化为用于售卖以获取商业利益的商品，即平台劳动者的情感也被资本化。以如今风靡全球的网络直播平台为例，直播平台中互动的主播和粉丝在资本家建构的虚拟空间中双双进行着“情感劳动”。一方面，主播通过隐藏自身真实情感，在公众需求和喜好的引导下创造出一个可供展示的外在表情，并以此获得粉丝打赏和平台工资；另一方面，粉丝在消费主播们的“情感劳动”时，在与主播的互动交流中“自愿”而又“主动”地为平台所有者创造着数据流量。按照霍赫希尔德的说法，网络主播在资本的诱惑下将自己的身体打造为可供大众消费的“虚拟化商品”，通过数字平台这一中介，以“表演”这一虚拟化商品表现形式将“自身”售卖给大众。这种将“自身”及自身的劳动力数字化为可计量的虚拟商品而出卖和共享给大众的行为，即为了获得金钱“把人的尊严变成了交换价值”[①]的行为，无疑体现了数字化时代在资本逻辑支配下人类主体最大程度的异化。如果说工业资本主义时期的劳动造成的是劳动者身体和体力劳动的分离，那么在数字技术资本化的数字资本主义时期，劳动造成的则是与劳动者情感和“情感劳动”的分离。数字平台及平台用户生产数据的私人占有属性，使用户在数字身份中建构的虚拟情感愈加与自身真实的情感相疏离和错位，甚至在消费主义价值观的引导下将自身情感打造为可出售的商品，通过交换实现对资本的追求，使“售卖性情感劳动”这种新型异化劳动形式逐渐形成。

“情感劳动”的异化，一定程度上源于虚拟空间中数字身份主体的虚假情感需求和欲望。虚拟空间的假想性极易让人深陷和沉迷其中，使现实主体逐渐丧失本真及真实的社会交往和情感交流。在挣脱了时空束缚，摆脱了制度规约和拥有更大自由的虚拟世界中，现实世界中的道德约束和伦理谴责被陷入幻想世界中的心理意愿撇在一边，金钱、权力、力比多等成为人际交往的快乐原则。这种看似扩大和更新了的社会交往，实则瓦解了现实社会中共同体和个体之间的真实关系，抽离了人与人之间社会关系的公共维度，也即出现了如斯通所说的“反社会化”现象。并且，过度沉迷于虚拟世界中，为适应虚拟世界中多种角色而扮演的“多重自我”会逐步瓦解现实生活中真实、完整、统一的“自我”，“一个统一完整的人格也将随之解体”[②]。这种虚拟共同体也曾经承载着不少学者对未来社会乌托邦式的展望，他们寄希望于通过这种电子媒介式的新型社会摆脱资产阶级的剥削和唤醒无产阶级意识，但在资产阶级制度框架

① 《马克思恩格斯选集》第1卷，人民出版社，2009，第403页。

② 金文朝、金钟吉：《数字技术与新社会秩序的形成》，柳京子、张海东译，社会科学文献出版社，2018，第12页。

下成长和运作的数字平台虚拟空间这一资本化数字技术，非但无法挣脱阶级意识的束缚，更使社会共同体这种意识和关系在隐匿化手段中被淡化和消解。

2.数字生产系统的资本化与“主动性受迫劳动”

对利润的不懈追求和实现剩余价值最大化是资本主义生产的目的，进入数字资本主义时代，资本家纷纷将资本投入能够生产海量数据的智能化数字技术，不断将智能化生产系统引入生产过程，试图通过对资本有机构成比例的调整实现对资本价值的无限追求。数字技术的不断发展及其在生产领域中的推广和普及，推动智能化数字生产系统逐渐代替传统工业资本主义时期的一般机器生产系统。作为新型劳动资料，智能化数字生产系统正成为固定资本的最新组成部分，并在资本有机构成中的占比越来越大。数字化生产系统不仅是资本主义生产的固定资本，它还作为一种新的生产手段促进了一种新的生产模式，在这种生产模式中，“现实财富的创造较少地取决于劳动时间和已耗费的劳动量”[①]，而是取决于智能化生产系统的性能水准和运行状态。当数字化生产系统越来越广泛地应用于生产过程中时，催生出虚拟和实体生产体系灵活协作的新运营模式，“智能工厂”中“产品生产的彻底定制化”[②]及全面自动化，使“劳动表现为不再像以前那样被包括在生产过程中，相反地表现为人以生产过程的监督者和调节者的身份同生产过程本身发生关系”[③]，劳动者在这样的生产环境和过程中获得了一定的支配自身劳动力的主动性，是社会发展中个人进步的体现。

---

① 《马克思恩格斯全集》第46卷（下），人民出版社，1980，第217页。

② 参见克劳斯·施瓦布：《第四次工业革命：转型的力量》，李菁译，中信出版社，2016，第5页。

③ 《马克思恩格斯文集》第8卷，人民出版社，2009，第196页。

工业资本主义时期，资本增殖的本性将分工和机器不断引入资本主义生产过程，原本能够使人挣脱繁重体力劳动进而实现自身自由与解放的机器手段，由于资本的私人占有属性，不断挤占劳动者的生产空间，将人的存在贬低为一种功能性、职能性的存在，使人降格为机器的附属物，而机器则升级为支配人的工具。如果说在工业资本主义时期，这种异化是由于人们受非自愿的固定化分工的约束而被动与自身的劳动行为相异化，那么在以大数据和人工智能为核心的数字资本主义阶段，这种异化已深度演化为人们在非自发的自由活动过程中与自身行为相异化；如果说过去工人受生存需要所迫从事的劳动是强迫性的，那么现在他们在智能化生产系统中从事的劳动在某种意义上则是主动性的，因为“只要工人的活动不是［资本的］需要所要求的，工人便成为多余的了”[①]。为了避免被数字技术所替代而变得不被资本所需要，工人必须“主动积极”地去经受更大难度（包括更长工作时间）工作的“考验”，看似主动的背后，其实是避免被抛向失业大军的“受迫”。

劳动的“主动性”还表现在数字化生产系统对劳动者身份的转换，即从直接劳动的参与者转变为劳动过程的监督者，使劳动者在生产过程中具有更多自主性，即一定意义上的“主动性”。但主动性背后还包含更多的受迫性，如在以“工资”作为驱动人类生产活动的报酬机制下，人们普遍以追求货币和私人财产拥有的多寡为目的，为了获得维持生产生活的基本资料或是为进行再生产活动积累更多的生产生活资料，大多数人主动延长自身工作时间，甚至不惜牺牲自身生命健康与业余休闲时间，以获得更多工资收入。正如马克思所描述的，为了提高工资他们往往过度劳动，甚至为了多挣几

① 《马克思恩格斯文集》第8卷，人民出版社，2009，第187页。

个钱“完全放弃一切自由，在挣钱欲望的驱使下从事奴隶劳动”[1]。另外，虽然数字化生产系统在创造价值的规模和效率方面具有巨大优势，但其运转速率的提升以及单个劳动者操纵机器数量的增多也会造成工作强度的增加，并且它的高技能要求、高耗时性特征和高发散性特点同时导致资本对劳动力的剥削由高强度的体力消耗向高强度的精神压迫转化。在物质生产资料还不发达的工业资本主义时期，劳动者往往通过高强度的体力劳动来换取自身生存所需的生活资料，但在物质财富丰富的数字经济时代，智能化生产系统解放了人的双手，脑力劳动逐渐替代体力劳动成为主要的劳动方式。劳动者必须通过高强度的脑力支出来维持自身生存竞争力才不至于在高度“内卷化”的世界中被淘汰，激烈的竞争和高强度的脑力消耗使其在精神上承受的压迫远高于体力消耗所付出的健康代价。例如，部分为获得高薪工资的“白领阶层”，主动服从“996”工作制而承担着高强度的脑力劳动和精神消耗；心脑血管疾病逐渐成为程序员等“上班一族”英年早逝的罪魁祸首，并逐渐呈现不断向低龄化人群靠近的趋势，人们在优越的生活、工作环境中却主动被资本压迫，在悄然无声中把生命消耗殆尽。因此，在这种智能化数字生产系统中所从事的劳动依然带有受迫性。

从表面上看，人们在智能化生产系统中所从事的劳动与马克思描述的工业资本主义时期工人所经历的悲惨劳动截然不同。工业资本主义阶段，工人的身心损害来自生产过程中肉眼可见的劳动重负，劳动主体与自身类本质或社会关系的异化往往是强制性压迫而形成，或是被动忍受糟糕恶劣的工作环境，或是被动遭受工厂主的无情打骂，或是被动从事“把生命耗尽的过度劳动”[2]等，这样的

① 《马克思恩格斯文集》第1卷，人民出版社，2009，第119页。
② 《马克思恩格斯文集》第5卷，人民出版社，2009，第273页。

劳动使工人感到不幸，肉体和精神都受到摧残，在劳动中感觉不自由不舒畅。因此，工人们的劳动“不是自愿的劳动，而是被迫的强制劳动”[①]。到了数字资本主义时代，智能科技介导的生产力极大优化了生产系统，使工作环境和条件得到空前的优化改善，资本家提供的待遇也能使工人的物质生活水平得到基本保障。但无论是环境恶劣的工厂还是条件优渥的公司，抑或是缤纷多彩的社交媒体，在资本主义生产体系中，在为资本增殖服务的条件下，它们都是资本主义的产品，并且它们都倾向于占用他人劳动力价值来富裕资本所有者，因此它们都带有剥削性质。虽然在表现形式上有公开性和隐匿化的区别，但都具有受迫性，因此称之为“主动性受迫劳动”。

3.数字传播技术的资本化与“消费性免费劳动”

传播媒体政治经济学创始人史密斯开创性地提出“受众”这一概念，将其定义为在媒体上观看商品广告的用户，并认为这些用户不仅是被媒体公司出售给广告商的商品，还是为媒体创造剩余价值的劳动力。他将社交媒体视作生产场所，用“受众劳动”概念来分析受众作为消费者和生产者在媒介价值创造中发挥的作用，认为受众在消费媒体内容时，实则是被媒体公司作为商品售卖给了广告公司，他将此过程定位为资本积累的一环，由此指向受众剥削。史密斯还将传统传播政治经济学把媒体视为资本主义再生产过程中的意识形态场所的观点，修正为从政治经济学角度分析媒体所包含的新型生产关系，并将受众的价值创造纳入资本积累链中重要一环，实现了对媒体研究从文化分析到政治经济学研究的转变。以史密斯为代表的受众商品理论学派专注于传播媒介的生产机制研究，将传播媒介视为与资本主义生产过程相互渗透和融合的场域。一方面，数

① 《马克思恩格斯文集》第1卷，人民出版社，2009，第159页。

字化传播技术在资本主义生产体系中的运用对资本主义商品生产、流通等各个环节和过程起极大促进作用；另一方面，资本主义社会商品化过程不断渗透到互联网媒介等数字化传播技术中，不断为资本积累和资本扩大再生产开辟新的路径。他们认为在资本主义媒介环境中，受众的观看行为（消费活动）属于一种工作形式，并且这种工作的过程与内容与受众相疏离，也就是异化性的工作。在观看过程中，受众作为传播媒介的使用主体，成为媒介生产场域中的数据信息生产的实践者，成为进行价值创造的积极受众。也就是说，互联网媒体用户在观看广告上的时间耗费以及随后购买广告消费品的消费行为中，即受众在文化知识消费的过程中产生了生产性活动。

从自由主义的话语出发，互联网媒体上的观看行为是消费性的、非理性的、满足人需求的一种休闲娱乐活动，可以是远离工作日异化、去异化的重要机会。与在工作日中无法决定自身的自由选择权相比，受众在媒体中的消费行为使互联网媒体用户能够掌握和控制观看的自由选择权，对自身行为的控制拥有更多自主性，意味着比在工作日中承受更少的异化。但当互联网媒体在资本逻辑的操纵下被异化为媒体提供者与媒体用户围绕时间展开的动态斗争场所后，劳动时间“突破了工作日的道德极限”[①]，人们所受的剥削将更多更大，从固定工作时日延长到休闲娱乐之暇，从生产活动领域延伸至消费活动领域，固定工作时间被割裂分散为碎片化的叠加工作时间，固定生产场地所的生产活动延伸至休闲娱乐场域的消费活动。灵活多变的劳动时间使资本家更易对劳动者实施弹性控制，而消费活动的生产化和劳动化则使资本家拓展了获得资本积累的新途

① 《马克思恩格斯文集》第5卷，人民出版社，2009，第306页。

径，并将剥削扩大化。

一方面，数字化传播技术在各类互联网媒体和数字平台上创造出“超真实”的图像景观，吸引人们的眼球和勾起人们的兴趣，使广大“低头一族”“手机一族”“游戏一族”在不受外界强力压迫之下，深陷于这些充满着现实时空景象的虚拟图像世界无法自拔，被囚困于由超真实景观世界所构筑起的“高墙”之中，被这些耗时机器所牵引和操控。按照受众商品理论学派的观点，这些受众花费在数字传播媒介上观看图像景观的时间越多，他们为资本家生产的数据信息也就越多，资本家通过售卖数据信息所获得的剩余价值也就越大，他们在休闲娱乐等消费时间免费为资本家创造的价值就越大，他们所遭受的剥削也就越大。另一方面，智能化数字技术的应用和普及，特别是智能手机和平板电脑的使用，使人们在刷视频、听音乐、浏览网页等休闲娱乐的消费活动中为资本家源源不断地提供着作为劳动对象的海量数据，并为资本家挖掘和利用数据，再生产出数据商品以剥削用户提供了机会空间。这也就意味着，人们用于休闲娱乐的消费活动时间，在数字技术和资本的“合谋”下，间接性地成为不断免费为资本家即时提供海量数据等生产原料的剩余劳动创造时间。这也印证了马克思的话：“资本的趋势始终是：一方面创造可以自由支配的时间，另一方面把这些可以自由支配的时间变为剩余劳动。”[①]当然，这些休闲娱乐活动成为创造剩余价值的劳动是有条件的，一是人们的观看行为产生的数据必须被收集处理并对象化为资本生产和再生产过程中的劳动资料，二是人们观看的时间超过了制造节目所需费用的必要数量，即产生了“额外的观看时间”，并在这种“多余的观看时间”里创造了剩余价值。

---

① 《马克思恩格斯文集》第8卷，人民出版社，2009，第199页。

各种数字化传播技术创造出缤纷多彩的消费景观，昔日备受崇尚的“犬儒主义”被抛诸脑后代之以消费主义，人们在享受和消遣各种智能化数字技术带来的娱乐之时，实际已沦为平台资本主义生产数据和信息的免费劳动力和潜在后备军。那些身处各大数字平台的用户，在娱乐和消费活动中为平台所有者生产着海量数据，主动将网站浏览轨迹、评论聊天回复等信息资料提供给数字技术平台并不求报酬，虽然并不情愿，但也事实上成为平台所有者的“免费劳工”，而这些获得了生产者与消费者双重身份的平台用户类似于阿尔文·托夫勒口中的“产销者”，他们既生产数据，又消费由自身生产的数据所创造出的产品（资本家针对用户数据所推出的广告等）。手机、iPad、电脑等互联网载体成为我们为资本家提供数据原料的具象化劳动对象，沙发、卧室、交通工具甚至是“马路牙子”也成为新的劳动场所，届时，生产性活动不仅存在于传统的生产过程中，一切生活和消费的休闲活动也因数字化而具有了生产性质，“娱乐”和“工作”的界限变得模糊，创造了“生产商品”与“消费服务”相结合的新型“消费性免费劳动”。劳动跟生产环节挂钩，压榨劳动力是存在于生产环节当中的，而如今数字传播技术的资本化更是将“消费”也拓展为“生产”环节，只要生产和消费存在，在以私有制为核心的数字资本主义社会，压榨劳动力的现象就会依旧存在。

4.数字监控技术的资本化与“全景性透明劳动”

从最初的社会管理工具，发展成资本主义进行霸权技术垄断的政治手段，再到如今对生产及消费领域的“全景式”监控，资本与监控技术的联合使资本对人的剥削变得无孔不入，并推动形成了“监控资本主义”的新型经济形态。2020年9月美国上映的一部纪录片《监视资本主义：智能陷阱》向大众揭示了数字资本主义时代人是如何被人工智能等智能机器异化为资源的本质。异化的前提是通过各种引导改变人的行为，而引导改变的前提是深度理解人的行为模式和动机，资本家通过数字平台等各种智能设备载体，对用户进行无处不在的数据采集和跟踪，通过海量数据的收集及算法技术的精准预测，达到对用户行为模式和思想动机的深度理解。这种收集和跟踪用户一切行为的方式可以理解为互联网对人类的监视，而这种基于监视的商业模式就被称作“监视资本主义”。此类对社交网络用户的监控不同于国家权力机构对特殊人员的监控，其目的不是实现国家的政治控制，而是实现资本主义对信息商品化的需求。资本家通过对社交网络用户的监控，加强对他们的控制，创造一种自我推动的机制来创造交换价值，用一种封闭的传播和生产方式来建构一套专制的经济体系，从而更有效率地促进资本的积累。

如果说数字化传播技术使人的劳动时间资本化，将人的一切时间都变为资本增殖的来源，那么数字化监控技术则使人的活动空间资本化，将人的一切活动空间都置于避免不利于资本增殖的管控之中。互联网设计道德伦理学家特里斯坦认为，互联网跟以往没有目的性的工具不同，如今的互联网早已过了作为工具的阶段，来到了以致瘾和操纵为基础的技术环境。在互联网和宽带所及之处，摄像头、传感器等监控设备呈指数级增长，这些数字化监控设备捕捉着广大受众在生产生活、休闲娱乐中产生的一切数据痕迹，监视、调整甚至是操纵着社会的正常运行轨迹，使身处于资本家布控的监控设备中的社会主体如同生活在“圆形监狱”。数字技术把人异化为资源的本质与资本主义是同构的，数字资本家通过对用户生产数据的强制掠夺（若不下载APP或注册登录就无法观看相关内容等）和无偿占有（平台所有者无需对用户生产的数据提供报酬等），用于分析用户的最新需求及行为动向，这些数据被转化为可供量化的信息和知识并以广告等形式售卖给平台用户，使用户自身的“劳动成果”异化为资本家用于获利和利用资本再生资本的工具。在这一过程中，社交网络用户自我表达和与他人的网络交往越多，资本家收集到的信息也就越准确，对其监控也就越精确，对其剩余价值的盘剥也就越多。资本家就这样用其新发明的生产规训术，为其开辟新的商业机会和谋取高额商业利润，并且通过将整个社会空间置于其数字智能技术设备的监控之下，进一步实现了资本与政治双获利。

一方面，工业资本主义时期，工人由于受作为“半资产者”的监工的监视被迫在固定工作时间内从事有害身体健康的体力劳动。到了数字资本主义阶段，资本对工人劳动的管控手段则由人工转变为智能化数字监控设备，并且将监控时间由固定生产劳动时间延伸至生活休闲时间，将监控范围从固定工作场所拓展至家居娱乐场地。由于数字化监控技术的资本化，遍布各处的智能监控设备充当着传统雇佣经济领域中的监工角色，对处于异化劳动中的劳动者进行实时监控，从上班时智能监控设备的实时监视和打卡定位，到下班后智能手机的信息轰炸和时刻待命，使劳动者工作和生活时间被混淆和模糊。数字化监控产生的无形外在压力迫使劳动者精神高度紧张，在隐匿化的强制劳动中身心俱疲，如果有机会脱离这种外在的、强制的、被迫性的劳动环境，“人们就会像逃避瘟疫那样逃避劳动”[①]。同时，占有核心技术手段的资本家利用大数据分析技术、网络爬虫技术及智能算法等手段对互联网用户进行智能定位和行为追踪，从衣食住行等生活日常和爱情婚姻等家庭琐事，到政治经济等国家大事和文化教育等闲情雅致，数字化监控技术对人类生活的全方位监控使人们的私人和公共空间被监控和操纵。在资本逻辑支

① 《马克思恩格斯文集》第1卷，人民出版社，2009，第159页。

配下，数字化监控设备将一切可控领域和范围都纳入窥视界内，使从事生产性劳动的劳动者和从事非生产性劳动的劳动者皆处于全方位的劳动控制模式中，并进一步形成“全景性透明劳动”这一新类型的异化劳动。

另一方面，数字平台作为一种新的沟通媒介形式，使资本家的意识形态灌输变得更加便捷和隐匿。资本家美其名曰提供免费数字平台供用户娱乐、为用户服务，实质上是通过将其意识形态附着在信息文化产品之上，在悄无声息中灌输给平台用户以试图通过这种“温和”的手段和方式构建其全球话语体系。对于资本家利用数字平台（包括各类网络媒体）来宣传和灌输其意识形态的手段，法兰克福学派和伯明翰学派对其颇有研究，前者认为资本家对意识形态的灌输是强制性的，后者认为媒体中的受众是意识形态建构的参与者，尚不追究两学派观点的分歧与争论，他们都将媒体视为资本家宣传意识形态和建构话语体系的工具。利用数字平台及各类媒体进行意识形态灌输的行为具有极大的隐蔽性和持续性，部分不明真相的网民极易被带偏并间接成为全球霸权话语体系的棋子，要警惕在资本的操纵下，数字平台演变为资本家实现经济和政治双赢的领地。

四、数字技术的回归及异化危机的化解

数字技术资本化造成的劳动“新异化”，在资本主义私有制框架内无法消除，为了克服数字奴隶劳动，必须质疑数字技术的资本主义应用，展望数字社会主义的美好愿景，让数字技术回归到“人的工具”的本质，成为解放劳动者的新手段而不是资本逻辑下的异化新工具。

工业革命时期，资本家通过有目的地、大规模地将科技手段引入生产过程，使生产过程变成应用科技的过程。机器作为由“发动机，传动机构，工具机或工作机”[①]组成的比传统生产工具更为复杂的工具，一经引入资本主义生产过程就改变了人与生产工具的关系。机器作为一种复杂工具，是劳动者在生产过程中作用于劳动对象时所使用的辅助物，机器本身并不会导致“工人从生活资料中‘游离’出来”[②]，但机器的资本主义应用却颠倒了机器和人的关系，将人异化为机器的附属物。基于机器和人工智能等数字技术的相似原理，对于数字技术造成的劳动或劳动主体的新异化问题也不能一概而论，同样要辩证地从其社会使用形式中去深入分析和具体拷问，即“要学会把机器和机器的资本主义应用区别开来”[③]。以人工智能、大数据等为核心的数字技术本身能够减轻人类劳动和丰富人类生活，能够快速提升整体经济效率和促进生产力的指数级增长，能够实现社会关系的重塑和社会结构的优化升级，如此等等。但资本主义应用却使数字技术所蕴含着的一切有利于人和社会发展的条件都走向反面。各种数字化智能机器不仅在生产过程中逐渐代替人的位置，将人驱逐出工作岗位，在生活中更是占据和控制着人的身体和心灵，撼动和威胁着人的主体性地位，导致“时间异化”“消费异化”“情感异化”等新异化的诞生，从而印证了马克思所说的：工人的劳动手段愈先进，就愈成为“一种异己的存在物，作为不依赖于生产者的力量，同劳动相对立”[④]。

但在生产资料公有的社会主义应用中，“在人人都必须劳动的

① 《马克思恩格斯文集》第5卷，人民出版社，2009，第429页。
② 《马克思恩格斯文集》第5卷，人民出版社，2009，第508页。
③ 《马克思恩格斯文集》第5卷，人民出版社，2009，第493页。
④ 《马克思恩格斯文集》第1卷，人民出版社，2009，第156页。

条件下，人人也都将同等地、愈益丰富地得到生活资料、享受资料、发展和表现一切体力和智力所需的资料”[1]。数字技术被用于劳动者为自己生产和创造财富，这一过程能够使人的本质得到进一步的确证和丰富，并且数字技术所蕴含的巨大生产力由全体人民共享，数字技术资本化导致的“劳动的人脱离劳动工具的现象”[2]也被消除，数字技术对生产社会化的进一步扩大，在生产资料公有制的社会中将成为巨大优势，为促进人的自由解放和全面发展提供契机，甚至为走向共产主义社会奠定必要的经济和技术基础，创造相关的物质和精神条件。

未来，当数字技术及其创造的智能化生产力回归数字社会主义道路，人工智能将在各个领域的广泛应用中为各行各业赋能，使传统产业成功实现数字化转型。一方面，这将带来经济效益的显著提升，特别是人工智能技术与大数据、物联网等结合所形成的综合发展技术的不断开发和应用，成为传统产业升级转型的生机。另一方面，生产过程中各种智能化数字技术手段的广泛使用，使人类有充足的时间去追寻和从事教育、文化及科学等陶冶情操的、非物质资料生产的、带有服务性质的产业。回归了劳动工具本质的人工智能等智能化数字技术在社会主义应用条件下将对人类赖以生存的经济、社会进行重塑，各种极具颠覆式和创新性的变革手段使各行各业发生前所未有的变化，创造出巨大的生产潜力。因此，要想摆脱数字技术资本化所带来的劳动新异化及其危机，关键在制度而非技术，唯一的出路是彻底变革数字资本主义的生产资料私有制及其生产关系，让数字技术回归劳动者所有，实现劳动者驾驭数字技术、数字技术服务于全社会的合理关系。

---

① 《马克思恩格斯文集》第1卷，人民出版社，2009，第710页。

② 《马克思恩格斯文集》第3卷，人民出版社，2009，第55页。

第十章

智能系统的“劳动”及其社会后果

孙伟平

在经济和社会信息化、智能化过程中，智能系统的“类人智能”和劳动能力日益增强，正在取代人类承担越来越多的劳动任务和劳动职责。这不仅导致“数字穷人”日益丧失劳动的机会和权利，造成波澜壮阔的“技术性失业”潮，而且令“数字穷人”沦落为尴尬的“无用阶层”，被经济和社会体系排斥在外，存在变得荒谬化。因此，必须完善社会顶层设计，彻底消除旧式分工和压抑性的强迫劳动，通过人机之间、人与人之间的新型分工体系，保障所有人享有平等的劳动机会和劳动权利；同时大幅缩减每个人的必要劳动时间，普遍增加自由时间，为包括“数字穷人”在内的全体人民的劳动解放和自由全面发展奠定坚实的基础。

人类正在经历农业革命、工业革命之后的又一次重大的经济和社会变革——信息或智能革命。社会信息化、智能化与以往革命的一个重要的不同之处，就在于人工智能是对人类智能的模拟、延伸和超越，是前所未有的具有革命性、颠覆性的高新科学技术；智能系统的“类人智能”和自主性日益增强，正在获得日益多样化、日益强大的“劳动能力”，正在取代人类承担越来越多的劳动任务和劳动职责。这一切诚然有力地推动了经济和社会的发展，对人的劳动解放和自由全面发展具有积极意义，但其导致的一系列既新颖又严峻的经济和社会后果，正在深刻地影响广大劳动者的生存境遇、就业前景、劳动权利和幸福指数，对此，我们有必要立足马克思主义唯物史观进行全面、深入的分析。

一、智能系统的“劳动”与“劳动优势”

基于信息科技特别是人工智能的快速发展和广泛应用，人类正在建设农业社会、工业社会之后的新型高科技社会——智能社会。以智能机器人为代表的智能系统的“认知”水平日益提高，自主性和自主等级日益提高，正在尝试开展越来越复杂、越来越多样化的活动。虽然人工智能是否具有“意识”或“思维”、人工智能是否可能通过“图灵测试”、智能系统的活动是否可以称为“劳动”、智能系统能否成为“劳动主体”、智能系统能否担负“劳动责任”、智能系统是否应该享有“劳动权利”等问题十分敏感，社会各界存在广泛且巨大的争议，从理论上给出令人信服的判断为时尚早，但毋庸置疑的是，智能系统确实与农业时代、工业时代那种仅仅增强或扩展人类能力、纯粹作为工具的机器存在实质性的差别。智能系统至少是一种特殊的、经过了实质性“升级”的复杂机器，它正“进化”得越来越“聪明”，越来越具有“类人智能”和自主性，正在获得越来越强大的“劳动能力”，大规模走进经济和社会各领域，替代人类承担越来越多的劳动任务和劳动职责。一方面，智能系统可以拥有远超人类的体力和耐力，各种专用机器系统正在接替“蓝领工人”承担大量的体力劳动，特别是那些人类不情愿承担的脏、累、苦的工作，机械、重复、乏味的工作，以及有毒、有害、危险环境中的工作。另一方面，有些专业化的智能系统在一定程度上已经超越了人类智能，正在向一些曾被认为“专属于人类”的脑力劳动领域进军。例如，基于深度学习等算法技术的智能系统正在尝试咨询服务、“授业解惑”、新闻报道、诊疗手术、审案断案、文艺创作、舞台表演……甚至以智能基础设施和“智能技术范式”为基础，接管原本属于人类的管理、监督、评价、决策等权力，逐渐表现出令人叹服的生产、服务和“管理”技能。

无论人们是否欢迎和喜欢，“我们必须承认、接受并坚信这样一个事实：随时随地，机器都在不断改善，可以胜任越来越多的工作”[①]。我们不妨搁置智能机器人是否是“人”、智能系统的活动是否可以称为“劳动”之类哲学难题，而对智能系统与人承担劳动任务进行一番事实层面的比较。或许我们不难发现，随着经济和社会的快速信息化、智能化，智能系统的“劳动能力”正在与日俱增，已经初步表现出相对于普通劳动者的“劳动优势”。

---

① 马尔科姆·弗兰克、保罗·罗里格、本·普林：《AI+人：新机器时代我们如何生存》，张瀚文译，人民邮电出版社，2018，前言第3页。

首先，与不断创新的智能系统相比，普通劳动者的劳动技能日益处于劣势。工业革命时期，机器就在体力、速度、耐力等方面超过了普通劳动者，在现代工业中甚至成为生产的主要承担者。恩格斯曾经揭示：“现代工业，产品是用动力推动的机器生产的，工人的工作只限于监督和调整机器的运转。”[①]在“智能技术范式”所建构的智能经济和社会体系中，智能系统的复杂程度、劳动技能更是机械化的机器所无法比拟的。它们不仅具有以往机器的全部功能，而且可以自动接受指令、及时作出反应，自主承担或完成一定的工作职责，并且表现出连人类都难以企及的“协作能力”。普通劳动者即使通过比较长时间的学习、培训和钻研，掌握了一定的知识和技能，往往还是难以理解、控制既复杂又精密的智能系统，难以与专业化的智能机器人同台竞争，难以跟上智能系统日新月异的更新速度。与智能系统的数据越来越丰富、联系越来越多样、网络越来越庞杂、技能越来越专精、反应越来越机敏、协作越来越“默契”等相比，普通劳动者显得越来越“原始”、笨拙甚至愚钝。目睹各种智能系统有条不紊地日夜忙碌，普通劳动者有时即使希望人机协作、参与一些辅助性的工作，也往往感觉力不从心。

其次，与普通劳动者的劳动态度相比，智能系统堪称“劳动模范”。自人类历史上出现阶级分化，出现生产资料私人所有者主导的不合理的社会分工，“劳动阶级”的劳动被异化了。“在奴隶劳动、徭役劳动、雇佣劳动这样一些劳动的历史形式下，劳动始终是令人厌恶的事情，始终表现为外在的强制劳动，而与此相反，不劳动却是‘自由和幸福’。”[②]不仅如此，传统意义上的普通劳动者还需要糊口养家、维持劳动力的再生产，希望不断改善生存条件，提

① 恩格斯：《社会主义从空想到科学的发展》，人民出版社，2014，第14页。

② 《马克思恩格斯文集》第8卷，人民出版社，2009，第174页。

高生活品质，因而他们不可能不计较劳动环境、劳动时间和劳动待遇。事实上，他们多年来也一直在通过风起云涌的劳工运动不懈地进行争取。而各种智能系统没有自己的利益考量，没有阶级或政治属性，生存动机和生存需要相对“单纯”，甚至可以说是无欲无求、无忧无虑。它们在工作中“勤劳踏实”“任劳任怨”“不计报酬”“不讲条件”……各种专用的智能系统甚至就是“为劳动而生”的，不知疲倦地“劳动至死”是其“生存的要诀”。因为一旦丧失了劳动技能，一旦无法完成劳动任务，它们也就丧失了存在的理由。

再次，与普通劳动者相比，智能系统恪守劳动纪律，劳动状态更好。受制于劳动价值观的差异和对工作纪律的认知，以及情绪、情感、意志等主观因素的影响，普通劳动者的劳动态度和投入程度参差不齐，专注程度存在身心方面的极限。他们的劳动时间的安排需要劳逸结合，张弛有度；即使这样，有时也难以避免因为主观因素制造残次品，甚至酿成工作事故。而智能系统具有“钢铁般”的身体和意志，能够维持比较恒定的劳动状态。它们不像自然人那样易于疲劳，可以长时间地专注于劳动过程，特别“擅长”从事那些人们厌恶的又苦又累、单调重复、枯燥乏味的工作。它们不会出现“思想波动”和情绪化，更没有酗酒、吸毒、赌博之类恶习，可以一丝不苟地遵守劳动规程和工作纪律。当一项工作“交给”智能系统之后，如果系统通过不断改进日趋成熟，那么它们的精确性与正品率就能够得到保证，差错率与事故率往往会显著降低。

最后，智能系统与人的“物种进化”“劳动能力”提升遵循完全不同的法则。智能系统遵循“摩尔定律”之类规律，“机器智能正在以指数速度提高自己的性能”[①]，而人作为生物体遵循生物进

① 卡鲁姆·蔡斯：《经济奇点：人工智能时代，我们将如何谋生？》，任小红译，机械工业出版社，2018，第138页。

化规律，劳动技能的实质提升则要缓慢得多。“十年树木，百年树人。”一个自然人从呱呱坠地长大成人，成为智能社会合格的劳动者，至少需要经过十多年的养育、教育和培训，需要投入难以计量的人力、物力成本；而且人的知识、经验和劳动技能无法简单地“下载”、遗传，每一个人都需要从零开始辛辛苦苦地学习、积累。人的进化、成长规律决定了不能揠苗助长，人为地、显著地缩短这一过程。“人类技能的增速越来越缓慢，而计算机功能的增速却越来越快。”[①]智能系统或智能机器人不仅可以源源不断地创造，可以生存于虚拟时空，而且其升级版可以“继承”以前版本的知识和技能，甚至可能通过自主学习，自我提升。近些年来，智能系统的功能升级与制造成本之比一直呈现快速下降的趋势，它们今后甚至可能“把劳动成本降到几近于零”[②]。

诚然，人工智能的发展仍处于初级阶段，经济与社会的“智能革命”还“在路上”，离完成还有相当的距离。今天，智能系统尚未真正拥有类似人类的目的意识、自主意识、计划意识，以及道德感之类复杂情感，人类在想象力、创造力、复杂交流、模糊处理、灵活变通、系统思维等方面仍然具有一定的优势。但越来越多的有识之士倾向于相信：智能系统在“类人智能”方面很可能突破“图灵奇点”，超级智能将远远地超越普通劳动者；适用各种复杂、繁重劳动任务的智能系统的研发没有止境，将源源不断地为社会供给“产业后备军”；智能系统的“认知”水平和“劳动能力”将持续提升，劳动态度和劳动状态更是为普通劳动者所不及；智能系统将在

① 杰夫·科尔文：《不会被机器替代的人——智能时代的生存策略》，俞婷译，中信出版社，2017，第9页。

② 约翰·普利亚诺：《机器人来了：人工智能时代的人类生存法则》，胡泳、杨莉萍译，文化发展出版社，2018，第33—34页。

社会分工体系中承担越来越多的劳动任务，日益自主、自动地参与各种劳动活动。“一旦机器能接手我们的工作，就会很快比我们干得更快更好，成本更低。”[①]人们别无选择，不得不告别曾经是“唯一拥有高等智慧”的“万物之灵”的优越感，接受并习惯自己创造的“令人难堪”的人机差距，尝试着在日益信息化、智能化的工作环境中，基于大数据、万物互联和人机交互技术，建立人与智能系统协同劳动、和谐相处的新型劳动方式。如果夜郎自大，固步自封，人为限制智能科技的发展和应用，拒绝在劳动领域与智能系统合作，拒绝采用先进的生产工艺和技术设备，通过牺牲劳动能力和劳动效率，以及迟滞经济和社会的智能化进程，“始终保持在智慧食物链的顶端”[②]，这种逆历史潮流的举措是既不明智又不经济的，并且难免为诸如此类的自大、保守付出沉重的代价。

二、人机劳动机会竞争背景下的技术性失业潮

在工业时代残酷的市场竞争中，资本家通过采用和改进机器，建构了一种按照“机器节奏”运转、流水线分工的生产体系。这大幅提高了工人的劳动强度和生产效率，却不断“造成人的劳动的过剩”[③]，造成工人的失业，造成整个社会的“过剩人口”越来越多。在智能技术日益成为社会基本技术支撑的时代背景下，“智能技术范式”以更加新颖的形式重构了社会生产方式和社会分工体系，“劳动过剩”或者工人失业的情况变得更加严峻了。“相对于此前工

① 卡鲁姆·蔡斯：《经济奇点：人工智能时代，我们将如何谋生?》，任小红译，机械工业出版社，2018，第229页。

② 雷·库兹韦尔：《奇点临近》，李庆诚等译，机械工业出版社，2014，第15页。

③ 恩格斯：《社会主义从空想到科学的发展》，人民出版社，2014，第68页。

业革命对就业市场的改变，本次工业革命（即智能革命——引者注）对就业市场的破坏范围更广，速度更快。”[①]各种智能系统日益成为经济和社会活动的基础性配置，它们的“劳动”日益成为生产和服务的支柱性力量，成为经济效益和社会财富的源泉；各种专用智能系统如雨后春笋般涌现，正“替代”越来越多的体力和脑力劳动者，占据社会分工体系中大量曾经“专属于人类”的工作岗位；智能系统还“登堂入室”，扮演着维系智能社会正常运转、保障人们的生产生活顺利进行、提升社会生活效率的重要角色。在智能时代新的社会生产方式和社会分工体系中，智能系统自主运作、人机之间的劳动协作渐成常态，人机之间的劳动机会竞争也日趋白热化。在智能科技突飞猛进、智能经济日益发展、产业升级日益加快、社会智能化和智慧城市建设不断推进的同时，就有英国经济学家凯恩斯1930年提出“技术性失业”这一现象，如今，该现象正以日新月异、有增无减的方式闯入人们的社会生活。

今天，经济与社会的信息化、自动化、智能化潮流正在狂飙突进。由于“大规模的自动化基本上相当于免费的劳动力”[②]，因而在日趋激烈的全球竞争格局中，如同工业化进程中机器的采用和改进一样，各国推动信息化、自动化与智能化的行动也几乎是“必须执行的强制性命令”[③]。“在资本主义经济中，如果人工智能技术提高到可以取代某些白领、技术工人的程度，它们将不可避免地被用于这种用途。”[④]尚处于早期探索阶段，但公认是智能化程度“晴雨

① 克劳斯·施瓦布：《第四次工业革命》，李菁译，中信出版社，2016，第42页。

② 约翰·普利亚诺：《机器人来了：人工智能时代的人类生存法则》，胡泳、杨莉萍译，文化发展出版社，2018，第30页。

③ 恩格斯：《社会主义从空想到科学的发展》，人民出版社，2014，第80页。

④ 约翰·马尔科夫：《与机器人共舞：人工智能时代的大未来》，郭雪译，浙江人民出版社，2015，第337页。

表”的“无人化浪潮”，从无人机、无人艇、无人驾驶汽车，到无人车间、无人仓库、无人商场，到无人银行、无人旅馆、无人饭店，再到无人政府机构、无人法院、无人化战争……正在席卷一个又一个经济和社会领域。虽然智能系统是否可以成为“劳动主体”、“无人化”目前是否名副其实、人机之间应该建立什么样的劳动关系，等等，毋庸置疑存在激烈的理论争议，但问题的关键在于略过新事物萌芽阶段的不成熟和各种乱象，从中管窥时代和社会发展的大趋势：各行各业正在快速地、全方位地信息化、自动化和智能化，人机之间的劳动岗位重新分配、劳动机会的“竞争”不可避免，大幅度裁减普通劳动岗位上的普通劳动者势在必然。这从近年来银行业不断开拓新业务、线上银行24小时开放、营业额和利润率大幅飙升，各大银行却越来越热衷于裁减线下网点和雇员的现象中，就可见一斑。

尤瓦尔·赫拉利在《未来简史》中写道：“自工业革命爆发以来，人类就担心机械化可能导致大规模失业。然而，这种情况在过去并未发生，因为随着旧职业被淘汰，会有新职业出现，人类总有些事情做得比机器更好。”[①]但是，这次智能革命所导致的产业革命、社会革命是复杂、开放、颠覆性的，人类以往的所有经验、理论在逻辑上都并不能保证仍然适用。尤瓦尔·赫拉利也敏锐地意识到了这一点。他笔锋一转：“只不过，这一点并非定律，也没人敢保证未来一定会继续如此。”[②]托比·沃尔什与尤瓦尔·赫拉利英雄所见略同：“可惜经济学里没有一条基本定理曾指出，新技术摧毁多少旧岗位，就创造多少新岗位。过去的情形如此，纯属偶然。”[③]

---

① 尤瓦尔·赫拉利：《未来简史》，林俊宏译，中信出版社，2017，第288页。

② 尤瓦尔·赫拉利：《未来简史》，林俊宏译，中信出版社，2017，第288页。

③ 托比·沃尔什：《人工智能会取代人类吗？——智能时代的人类未来》，闾佳译，北京联合出版公司，2018，第126页。

关于智能科技对新兴职业和人们的就业前景的深刻影响，因为涉及的因素非常之多，又缺乏适用新情况的分析框架、评判标准和观测指标，所以社会各界一直莫衷一是，聚讼不断。目前主要存在三种针锋相对的观点：最悲观的一种，如卡鲁姆·蔡斯认为，“经济奇点”到来时会出现“普遍性失业”；比较中庸的观点断定，智能系统将会替代人的部分工作；但即使是最乐观的人也坦承，“技术性失业”将会成为一个尖锐的社会问题。无论人们倾向于哪一种观点，都不能回避诸如此类的社会发展趋势：在这次科技革命所导致的产业革命、社会革命中，虽然会诞生大量的新兴部门和新兴职业，但生产和服务的集中度、智能化也可能进一步提升；虽然会创造不少新的工作岗位，但包括新职业在内，必须由人类从事的新工作可能远逊于被减少、替代的旧岗位。著名经济学家瓦西里·列昂季耶夫警示人们：“劳动力将变得越来越不重要……越来越多的工人将为机器所取代。我不认为新兴行业能够把所有想要一份工作的人都雇用下来。”[①]因为，这一次我们面临的是高科技的信息化、自动化、智能化革命，正如杰里米·里夫金在《工作的终结：全球劳动力衰退和后市场时代的开端》一书中所提出和论证过的，“新型信息技术的影响将与之前几波工业自动化的影响出现质的区别”[②]。在这场革命中，人们被具有“类人智能”、可以不断开发新的劳动技能的智能系统所取代，“技术进步的速度将超过人们学习或发明新工作的速度”[③]。越来越多的有识之士相信，人工智能将会突破“图灵奇点”，其发展和应用几乎不存在什么终级的限制；智能系统

① W.Leontief，“*Machine and Man*”，*Scientific American*，Vol.187，No.3，1952，pp.150-160.

② 约翰·马尔科夫：《与机器人共舞：人工智能时代的大未来》，郭雪译，浙江人民出版社，2015，第77页。

③ 拜伦·瑞希：《人工智能哲学》，王斐译，文汇出版社，2020，第82页。

对人类劳动岗位和劳动职责的替代，也几乎不存在什么终级的不可能。此外，这次产业革命、社会革命所创造的新职业、新岗位注定了“不同凡响”，新兴职业大都具有鲜明的高新科技色彩，新岗位将对从业者的知识、技能提出更高层级的要求。这类要求有时甚至是“刚性”的，即必须满足的，“技术性失业者”不可能像农业革命、工业革命的时候那样幸运，经过短时间的简单培训就可以实现转岗、再就业。

更何况，当今世界并未完全掌握在全体人民手中。在相当程度上，它被“资本的逻辑”所控制，难以阻止资本的贪婪攻城略地；同时，智能社会的建构又难免内嵌“智能技术范式”的逻辑，释放这种高新技术本身的负效应。全球竞争格局中的“资本的逻辑”往往以效率和利润最大化为导向，“智能技术范式”则以彻底的、全方位的信息化、自动化和智能化为目标。在社会改造、重塑的大变革过程中，资本的拥有者和技术精英们一直在观念和行动上相互靠近，“资本的逻辑”与“技术的逻辑”总是在或明或暗地互相强化。几乎是自然而然地，包括企业在内的各种社会组织以社会发展趋势为借口，以效率、利润最大化为导向，越来越热衷于重构全球社会生产体系和社会分工体系，越来越青睐高科技含量的自动化、智能化和“无人化”，越来越倾向研发和使用劳动技能更优、劳动态度更好的智能机器。换言之，他们在全球市场竞争和人机劳动机会竞争的背景下，越来越不愿意雇佣工资福利要求越来越高、权利意识越来越觉醒的普通劳动者，特别是老弱病残孕之类弱势群体，目不识丁者、缺乏科技知识的“科盲”等处于数字鸿沟之弱侧的“数字穷人”。“技术性失业”作为经济和社会智能化进程中难以破解的社会难题，将“数字穷人”之类普通劳动者置于更具挑战性、更看不见希望的境地。

三、"社会排斥""无用阶层"与人的存在荒谬化

在资本和市场主导的工业化进程中，"机器排斥劳动者"导致工人过剩，处境日益艰难，导致劳动异化、贫富差距和社会分化越来越严重。马克思、恩格斯曾经深刻地揭批过这些现象。例如，恩格斯指出："如果说机器的采用和增加意味着成百万的手工劳动者为少数机器劳动者所排挤，那么，机器的改进就意味着越来越多的机器劳动者本身受到排挤"[①]；"机器，用马克思的话来说，就成了资本用来对付工人阶级的最强有力的武器，劳动资料不断地夺走工人手中的生活资料，工人自己的产品变成了奴役工人的工具"[②]。

迈入智能时代，智能经济的发展、产业结构的调整和"技术性失业"更是强化了以上的一切，导致社会日益分化为两个对立的阵营——占人口少数、包括财富精英和技术精英在内的精英群体，以及占人口多数的普通劳动者，特别是队伍日益壮大的"数字穷人"。自动化、人工智能所导致的工人技能的"两极分化"，甚至新的阶层或阶级分化，已经引起了有识之士的高度警觉和强烈关注。尤瓦尔·赫拉利指出："随着算法将人类挤出就业市场，财富和权力可能会集中在拥有强大算法的极少数精英手中，造成前所未有的社会及政治不平等。"[③]约翰·乔丹也判断："在经济方面，最富有的人会变得更加富有、更有影响力，而缺乏技能的人则会变得更穷、更加边缘化。"[④]

智能时代是迄今最复杂、发展最快速的高科技时代，对于"数

---

① 恩格斯：《社会主义从空想到科学的发展》，人民出版社，2014，第68—69页。

② 恩格斯：《社会主义从空想到科学的发展》，人民出版社，2014，第69页。

③ 尤瓦尔·赫拉利：《未来简史》，林俊宏译，中信出版社，2017，第290页。

④ 约翰·乔丹：《机器人与人》，刘宇驰译，中国人民大学出版社，2018，第157页。

字穷人”极不友好。“数字穷人”面临层出不穷的智能系统和具有更高技能的劳动者的双重竞争，率先承受着经济和社会智能化的不良后果。智能科技越进步，智能经济越发展，社会智能化程度越高，“数字穷人”往往越是无所依凭，茫然不知所措，越是跟不上时代的步伐，难以“扼住自己命运的咽喉”。“数字穷人”所拥有的“唯一的资本”，即以体力和劳动时间为主要表现形式的劳动力是渔猎时代、农业时代和工业时代可资利用、不可或缺的资源，在那些时代不仅普遍受到重视，而且被统治阶层处心积虑地加以争夺；但在高度信息化、智能化的经济和社会结构中，当智能系统可以大量替代人工作时，“数字穷人”的劳动力资源日渐丧失原有的优势，其劳动价值骤然成为一个令人尴尬的问题。由于专用智能系统不断涌现，“劳动能力”越来越强，价格还越来越便宜，研制、购买它们往往比培训“数字穷人”更合算，因而“数字穷人”的竞争者必将如雨后春笋般涌现；他们失业之后，并不容易获得足够的培训和再就业的机会，从而难免被信息化、智能化、全球化的经济和社会体系排斥在外。

早在世纪之交，曼纽尔·卡斯特就敏锐地洞察到了全球化、信息化进程中的垄断、隔离、不平等、贫穷、社会分化、边缘化和“社会排斥”的发展状况：“通过高科技网络，全球化把世界上有价值的东西联在一起，而摒弃毫无价值的。”[①]这里抛弃的可是“一个全新而庞大的阶级：这一群人没有任何经济、政治或艺术价值，对社会的繁荣、力量和荣耀也没有任何贡献”[②]。在智能时代之前，人力资源一直都是很宝贵的。农民对于农业社会的地主来说，工人对于工业社会的资本家来说，无论如何都不可或缺，是其想要剥削

① 曼纽尔·卡斯特：《千年终结》，夏铸九、黄慧琦等译，社会科学文献出版社，2003，第433页。

② 尤瓦尔·赫拉利：《未来简史》，林俊宏译，中信出版社，2017，第293页。

的对象，是利润和剩余价值之源。然而，“数字穷人”被贴上了“无用阶层”的可笑标签，精英阶层不再认可其价值，各种信息化、智能化的企业、机构越来越不愿意雇佣、剥削他们。他们因此正在丧失马克思所揭露的农业时代、工业时代那种需要反抗的对抗性的社会关系，例如农民与地主、工人与资本家之间的那种因雇佣——或者说因需要——而产生的剥削与反剥削、压迫与反压迫的社会关系。曼纽尔·卡斯特将这一切形容为“信息化资本主义的黑洞”：“现在世界大多数人都与全球体系的逻辑毫无干系。这比被剥削更糟。……因为至少剥削是一种社会关系。我为你工作，你剥削我，我很可能恨你，但我需要你，你需要我，所以你才剥削我。这与说‘我不需要你’截然不同。”[①]

“数字穷人”沦落为尴尬的“无用阶层”，在这个全球一体、加速运转的世界上成了“多余的人”。他们被空前繁荣的智能社会冷酷地遗弃在一隅，缺乏必要的、有效的社会交往，无法真正融入社会；他们“没有敌人，没有伙伴，和谁都没有关系”[②]；只能接受无人关注、无人需要、无人喝彩、彻底被边缘化的残酷命运。即使智能科技加持下的物质生产力空前发达，社会财富前所未有的丰富，通过变革社会治理方式、建立健全社会保障体系，例如设立无条件的“普遍基本收入”，可以解决“无用阶层”最基本的民生问题，满足其基本的生存和生活需要，然而，他们丧失了劳动的机会和价值，丧失了人生的方向和意义，存在变得虚无和荒谬化了。占人口少数、高高在上的精英群体踌躇满志，已经琢磨着如何利用智

---

① 曼纽尔·卡斯特：《千年终结》，夏铸九、黄慧琦等译，社会科学文献出版社，2003，第434页。

② 曼纽尔·卡斯特：《千年终结》，夏铸九、黄慧琦等译，社会科学文献出版社，2003，第434页。

能技术“升级”自我，打造由一个个“超人”构成的梦幻新世界；他们在得意忘形之余，内心里甚至不情愿容忍“无用阶层”卑微的存在，充满鄙夷地将他们视为有害无益的“废物”：有限资源的浪费者、前进道路上的绊脚石。尤瓦尔·赫拉利揭露道：“至少部分精英阶层会认为，无须再浪费资源为大量无用的穷人提升甚至是维持基本的健康水平，而应该集中资源，让极少数人升级到超人类。”[①]

“技术性失业”“社会排斥”“无用阶层”之类的被替代、被忽视、被排斥、被抛弃，特别是人生意义的丧失，存在的虚无与荒谬化，终将导致“数字穷人”的人生观念和生活方式陷入紊乱。他们祖祖辈辈传承、认同的价值观念——例如“天生我材必有用”“天道酬勤”“一分耕耘，一分收获”之类——不知不觉间土崩瓦解，人生失去了健康向上、正常有序的理想和目标。在摧枯拉朽、令人眩目的社会变革面前，在茫然无措、无所适从的混乱生活中，他们在精神层面萎靡失落，在心理层面悲观绝望，陷入日益严重的生存危机之中。例如，有调查显示，在目前工厂倒闭率和员工失业率比较高的地区，滥用药物、患抑郁症、自杀与犯罪的概率都相对较高。“数字穷人”面对汹涌澎湃的智能化潮流，面对虚拟与现实相交织的梦幻社会，却不知道自己为什么活着，不知道每天要做什么，不知道应该往哪里去，更不知道未来等待他们的是什么。当他们不满足于酒精、药物、短视频文化、电子游戏、虚拟交往、VR体验等填充的无所事事的“现代生活方式”时，就可能像工业时代的卢德派捣毁机器一样，破坏智能社会的基础设施，干扰智能系统的正常运作，向精英群体和统治阶层抗议寻仇，从而将整个社会拖进无休止无理性的撕裂、对抗和动荡，引爆一场全面而彻底的道德危

① 尤瓦尔·赫拉利：《未来简史》，林俊宏译，中信出版社，2017，第314页。

机、价值危机和社会危机。这正如曼纽尔·卡斯特严厉警醒世人的:“整个世界危机即将爆发,但不会以革命的方式,而是:我忍无可忍了,我不知道该干什么,我不得不爆发,为爆发而爆发。”[①]

四、“社会排斥”“无用阶层”与人的劳动权利

曼纽尔·卡斯特指出:“社会排斥基本上是资本主义社会中剥夺个人成为劳工的权力的过程。”[②]“技术性失业”“社会排斥”“无用阶层”……智能时代涌现或日益突出的这些新现象,刻画了“数字穷人”等普通劳动者前所未有的悲惨处境。他们所面临的被替代、被忽视、被排斥和被抛弃,比马克思在工业革命初期揭露过的资本原始积累过程中的劳动异化、经济剥削和政治压迫有过之而无不及。因为它不仅剥夺了人的劳动机会和劳动权利,吞噬了人作为“劳动者”的根本,而且破坏了以劳动为基础建立的相互依存的人际关系,颠覆了传统社会正常运行的基石,从而令“数字穷人”陷入了物质和精神生活的穷途末路。

首先,劳动是人“成为人”、表现自己“类本质”的实践活动。“劳动创造了人本身”[③],人也是通过劳动而不断“成为人”的。劳动是人的存在方式,是“自由的生命表现”,是人的本质力量的积极的确证。“劳动是整个人类生活的第一个基本条件”[④],是全部世界历史的“真正基础”[⑤]。毕竟,“整个所谓世界历史不外是人通过

① 曼纽尔·卡斯特:《千年终结》,夏铸九、黄慧琦等译,社会科学文献出版社,2003,第434页。

② 曼纽尔·卡斯特:《千年终结》,夏铸九、黄慧琦等译,社会科学文献出版社,2003,第76—77页。

③ 《马克思恩格斯文集》第9卷,人民出版社,2009,第550页。

④ 《马克思恩格斯文集》第9卷,人民出版社,2009,第550页。

⑤ 《马克思恩格斯文集》第3卷,人民出版社,2009,第459页。

人的劳动而诞生的过程”[①]。自由、自觉的劳动实践活动曾被马克思论证为人与动物界的本质区别。正是通过具体的历史的劳动实践活动，“在改造对象世界的过程中，人才真正地证明自己是类存在物”[②]，表现出自己的“类本质”。当然，人与劳动都是历史性、过程性的，处在未完成的形态，劳动的过程正是人的自我生成过程，劳动的发展程度正是人的自由全面发展程度的体现。迈入智能时代，如果不建立全体劳动者当家做主的社会制度，如果听任“资本的逻辑”与“技术的逻辑”交相强化，令越来越多的人因为“技术性失业”“社会排斥”而绝缘于劳动实践，那么他们还能选择什么样的生存方式？他们如何才能“成人”、表现自己的“类本质”？人类社会如何才能健康发展，不断生成所谓“世界历史”？

其次，劳动是人创造财富、实现价值的实践活动。劳动与自然界相结合构成了“一切财富的源泉”[③]。“劳动是生产的真正灵魂。”[④]只有通过一定的劳动实践活动，一个人才能与外部世界进行物质、信息和能量交换，创造一定的物质财富和精神财富，满足自己、他人和社会的需要；也才能按照“任何一个种的尺度”和“美的规律”改造客观世界和主观自我，充分发掘自己的潜能，实现自己的社会价值和自我价值。处于“社会排斥”状态、绝缘于具体的历史的劳动实践活动的“无用阶层”，根本没有机会、平台与外部世界进行深刻互动，又怎么谈得上财富的创造、需要的满足和价值的实现呢？

再次，劳动是人相互交往、建立必要的社会关系的本质性活

① 马克思：《1844年经济学哲学手稿》，人民出版社，2014，第89页。
② 马克思：《1844年经济学哲学手稿》，人民出版社，2014，第54页。
③ 《马克思恩格斯文集》第9卷，人民出版社，2009，第550页。
④ 马克思：《1844年经济学哲学手稿》，人民出版社，2014，第57页。

动。在人猿相揖别、人类诞生的过程中，劳动就不再是单个人的活动了，而是一种群体协作的社会性行为。如荀子将“能群”视为人与禽兽之间的根本区别，马克思则将“一切社会关系的总和”视为人的本质特征。劳动交往过程中所建立的相互关系，是人的全部社会关系的核心部分，在其中占据着基础性、支配性的地位。但智能系统和智能机器人对人的排挤、替代，令“数字穷人”之类普通劳动者陷入“技术性失业”“社会排斥”状态，丧失了通过群体性的劳动协作实质性地融入社会、建立和维护以劳动关系为主的社会关系的渠道和机会。他们处于全球化的智能经济、智能社会体系之外，既没有自己的劳动领域和劳动单位，又不扮演一定的工作角色、承担一定的工作职责，因而无法产生相对于一定群体、组织的归属感，建立基本的社会认同。这破坏了传统的相互依存的人际关系结构，动摇了传统社会组织存在、运行的基础，并对千百年来形成的工作伦理（职业伦理）造成了巨大的冲击。

最后，劳动是人的神圣不可剥夺的权力和尊严。马克思在《哥达纲领批判》中畅想共产主义社会高级阶段时曾经深刻地揭示，劳动“不仅仅是谋生的手段”，而且本身就是“生活的第一需要”[①]。劳动权是人的生存权和发展权的基础，是人生快乐和幸福的源泉。平等的劳动权对于每个人都至关重要，可谓与生俱来的不可转让的基本人权。“工作给人们带来的好处不仅只是保证温饱的薪水，还有群策群力制订并且最终完成具有挑战性目标而带来的归属感、满足感和成就感，甚至是充实每周时光的固定的工作内容和乐在其中的生活节奏。”[②]如果一个人长期陷入失业状态，被经济和社会体系

① 《马克思恩格斯文集》第3卷，人民出版社，2009，第435页。

② 托马斯·达文波特、茱莉娅·柯尔比：《人机共生》，李盼译，浙江人民出版社，2018，第VIII—IX页

排斥在外，甚至被精英群体鄙夷地视为“无用阶层”，那么，他不仅无法按劳取酬、获得自食其力的经济收入，在劳动过程中有所成就、“自我实现”，通过劳动成绩赢得他人的尊重和做人的尊严，而且自己的“第一需要”得不到基本的满足，在迷失生活意义和生命价值的窘境中，幸福指数必然显著下降。

总之，劳动作为人的存在方式和本质性活动，是社会发展和人的美好生活的基础，劳动权是人的基本人权。而在社会信息化、智能化过程中，当智能系统的功能或者说劳动能力越来越强，实际承担的工作岗位和职责越来越多，特别是承担越来越多的以往断定“专属于人类的工作”；或者说，当人的劳动能力不断被各种各样的智能系统所超越，人的工作岗位不断被智能系统所掠走，人自身因为无所事事而功能“退化”，越来越丧失劳动能力时，劳动、工作就不再是人的“专利”了，人正在丧失财富的源泉、美好生活的基础的地位；同时，劳动也就很难说是人所特有的自我肯定、实现价值、维护尊严的本质性活动了。进一步说，社会智能化浪潮刚刚“起势”，未来的形势只可能日趋严峻：由于智能系统的持续开发和无穷无尽，智能系统不知疲倦、不计报酬的“劳模精神”，“数字穷人”之类普通劳动者的劳动机会将会持续减少，基本的劳动权利不断被剥夺。这不但造成了人的新异化和存在的荒谬化，而且对人的基本人权和自由全面发展构成了实质性威胁。

五、在经济和社会变革中寻找希望

依据唯物史观，人的劳动解放、自由全面发展必须建筑在生产力特别是科技进步的基础之上，必须以由之带来的日益充裕的自由时间为前提。所谓自由时间，就是不被直接生产物质生活资料的必要劳动时间占据、可供人随意支配的闲暇时间。自由时间是一个社会中个人“积极存在”、自由全面发展的空间，是人的劳动解放、获得自由全面发展的条件。

在古代社会，由于生产工具异常粗糙、简陋，生产力水平十分低下，人们不得不将全部时间用于物质生活资料的生产，一般没有剩余产品，自然也没有自由时间，没有不劳而获者。随着技术的进步和新的生产工具的发明，生产力获得了一定的发展，逐渐出现了剩余产品或者说剩余劳动时间。剩余劳动时间“一方面是社会的自由时间的基础，从而另一方面是整个社会发展和全部文化的物质基础”[①]。

以剩余产品为基础的自由时间的出现，为一些人通过占有剩余产品而从繁重的物质生产活动中摆脱出来提供了可能，他们逐渐成为“不劳动的阶级”。在以往的私有制社会中，“不劳动的阶级”通过强占剩余产品，即通过强占剩余劳动，霸占了整个社会的自由时间；而大多数人则被强迫承担全社会的劳动重负，成为饱受剥削、压迫的“劳动阶级”。“劳动阶级”辛苦创造的自由时间被“不劳动的阶级”剥夺了，丧失了休闲、娱乐、学习等精神活动所必需的空间，即丧失了自由全面发展所必需的条件。例如，在资本主义社会，资本的逐利本性或者“资本的逻辑”决定了，它必然要将自由时间变成工人的剩余劳动，尽可能榨取工人的剩余价值。即使通过采用先进技术和设备提高劳动生产率，通过风起云涌的劳工运动的抗争，工人的工作时间缩短了，获得了一定的自由时间，资本家也总是试图“减员增效”，提高生产过程的科技含量和复杂程度，迫使工人不得不花费更多自由时间用于教育和培训，提升自己的素质

① 《马克思恩格斯全集》第32卷，人民出版社，1998，第220—221页。

和劳动能力，自觉或不自觉地为“资本增殖”服务。

智能科技的快速发展和广泛应用，经济和社会的信息化、智能化，虽然没有直接在政治上改变“资本的逻辑”和既定的统治秩序，改变“不劳动的阶级”占有“劳动阶级”剩余劳动（剩余价值）、自由时间的不合理状况，却实质性地提高了劳动生产率和社会生产力水平，促进了物质和精神财富的极大丰富；特别是生产和服务日益自动化、智能化，智能系统大量替代人从事各种工作（尤其是人们不太情愿从事的工作），打破了资本所有者主导的异化人的旧式分工，使人们有可能远离令人厌恶的各种“苦役”。这一切不仅满足了人们自由全面发展所必需的物质需求，而且将人逐步从外在的强制劳动中解放出来。同时，还普遍缩短了人们的必要劳动时间，增加了实现人的劳动解放和自由全面发展所需要的自由时间。

“节约劳动时间等于增加自由时间，即增加使个人得到充分发展的时间，而个人的充分发展又作为最大的生产力反作用于劳动生产力。从直接生产过程的角度来看，节约劳动时间可以看做生产固定资本，这种固定资本就是人本身。”[①]人们拥有更加充裕的自由时间，意味着不必为谋取物质生产资料而终身辛苦劳作，意味着可以自由培养自己的兴趣和爱好，自主发挥自己的力量和才能。人自身的提升，人们的兴趣、爱好、力量和才能的发展，不仅可能反过来促进科学技术和生产力水平的进一步提高，促进社会物质生产条件的进一步改善，而且，这一切直接就是人的解放和自由全面发展的题中之义，具有深刻的哲学意蕴和道德价值。

不过，我们应该清醒地认识到，自由时间与必要劳动时间是相

① 《马克思恩格斯文集》第8卷，人民出版社，2009，第203页。

互联系、相辅相成的。在经济和社会信息化、智能化背景下，如果一个人长期陷入“技术性失业”状态，沦为无人关注、无人雇佣的“无用阶层”，所谓的自由时间就不过是被社会排斥在外、丧失劳动权利的另一种叙事。如前所述，这是高科技时代“数字穷人”之类普通劳动者的新梦魇，是其物质和精神生活的穷途末路。智能社会的合理建构必须体现在通过政治解放和社会革命，破除“资本的逻辑”和“技术的逻辑”及其联盟，保障全体人民拥有平等的劳动机会和劳动权利，在普遍减少必要劳动时间的基础上增加自由时间，从而为包括“数字穷人”在内的全体人民的劳动解放和自由全面发展创造条件。

首先，立足占人口绝大多数的普通劳动者的立场和智能科技发展的“可能性”，审慎地、具有前瞻性地确立人工智能发展、应用的价值原则，确保其为维护广大普通劳动者的劳动解放、基本人权和劳动尊严服务。其中最为核心的是，依照以人为本和公正原则推进经济和社会的智能化进程，推动产业升级、经济转型和社会智慧化治理，保障全体人民在新型社会中的劳动主体地位；不断开拓新兴职业和新兴劳动岗位，保障全体人民拥有丰裕的劳动机会和平等的劳动权利，过上生活有保障、事业有作为、人格有尊严的美好生活。在这一过程中，必须坚持底线思维，防止财富精英和技术精英、“资本的逻辑”与“技术的逻辑”相互勾结，特别是建立“算法影响评估”的长效机制，预防算法中隐蔽地内嵌歧视性内容，禁止资本和技术的拥有者有意无意地排斥、剥夺和奴役“数字穷人”；同时，运用智能技术和设备为各种弱势群体提供解决方案，例如为残障人士发明各种替代、辅助技术和设备，弥补、克服其身体或心理的缺陷，帮助他们获得正常的劳动能力和劳动机会，实现自己的劳动价值，获得作为劳动者的尊严。

其次，针对“智能技术范式”和智能社会的新特点，完善社会顶层设计，重塑社会治理体系，为人的劳动解放、自由全面发展奠定坚实的基础。一方面，基于智能系统的劳动技能的开发和利用，废除导致劳动者工具化、异化的旧式分工，消除一切令人厌恶的强制性劳动，包括让专用智能系统接手各项工作中人们不情愿承担的环节；基于智能化趋势、以人为本的价值原则和人们美好生活的需要，重新设计人机之间、人与人之间的劳动分工，不断发掘新兴职业和新的劳动机会，“按需分配”给全体适龄劳动者，保障所有人享有平等的劳动机会和劳动权利。另一方面，基于新型的劳动分工体系和劳动市场大数据，建立动态的“时间管理模型”，合理、有序地缩减每个人的必要劳动时间，将不断增加的自由时间公正地交给全体社会成员支配；利用先进的智能技术所创造的环境、条件和手段，帮助人们真正成为“自由的劳动者”，尝试从事各种以往没有机会做的事情，挖掘各种或许自己都不知道的潜能；鼓励人们在自己最感兴趣、最热爱的一些“开放”工作领域（例如科学、哲学、文学、艺术、道德等）充满激情地施展才华，实现人生价值的最大化和每个人的自由全面发展。

再次，确立全民终身学习、持续提升的理念，基于人机交互技术等智能科技的发展，为广大劳动者持续“增智”“赋能”，培育拥有智能社会装备、具有智能社会特质的新型劳动者，建设和谐的人机关系和新型的人机文明。“今天，我们延伸自我最让人印象深刻的方式就是发展出能够改变生命本身的技术。因此，未来将是有机世界和合成世界的联姻，正如未来一定是人类和机器人的联姻。”[①] 迈入高科技的智能时代，如果抗拒智能技术与设备的“武装”，抗

① 皮埃罗·斯加鲁菲、牛金霞、闫景立：《人类2.0——在硅谷探索科技未来》，中信出版社，2017，第375页。

拒人机之间的劳动协同与一体化，是不可能拓展劳动技能、提升劳动效率的，也是不可能拥有光明的前途的。“成功者将是那些学习运用技术的人，而不是抵御技术的人。”[①]人类必须摒弃恐惧、怀疑、观望、等待等消极心理，革除“万物之灵”“唯我独尊”之类的陈腐观念，主动借助高新科技加快人自身的进化和劳动技能提升。即是说，必须全身心拥抱智能科技，尝试运用各种高新科技和设备“武装”自己，通过人机协作、人机一体化等，全方位提升自己的劳动技能和劳动效率，在生产实践和社会服务领域构建更高层次的“人机共同体”和人机文明。

总之，人工智能是人类迄今为止所发明的最具革命性的科学技术，经济和社会的信息化、智能化是大势所趋。我们应该做历史的促进派，未雨绸缪，因势利导，积极探索合理利用智能系统的“劳动”、有效开展人机劳动协作的方式。在新型社会和新型文明的建设过程中，解决“人机矛盾”和“技术性失业”，消除“社会排斥”和“无用阶层”，维护人的劳动权利和实现人的自由全面发展的关键，是通过波澜壮阔的科技革命、产业革命和社会变革，切实落实“全体人民当家做主”，彻底消除旧式分工和压抑性的强迫劳动，让劳动真正成为广大劳动者“自由的生命表现”“生活的第一需要”，自然而然地产生物质与精神财富极大丰富、人民生活水平和幸福指数持续提高的结果。在这一伟大的变革历程中，社会将日益挣脱“资本的逻辑”和“技术的逻辑”的宰制，发展成为共有、共建、共享的新型技术社会形态——智能社会；人也不断地自我提升，成长为用先进的智能技术、装备“武装”起来的新型劳动者，获得前所未有的劳动解放和自由全面发展。

---

① 约翰·普利亚诺：《机器人来了：人工智能时代的人类生存法则》，胡泳、杨莉萍译，文化发展出版社，2018，第38页。

第十一章

智能经济视域中的知识与资本、财富和权力

孙伟平

随着智能技术的快速发展与广泛应用、智能经济的蓬勃发展，大数据、算法、算力等知识资源正在成为最具代表性的新经济资源和新型资本。由于知识资源对于知识分子的“主体依附性”，一个新兴的“知识劳动者阶层”正在强势崛起。“知识劳动者阶层”特别是技术精英在社会权力结构中的地位正在获得实质性的提升：他们不仅成为了社会生产、社会财富的主要掌控力量，而且获得了相较农业社会、工业社会更大的资源配置能力和社会治理权力。

随着信息、智能科技的快速发展和广泛应用，生产力的构成要素正在发生实质变化，智能生产力获得了前所未有的快速发展；经济活动的信息化、智能化日益增强，“智能经济”正在崛起为一种新型的经济形态。在智能经济视域中，知识正在成为最具代表性的新经济资源和新型资本。而与之相适应的是，“知识劳动者阶层”不仅成为社会生产、社会财富的主要掌控力量，而且获得了相较农业社会、工业社会更大的资源配置能力和社会治理权力。直面智能时代经济、政治领域正在发生的一系列新变化、新问题和新挑战，我们必须立足马克思主义唯物史观和政治经济学进行深入的分析和批判。

一、知识正在成为最具代表性的新经济资源

迈入智能时代，因应“智能技术范式”的要求，产业结构正在发生革命性的变化。传统产业正在进行“智能+”变革，经历全方位的波澜壮阔的信息化、智能化改造；作为一种新兴产业的智能产业强势崛起，成为智能经济系统中的代表性产业。与产业结构的革命性变化，特别是经济活动日益增强的信息化、智能化相适应，大数据、算法、算力等知识资源正在成为最具代表性的新经济资源。

1. 大数据成为基础资源

迈入智能经济时代，大数据的重要性前所未有地凸显出来，一个大规模生产、采集、分享和应用数据的时代正在来临。这正如维克托·迈尔-舍恩伯格、肯尼思·库克耶指出的：“大数据开启了一

次重大的时代转型。就像望远镜让我们能够感受宇宙，显微镜让我们能够观测微生物一样，大数据正在改变我们的生活以及理解世界的方式，成为新发明和新服务的源泉，而更多的改变正蓄势待发……”①

用数据喂养人工智能，人工智能才能更加智能，才能更“懂”人类，才能更适应世界的变化。人工智能之所以越来越智能，主要是依靠对人类思维过程的模仿。它能够以先前已有的知识即“前备知识”为依据，在一定程度上克服对人类的极度依赖，实现对人类思维变动性的模仿。但是，如果人工智能要面对已经出现的情境（即人工智能“前备知识”中包含的情境）更加合理地运行，或面对现在尚未出现的情境（即人工智能“前备知识”中没有的情境）更加合理地运行，就必须在有限的“前备知识”之外获得更多、更全面的“知识”，以应对现在面临的或未来可能面临的情境变化。大数据就是这种“知识”，一种既包括“存量”又包括源源不断的“增量”的“知识”；人工智能可以以持续增长的大数据为知识资源，获得日益强大的功能和日益广泛的适应性。人工智能发展的限度和应用的范围，在相当程度上取决于大数据能够为它提供什么样的支撑。因此，大数据已经成为智能时代的一种新型的基础性资源。

“大数据”通常指的是规模巨大到无法通过人或算法程序在短时间内分析、撷取、加工、处理，却又能够从中提取出巨大价值的数据。广义地说，大数据包括人、机可以获得的一切信息，包括“前备知识”。狭义的大数据主要来源于以下三个方面。首先是人机互动生成的数据，如人们使用手机、电脑等智能设备在网络中购

---

① 维克托·迈尔-舍恩伯格、肯尼思·库克耶：《大数据时代》，盛杨燕、周涛译，浙江人民出版社，2013，第1页。

物、浏览新闻或短视频、观看影视节目、参与游戏等产生的数据。其次是机器的各种传感器记录和留存下来的数据，如对于某地全时段的气温记录，对于某条道路车辆流量的记录，等等。再次是人为提供的数据，如刻意对黄、赌、毒信息的屏蔽，或者媒体将社会核心价值观刻意隐藏在新闻报道之中。

但从根本上说，大数据的优势并非在于规模大，而在于数据"全"。大数据的"全"体现在时空两个方面。在人们越来越离不开手机、电脑等各种智能设备，各种传感器越来越多地出现在社会生活的情境中，由人机互动生成的数据、由机器自发产生的数据，以及人们为了规制社会发展而人为提供的数据只会越来越多。这样的数据远比抽样产生的数据更为"全面"地反映了社会生活的真实面貌。此外，由人机互动生成的数据、由机器自发产生的数据并非是静态的，而是被人机互动和各种传感器实时添加、更新的。这样"全"的大数据能够更好地帮助人或算法认识客观世界和主观世界，远比抽样得出的数据有价值。

大数据作为一种规模巨大、单位价值低却蕴含巨大价值的数据，是人工智能发展的养分；其价值是被赋予的，或者说，其价值是有待被开发的。"大数据的主要价值不是来自原始形式的数据（不管它有多大），而是来自对它的处理和分析，以及从分析中涌现的深刻见解、产品和服务。"①然而，"在大数据时代，所有的数据都将被认为是有价值的，无论是数据本身还是关于数据本身的"②。数据的价值究竟从何而来？"在这个世界上，数据之所以有价值，

① Thomas H.Davenport, *Big Data at Work: Dispelling the Myths, Uncovering the Opportunities*, Boston: Harvard Business School Publishing Corporation, 2014, p.203.

② Viktor Mayer-Schönberger and Kenneth Cukier, *Big data: A Revolution that Will Transform How We Live, Work and Think*, New York: Houghton Mifflin Harcourt, 2013, p.100.

往往是因为可以通过组合来自各种来源的数据获取有用的洞察。”[①]换句话说，大数据乃至于任何数据的价值都是被赋予的，都需要主体拥有一定的“前备知识”和理解、分析、加工数据的能力。那些人和算法没法理解、分析、加工的大数据，不过是一些规模庞大的乱码。

因此，大数据的价值是与主体深度捆绑的，或者更准确地说，大数据的价值是与算法深度捆绑的。人工智能无疑是以人类的思维过程为模仿的对象，人对任何数据或其他信息的理解，几乎只需要“前备知识”就可以了。智能系统是否能够真正“理解”数据或其他形式的信息是一个值得探究的问题。但是，人工智能发展到今天，已经在多个方面、多个领域超越了人类智能。面对规模大且层出不穷的大数据，仅仅依靠人类智能根本无法在短时间内存储、分析、加工、处理，必须依靠算法强大的智能系统。大数据的价值能否被提取、被提取的多寡，在很大程度上取决于算法的精妙、算力的强大等因素。这正如维克托·迈尔-舍恩伯格、肯尼思·库克耶指出的：“大数据时代开启了一场寻宝游戏，而人们对于数据的看法以及对于由因果关系向相关关系转化时释放出的潜在价值的态度，正是主宰这场游戏的关键。”[②]也正因为如此，大数据的价值前景或许比人们曾经预想的更加光明。

2. 算法成为新型资源

算法的外延比较广泛，目前尚没有公认的关于算法的定义，至少可以从广义、中义和狭义的角度界定它；算法是开放的，发展的

---

① Sander Klous, Nart Wielaard, *We are Big Data: The Future of the Information Society*, Amstelveen: Atlantis Press, 2016, p.27.

② 维克托·迈尔-舍恩伯格、肯尼思·库克耶：《大数据时代》，盛杨燕、周涛译，浙江人民出版社，2013，第20页。

路径是多元的，“我们还没有终极算法”[1]。但“算法终究不过是以数据为基础资源，以解决问题、完成任务为目标导向的策略机制和运行程序”[2]。例如，尤瓦尔·赫拉利指出：“算法指的是进行计算、解决问题、做出决定的一套有条理的步骤。”[3]算法给了智能系统“思考”的能力，可谓智能系统的“灵魂”。赫拉利指出：“21世纪将是由算法主导的世纪。现在，算法已经可以说是这个世界上最重要的概念。”[4]

算法与人的大脑和思维过程息息相关。“算法的头脑就是我们自己。”[5]算法的来源是人的设计，即人将自身的思维过程映射到计算机程序之中。各种智能系统在生产领域中的应用不仅导致知识成为社会基础性资源，人们的思维过程也成了重要的劳动对象（社会资源），借助人的思维过程形成的“算法”也成了一种新型资源。——当然也可以说，人类的思维过程很早就成为了一种劳动对象或社会资源。例如，教育行业最重要的资源就是前人的思维过程，它主要以书本知识的形式呈现出来；教师运用一定的教育方式、方法，让受教育者习得前人的思维过程。

人类的思维过程不仅有着知识的“外表”，而且有着其他形式的固化或展现。在工业化过程中，人类使用的机器越来越强大，分工越来越细，不少行业都形成了独属于自己的生产流水线。生产流水线就是人类思维过程的一种典型的固化或展现。在具体生产过程

---

① 佩德罗·多明戈斯：《终极算法：机器学习和人工智能如何重塑世界》，黄芳萍译，中信出版社，2017，第372页。

② 孙伟平：《价值哲学视域中的“算法歧视”与社会公正》，《哲学研究》2023年第3期。

③ 尤瓦尔·赫拉利：《未来简史》，林俊宏译，中信出版社，2017，第75页。

④ 尤瓦尔·赫拉利：《未来简史》，林俊宏译，中信出版社，2017，第75页。

⑤ 卡尔提克·霍桑纳格：《算法时代》，蔡瑜译，文汇出版社，2020，第91页。

中，人及机器加工什么？如何加工？不同工种之间如何衔接？不同机器之间如何协作？等等，这些原来在人脑思维过程中的东西被生产流水线展现并固化地表达出来了。生产流水线虽然展现并固化了人类的思维过程，但也存在着明显的局限性。即它“省略”了对人类思维变动性的模仿，不能处理生产过程中比较重大的变化；这种情况下，人类思维会依靠主动性、能动性（包括创造性）解决问题，但这一切很难被生产流水线等展现出来。

随着信息、智能技术的发展和应用，机器开始具备人类一般的思维模式，自主处理问题成为生产力发展的刚需。算法凭借将人类思维过程转化为计算机处理问题的方式，已经成为越来越重要的资源。毫无疑问，算法是智能技术的核心。各种智能系统日益展现出强大的力量，但各种智能系统的大部分硬件设备往往早已出现在人们的生产、生活之中。例如，无人驾驶汽车作为一种智能系统，能够在复杂道路环境中行驶，且有效地降低事故率，但汽车却在19世纪就已经基本成熟了；在中国早已普及的车牌识别系统，能够自动识别车牌，并根据车辆入场和出场时间计算停车费，但照相机在16世纪中叶就产生了。可见，智能系统的强大绝非来源于其硬件设备的强大，而更多的是依赖于自身的算法。

智能系统需要在算法的指引下搜集信息，也只能够在算法的指挥下采取算法所“希望”的“行动”。无人驾驶汽车作为一种智能系统，算法指引车内外的各种设备收集道路和汽车内部的各种信息，进而判断交通状况，并根据其所判断的交通状况，指挥汽车进行转向、加减速等一系列行动，“自主”地到达目的地。在车牌识别智能系统中，算法默认车牌信息与车辆的同一性，车辆入场时识别车牌、指挥道闸系统自动抬杆并记录入场时间；车辆出场时识别车牌、计算车辆在场内的停留时间，并根据停留时间“自发”地生成车辆所需缴纳的停车费；算法收到相应停车费后，指挥道闸系统自动抬杆，让车辆驶离。

算法的强大在于它始终以人类思维过程为模仿对象，将模仿后的人类思维过程简化为代码，以代码指挥硬件系统工作。虽然人脑的结构很复杂，依然存在许多亟待破解的秘密，人脑中意识的产生与运行机制尚未得到充分揭示，但是，如果仅仅将人脑看作是一个功能“黑箱”，模拟人脑的部分功能并非不切实际的幻想。例如，无人驾驶汽车就是以人类驾驶思维过程为模仿对象的。安全、快速地到达目的地是人类日常驾驶汽车的两项基本目标。如果要达成安全、快速地到达目的地的目的，遵守交通规则是基本要求。在此要求之下，无人驾驶汽车根据预先设定的目的地方位和所识别的各种道路标识决定车辆的行进路线，根据路线、车流状况、车道间的虚实线决定车辆是否在行进过程中变道，通过车内外的各种传感器识别交通信号灯的颜色，进而决定车辆在路口是否继续行驶，根据对路旁行人、路中车辆的判断决定车辆的行驶速度。无人驾驶汽车作为一种智能系统，其发展与应用或许还存在传感器的灵敏度、具体算法的合理程度等制约因素，但它的算法以人类驾驶思维过程为模仿对象是确定无疑的。

算法不仅以人类的思维过程为模仿对象，而且在一定程度上克服了对人的极度依赖，同时实现了对人类思维变动性的模仿。展现出人类思维过程的知识资源具有“主体依附性”特征，主体需要具备一定的“前备知识”和理解能力才能拥有特定的知识资源，才能在主客观情况变化的情境中展现出自身的主动性和能动性。作为“纯粹（或者说主要）是经过整理的知识”[①]的算法，通过将人类已

---

① 王鹏：《解码图灵的咒语：对于软件的非技术性思考》，上海交通大学出版社，2009，第13页。

有的相关知识进行编码，或许并不具备如同人类等生物体那般的理解能力，却能够在功能上具有一定的“前备知识”。具有这种“前备知识”的算法在功能上能够展现出自身在相关领域的主动性和能动性，进而应对特定范围内的环境和条件的变化，完成特定的任务。

3.算力成为战略资源

算力，即计算能力。更具体地说，算力是通过对信息数据进行处理，实现目标结果输出的计算能力。“算力指的是对数据的处理能力，算力之于数据，就好像纺织机之于羊毛、钻井机之于石油。”[①]大数据是人工智能的养料，算法是人工智能的思考的灵魂，而算力则是“人工智能发展的动力与引擎”[②]。

计算能力原是人脑具备的一种能力。因为人类在生命过程中每时每刻都在进行计算，我们的大脑便是一个强大的算力引擎，为我们计算各种所见的信息并驱动身体执行计算的结果。过去人们并没有把这种计算的能力视作一种资源。但迈入智能时代，社会各个领域都在加速数字化，智慧城市、智能制造、无人化生产、平台服务等智能场景中，除了数据基础与算法构建外，还需要庞大的算力资源作为支撑。算力就像水、电一样，成了社会生产、生活的必要资源，成了数字经济增长的新动力。

人类自进化到智人以来便掌握了算力这种资源，这便是我们原生的引以为骄傲的算力工具——大脑。在人类发展过程中，运用大脑进行计算成为了生产实践中的必要环节：通过观察搜集“数据”，通过大脑思考进行“计算”，根据“计算”的结果采取行动，解决问题。在传统的通过人脑“计算”并解决问题的过程中，人类是主

① 娄支手居：《第四产业：数据业的未来图景》，中信出版社，2022，第41页。

② 王晓云、段晓东、张昊等：《算力时代》，中信出版社，2022，第225页。引文对原文略有修改，用“人工智能”代替“AI”一词。

体，观察到的信息作为数据，个人经验与技术是“算法”，而不同的人或者不同数量的群体展现出的最终解决问题的能力（包括解决速度与解决质量等）就是算力的直接体现。算力有强弱之分，就像动物也有大脑，但动物明显无法进行复杂情况的“计算”，因而它们的算力比较弱小。在原始社会，人类便开始集中智慧，“计算”捕猎方法如何生效。在农业社会，农耕、建筑、商业交易等行业都普遍用到“计算”。计算是对信息处理的过程，计算的能力也代表着一种资源。

人脑进行“计算”时，算力具有局限性，往往需要借助工具。手指、木棍、算盘等是人类历史上发明的手动式第一代计算工具。近代以来，伴随科学技术的发展，数理学科对算力的需求逐渐提高，计算尺、差分机以及分析机等计算工具被发明出来。这些计算工具通过机械方式，极大地提高了算力。但真正使算力实现革命性进步的是计算机的发明。计算机的发明使人类用以生产的算力呈现了指数级增长，实现了自动化计算。紧接着，半导体芯片的出现使算力有了新的承载物——电子计算机。很多工业领域需要大量计算的场景都可以交由电子计算机进行计算。“人工智能”这一概念在提出后曾经有一段时间陷入发展低潮，正是因为缺少算力，模型训练这一智能训练手段无法实现，而得益于算力的提升，人工智能才有了进一步发展的条件。从人工智能的设计来说，用以喂养的人工智能需要巨量的数据，而这些数据都需要作为训练模型的基础投入计算，数据越庞大，程序越智能，这便需要极强的算力甚至量子计算的能力。如果没有算力支撑，智能程序就无法生产与运行。从当前社会整体来说，伴随着智能平台的广泛投入应用，大量用户在使用信息服务时都需要调用智能程序，智能社会必然提出越来越高的算力要求，人们一切基于互联网的活动或者是工业制造都需要算力的支撑。可以说，社会数字化程度越高，对算力的需求也就越高。

因此，对于智能经济来说，算力已经成为一种必不可少的资源。这种资源丰富与否，主要看社会能够调动多大规模的“算力”支撑智能经济、智能社会的运行与发展。算力依据规模可以分为以下三种：（1）基础算力，即供给人们日常生活所需的数字活动的算力，它往往依赖于个体的智能设备（如智能手机）来完成；（2）智能生产算力，即训练人工智能模型所需的算力，一般是智能企业研发智能产品时使用的训练机组所持有的算力，日常生活中常见的智能产品无不来自于这些算力的赋能；（3）超算算力，即超级计算机提供的算力，如在行星模拟、基因研究，以及量子尖端领域研究使用的算力。算力基础设施承载着智能社会运行的“源动力”，为人工智能与大数据技术的发展提供了必要支撑。

在社会信息化、智能化不断发展的背景下，算力已经成为战略性资源。特别是，今天人工智能正在迈入大模型时代，而大模型对算力资源的消耗十分巨大。大模型喂养的人工智能被称为生成式人工智能，意指能够生成特定内容的人工智能，典型的如ChatGPT、Sora、文心一言等。这类人工智能的特点是所需数据量相比传统人工智能更为庞大，并且在用户使用时，因为无法调用本地模型，必须调用服务器端的“大模型”，因此需要更庞大的算力资源支撑庞大的用户量同时使用它。展望未来，世界各国大模型的竞争将越来越激烈，势必将围绕算力这种战略资源开始新一轮的激烈竞争。

二、知识资源与资源观、资本观的变化

大数据、算法、算力等新型资源具有与传统资源不同的特点，这导致资源观、资本观正在发生引人注目的变化。深刻把握这种特

点及变化，是分析和发展智能经济的必修课，也是掌握生产力和生产关系的矛盾运动的着力点。

1.知识是新型经济资源的核心要素

自然资源一直是农业时代和工业时代最为重要的经济资源，其他各种资源都以自然资源为中心进行组合，形成现实的生产力。在农业时代，耕地一直是经济、社会发展中最重要的资源。在同样的生产条件下，一个家庭的富裕程度，甚至一个国家的强盛程度都不仅取决于劳动力数量，而且受制于所占有耕地数量的多寡和肥沃程度，甚至连劳动力数量也受到耕地数量、质量的影响和制约。随着经济和社会的发展，矿产资源在工业生产中的地位越来越重要，导致它一举超越耕地资源成了工业时代的中心资源。

在自然资源处于优势地位的农业时代和工业时代，经济、社会的发展同样不能离开知识资源。以最基础的农业生产为例。在什么样的土壤、气候条件下种植什么，以及如何按照农时播种、灌溉、除草、施肥、采摘等，看似是一种体力支出的劳动，实际上离不开农业知识和经验。甚至早在农业社会就已经产生了以知识为主要劳动对象的行业，如传道授业解惑的教师。然而，那时知识并没有普遍成为一种独立的经济资源，其重要性往往不及土地、矿产等自然资源。随着经济、社会的发展，围绕着秘方、专利等建立的企业越来越多，商标、商誉的作用也越来越突出，商品中的知识含量也与日俱增。“物质商品蕴含着越来越多的知识，知识体现在商品之中。”[①]迈入智能经济时代，经济活动，特别是劳动日益知识化，如劳动者、劳动对象和劳动产品都日益知识化。高度创造性的劳动成果——创新性知识——逐渐成为炙手可热的稀缺性资源，拥有创新

① 尼克·斯尔尼塞克：《平台资本主义》，程水英译，广东人民出版社，2018，第45页。

性知识的人才逐渐成为市场争夺的焦点……

知识资源成为社会基础性资源是科技发展的必然结果。一次又一次工业革命使得劳动工具产生了质的飞跃。越来越大、越来越强的机器代替了简单的手工劳动工具，成为最为重要的生产资料，并据此利用范围越来越广的“自然资源”，大规模、批量化地生产各式各样的产品，满足人们不断增长的物质和精神文化需求。在机器变得越来越大、越来越强的背景中，单个机器内部的复杂程度、机器与机器之间的协调难度与日俱增。仅以通用的提供动力的机器为例，一台内燃机一般包括机体组、曲柄连杆机构、配气机构、进排气系统、燃烧系统、冷却系统、润滑系统、启动系统、有害排放物控制装置等若干子系统，每个子系统又可细分为若干零部件；上述子系统及各个零部件之间的协调决定了机器的工作状态。

迈入信息、智能时代，计算机的发明使机器成为不仅能够延伸人的体能，也能够延伸人的智力的工具，以数字化方式智能控制机器的生产方式逐渐占据了主导地位。现代计算机系统的使用复杂度与可实现功能远远超过传统工业机器的功能，从操作传统机器到使用计算机系统，劳动工具的复杂化要求不断提升劳动者（无论是研发劳动工具的劳动者，还是操作、维修劳动工具的劳动者）的知识素质。在特定社会历史条件中，劳动者知识素质的提升往往并不能够较好地满足劳动工具进步的历史进程，这种矛盾以知识为中心，促进了知识资源的重要性开始在劳动者和劳动工具两个方面同时提升。在劳动者方面，社会平均受教育年限日益增长，职业专业化程度日益加深，劳动者之间的竞争日益体现为知识素质（经常表现为学历证书和各种资格证书）的竞争。在劳动工具方面，基于计算机工具，数字技术与各产业融合，实现农业、工业、服务业等实体经济的数字化升级，使机器能够自主完成过去只有人类才能承担的任务。这得益于人类将知识"置入"机器之中，让机器"懂得"和"运用"一定的知识。"人性化""智能化"趋向成为劳动工具发展的重要趋势。

知识资源成为社会基础性资源不仅是科技发展的必然结果，也是社会需求发展的必然结果。日新月异的机器所产生的强大的物质生产能力，为社会创造了越来越丰富的物质财富，较好地满足了人们的基本物质需求。然而，在规模效应的引导下，采用机器批量化生产的同质化产品越来越不能满足人们多样化的需求。在基本的物质性需求得到满足后，人们的精神性需求越来越多、越来越强烈，物质性需求所附属的精神性因素也越来越多、越来越个性化。基于知识资源的生产不仅能够较好地满足人们日益增长的精神性需求，而且更精致反映市场需求的知识资源也能够推动产能重组，更好地满足人们附属精神性因素越来越多的物质性需求。从汽车制造商层出不穷的个性化配置，到各种APP中的"算法推荐"，定制化生产、服务开始以知识资源为中心，颠覆传统的批量化生产、服务的进程。知识资源虽然不能够替代物质、能量等自然资源在经济中的作用，却在信息、智能经济中占据着最重要的地位。这正如德鲁克所说："传统的生产要素——土地（即，自然资源）、劳动和资本没有消失，但是它们已经变成第二位的。假如有知识，能够容易地得到传统的生产要素。在这个新的意义上，知识是作为实用的知识，是作为获得社会和经济成果的工具。"①

迈入智能经济时代，生产者和消费者对知识资源的积累和应用的依赖程度日益加深。阿尔温·托夫勒、海蒂·托夫勒指出："知识减少了原材料、劳动、时间、空间、资本和其他投入的需要，它

① 彼德·F.德鲁克：《从资本主义到知识社会》，载达尔·尼夫主编《知识经济》，樊春良、冷民等译，珠海出版社，1998，第57页。

已成为最终的替代——即先进经济的主要资源。”[①]“一个第二次浪潮公司的价值可以用楼房、机器、股票和库存等固定资产来计算，而成功的第三次浪潮公司的价值日益取决于它们获得、生成、分配以及战略性和操作性运用知识的能力。”[②]除了智能产业之外，传统产业也在主动或被动地接受信息科技、智能科技的改造、升级；知识含量越高的产品和服务，在市场中越受消费者青睐，生产者所获得的利润率也越高。因此，我们完全可以说，知识资源已经成为社会的基础性资源，成为在市场竞争中起决定性作用的因素。

2.资源观与资本观的新变化

在智能时代，知识逐渐成为一种新的基础性资源，智能经济体系的构建离不开大数据、算法、算力等知识资源。知识资源的应用与数字平台资本息息相关。在数字产业中，数字平台的发展离不开知识资源的赋能，而大数据等知识资源则来源于使用平台的每一位用户。对数字平台来说，对这些数据原料进行采集与加工，进而能够生产不同类型的数字化产品，那么负责数字平台的设计与运营的数字企业就是一个加工数据、生产信息资源的“工厂”，采集、分析与运用数据是这个“工厂”的生产模式。当前在数字资本体系中，大数据等知识资源逐渐在资本流动中占据重要地位。大数据等知识资源在过去并未能作为生产要素投入资本流动，但现在基于数字平台这一点得以实现了。因此，大数据等知识资源成为资本这一命题被明确提出来了：“事实上，数据资本一词如今已与数据联系在一起，因为如果正确利用数据，它可以为行业提供经济优势，刺

① 阿尔温·托夫勒、海蒂·托夫勒：《创造一个新的文明》，陈峰译，上海三联书店，1996，第27页。

② 阿尔温·托夫勒、海蒂·托夫勒：《创造一个新的文明》，陈峰译，上海三联书店，1996，第32页。

激创新，并为企业创造收入。”[①]

从智能经济来看，大数据等知识资源成为资本经历了一个过程，一个与经济和社会的信息化、智能化相适应的历史过程。

第一，大数据、算法、算力等知识资源成为生产资源。从形态上看，数据是无序化符号的集合，并且数据需要载体，与载体相结合，数据便与其他物质一样具备客观实体的存在性，但是，无序的数据往往并不具备可用性。如果将数据有序化，使用合适便捷的载体记录数据，就能发挥其辅助社会生产、生活的巨大作用，这便是数据的资源化过程。

虽然数据在人类历史中发挥了重要作用，但早期数据作为一种辅助性资源并不能直接投入到生产中。譬如在中世纪，数据资源就被用来追踪传染病的传播，并了解爆发规律，医者往往通过记录传染病的爆发点与感染数量等数据来进行疫情的推断。在过去“小数据”时代，数据资源虽然有所应用，但受限于搜集能力与范围，实体载体的记录量不高，数据资源仅仅提供认知上的辅助功能，无法发挥精准的预测分析作用。但迈入大数据时代，伴随信息、智能技术的发展，数据资源逐渐进入了生产过程。一方面是存储技术的发展，数据存储介质迅速进化，目前像硬盘这类数据存储介质能够便携存储大量电子数据，虚拟化的存储方式也得到应用（云存储），人们可以轻松保存大量的便携数据。另一方面，得益于电子芯片的发展，数据检索与分析的算力得到了大幅提升，使大数据克服了小数据搜集不全、分析不够的缺陷。在这种情况下，将大数据进行有效的清洗、脱敏、脱密、标准化、质量监控等程序，数据就能够“去粗取精”，成为有关企业编写程序与设计智能算法的必要资源，

---

① Yousif，M. “*The Rise of Data Capital*”，*IEEE cloud computing*，Vol.2，No.2，2015，p.4.

如此数据便成为数字经济体系中的生产资源，在人工智能与数字平台的发展过程中发挥重要作用。

第二，数据、算法、算力等知识资源的商品化。例如，数据成为生产资源之后，经过合理加工后的数据集或者数据模型便具备了商品属性，可以作为商品进行交易。

数据之所以能够成为商品，是因为它已然成为一类劳动产品，具备了使用价值与价值的统一性。菲尔·琼斯指出："数据虽然飘渺不定，难以捉摸，但同硬件一样，都是人类劳动的结果。"[①]从使用价值来看，数据作为生产资料是智能经济发展必不可少的一部分。人工智能算法设计与模型训练都需要数据支撑，平台搭建与功能完善都需要数据赋能。从价值来看，数据商品在当前是劳动产品，其中凝结了数据处理算法设计者与数据筛选工作人员的一般劳动，这些劳动使大数据经过一系列搜集、分析与标准化步骤，成为能够加以使用的数据包或数据模型。数据劳动者将自身的劳动转移到了数据产品中，使数据具备了价值，能够以社会必要劳动时间来进行衡量。由此数据便作为商品进入市场流通，被各类数字平台购买，用于不同领域的数字商品生产。

第三，数据的资本化。马克思认为："资本不是一种物，而是一种以物为中介的人和人之间的社会关系。"[②]数据作为生产资源在平台资本与用户之间建立了生产关系，从而具备了资本化的条件。

在数字平台投入市场应用的早期，其通过不平等的数据搜集合约占有了用户的个人信息与使用数据。无论这些数据是否与平台对用户的服务挂钩，平台都会全面占有数据资源，进而平台完成了数据生产资料的集中与积累。紧接着，数字平台通过积累的数据升级

---

① 菲尔·琼斯：《后工作时代》，陈广兴译，上海译文出版社，2023，第8页。
② 马克思：《资本论》第1卷，人民出版社，2018，第877—878页。

算法，更新平台，进一步对用户实施获利行为，譬如定向商业广告投放、高价售卖信息服务、提高特定商品曝光度，以及“大数据杀熟”等。通过数据资源的占有优势，数字平台向用户提供了信息占有权不对等的信息服务，攫取了大量利润，平台资本获得了增值。如果说在传统产业资本的生产过程中，劳动力商品的出现使货币成为资本，那么在智能产业中，基于数据可以为信息服务带来价值增值的特性，数据资本推动信息服务无偿占有了用户的剩余消费或剩余时间，如此信息服务的商品化便使数据成为了资本。

数据成为资本是伴随着信息、智能技术的成熟以及数字平台资本的扩张中而逐渐形成的新资本形式。数据在成为生产资源与商品后，一方面自身拥有了一定价值，另一方面具备了助力平台资本攫取增值利润的能力，进而成为一种资本。数据资本的增值首先需要平台资本通过无偿占有信息资源完成资本积累，其次通过设计特定的算法与升级平台服务作为平台资本的“数字”生产工具，最后平台资本有偿（消费有偿或时间有偿）售卖数字产品，提供不对等信息服务，不断实现资本增值。

三、知识创新与知识劳动者阶层的崛起

智能科技具有越来越强大的促进经济发展、变革社会形态的力量。它的发展和应用不仅促进了传统产业的智能化和智能产业的兴起，而且带来了生产力的“智能化”转变和所有制、剥削方式等的变化。与此同时，它还在深刻地影响人的生存环境，影响人的学习、工作和生活；还在对社会阶层进行“重新洗牌”，催生出了一个新兴的“知识劳动者阶层”。

1.知识资源的“主体依附性”

作为一种经济和社会资源，知识资源与自然资源很不相同，它具有其特有的“主体依附性”。

在一定意义上，自然资源也属于或依附于某个特定的主体。然而，这并非是自然资源的本性，而是源于自然资源的社会属性。即是说，自然资源的存在可以与人无关。例如，人类出现之前就已经存在的矿产资源；这样的资源只有在主体的生活实践中纳入视野，纳入一定的经济和社会关系，才属于或依附于某个特定的主体。譬如说，A占有某一块土地，并不是因为这块土地与A无法分割，而仅仅是因为A通过某种方式（如购买、夺取、被赠予等）获取了这块土地，其他人或整个社会承认A对这块土地的所有权、使用权或收益权。一旦他人通过某种方式拿走了这块土地，这块土地就不再属于A了。可见，这块土地本身在自然属性方面与A这一特定主体之间并不存在必然的联系。

而知识资源则与自然资源存在明显的区别。知识归根到底是主体对于事物和自我的认识，存在于该主体的大脑或意识之中，具有鲜明的难以分割的“主体依附性”。

首先，知识的主体依附性意味着知识与主体具有同一性。虽然知识也有着文字、语音、电子信号等符号载体，也有符号载体所依附的载体（如印有文字的书籍、存储电子信号的磁盘等），但是，无论是文字等符号载体还是书籍等依附载体，它们仅仅是记载、传播知识的工具，并不是知识本身。知识只能是一定主体的知识，只能作为主体意识的一部分而存在，只能依附于该主体而存在，与一定的主体具有同一性。其他的人即使通过某种方式得到了已经编码为文字、印刷在书本上的知识，也不等于真正掌握了这些知识。

其次，知识的主体依附性意味着知识源自一定主体的劳动。特别是创新性的知识，往往都来自于一个特别的群体——知识分子——的创新性劳动。这种创新性劳动对于知识分子的独立思考能力和品质的要求比较高。而随着知识资源日益丰富，知识创造工作的分工日益细化，不同的知识分子只能在自己的专业领域才可能“生产”创新性知识。以技术研发和应用为特长的技术知识分子与以价值守望为特长的人文知识分子的知识生产存在明显差异，他们的劳动不仅很难相互替换，而且有时还难以互相沟通；就是在技术知识分子内部，从事软件开发的程序工程师与工程建造的土木工程师之间的劳动也很难相互替换、相互沟通。俗语说“隔行如隔山”，这形象地表达了知识分子劳动的“专业性”，以及知识分子的劳动与知识分子个人的同一性。

再次，知识的主体依附性意味着主体之间具有“知识差异性”。知识资源的“主体依附性”并不意味着它能够在主体之间平均分配，也不意味着每一主体都能够掌握所有的知识资源，只有一定的主体具备了一定的“资格”，才能真正拥有特定的知识资源。这种“资格”主要体现为主体拥有一定的“前备知识”和理解能力。例如，对于没有学过初等数学的人而言，学习和掌握高等数学几乎是不可能的事。对于一些不能或未能进行编码的知识，禅宗依靠“以心传心”的方式传授“佛法”；不同的人传授同样的“佛法”内容，对他人的影响却可能不尽相同。即使是面对已经统一编码、统一印刷的知识，也可能因为主体的理解不同、诠释不同而不同。

最后，知识资源的“主体依附性”并不损害它的表达、交流和丰富、拓展。例如，知识总是一定主体的知识，存在于一定主体的意识之中，但是，意识之中的知识也可以通过各种各样的符号载体加以表达，如用两根木棍作为符号载体表达“1+1=2”的知识。用符号载体表达的知识还可以通过符号所依附的各种载体进行传播、交流，如霍金将自己的物理学知识表达为文字，文字写在纸上，形成科普读物《时间简史》一书，并通过各种途径广为传播，产生一定的社会效益。

2. 知识劳动者阶层正在崛起

随着经济、社会的信息化、智能化，知识资源在社会经济中的地位日益提升，经济活动日益从“粗放”转向“精微”，从“体力”主导转向“智力”主导；经济发展日益依赖于知识创新，知识创新活动与生产、服务活动日益一体化。以往从事简单的、重复性劳动的劳动者正在被各种智能系统所替代，甚至“排挤”，从事创新性、差异化劳动的知识劳动者正在成为最为重要、数量也最多的劳动者，或者说，劳动者队伍出现了引人注目的“知识化”趋向。

当然，有人可能会争辩说，人类历史一直是从无知走向有知、从野蛮走向文明的历史过程，知识创新自古以来就是一个社会中经济增长的动力。这种说法虽然不无道理，但总体而言，在人类历史相当长的时间里，知识创新都没有成为经济增长的决定性因素。例如，农业社会的经济增长主要依靠劳动力和耕地数量的增长，工业社会的经济增长主要依靠加大对自然资源开发的力度，扩大投资。迈入“后工业”的智能时代，单纯依靠扩大投资、加大自然资源开发力度的经济增长模式已经是强弩之末。这种模式不仅对社会生产力水平的提升作用比较有限，难以满足人们日益增长的美好生活需要，而且在发展过程中，“高投入、高消耗、高污染”的生产方式造成了日益严重的环境污染和生态失衡，在相当程度上牺牲了人们的家园，牺牲了人们的生活质量和幸福指数。

以知识创新为核心的经济增长模式是与以往迥然不同的发展思路。它不仅能够更准确地把握社会的多样化需求，挖掘和激发生产和服务的潜力，而且它本身就可以成为经济增长的源泉。例如，马克卢普发现，“知识在资源分配中从外生的独立变量地位‘提升’到取决于投入的一种内生变量的地位”[①]。曼纽尔·卡斯特指出：“在新的信息发展方式中，生产力的来源在于产生知识、信息处理与象征沟通的技术。知识与信息无疑是一切发展方式的关键因素，因为生产过程总是奠基于某个水准的知识，以及信息处理过程。然而，信息发展方式的特殊之处在于：针对知识本身的知识行动，就是生产力的主要来源。”[②]

在前智能经济时代，知识创新仅仅是特定的少数人的工作，知识创新与应用创新性知识的生产活动也存在明显的区分。在知识交流越来越便利的环境中，在知识资源的“可共享”“共享增值”特性的影响下，创新性知识的发布与应用就可能表明知识已经过时，知识的完善、更新、创造变得越来越重要了。“不断淘汰自己的产品”成为越来越多的企业、劳动者在市场中立足的法则，而“不断淘汰自己的产品”要求企业和劳动者持续地进行知识创新。同时，“制作数字产品第一版的成本很高，但是制作并递送额外复本的边际成本却异常低廉”[③]，迫使知识创新常态化；社会需求的精神性因素越来越多、变动性越来越强，迫使知识创新变得更具针对性。今天，仅仅为一家企业、一个客户、一项具体工作而进行的知识创新越来越常见，知识创新与生产活动越来越难以区分了，有时甚至呈现出一体化的态势。

迈入智能时代，在经济发展日益依赖知识创新、知识创新与生

---

① 弗里茨·马克卢普：《美国的知识生产与分配》，孙耀君译，中国人民大学出版社，2007，第3页。

② 曼纽尔·卡斯特：《网络社会的崛起》，夏铸九、王志弘等译，社会科学文献出版社，2001，第20—21页。

③ 帕特里夏·华莱士：《工作场所中的互联网——新技术如何改变工作》，王思睿、印童译，商务印书馆，2010，第23页。

产活动日益一体化的情形下，知识创新已经不再是占人口少数的“知识分子”在象牙塔中的劳作，而是变得越来越大众化、普遍化了。我们不难看到一个基本事实，在整个社会的产业重构、职业重构和劳动力结构转型过程中，知识分子的数量正在急剧扩张，正在取代农民、工人等体力劳动者，成为社会劳动力的主体力量。而且值得特别关注的是，与产业结构、职业结构的大调整相适应，传统的农民、工人为了避免技术性失业，避免被全球化的经济和社会体系排斥在外，沦为“无用阶层”，也必须树立“终身学习”的理念，不间断地加强自身的教育和培训，努力将自己打造成有文化、有知识、懂技术的“知识劳动者”。社会的主要劳动者在经历工业化、经历从农民到工人的演变之后，又面临着快速信息化和智能化，从农民、工人到“知识劳动者阶层”的演变过程。基于这样的大趋势，“知识劳动者”占人口的比例越来越高，一个“知识劳动者阶层”正在引人注目地强势崛起。这一切正在对马克思主义的阶级结构、社会阶层理论等造成巨大的冲击，要求我们重新思考“知识劳动者在智能经济中处于什么地位”“知识劳动者具有什么样的基本特征”“谁才是智能时代先进生产力的代表”“知识劳动者可否成为共产主义事业的主体力量”之类的理论和实践问题。

四、知识与财富、权力

随着智能技术的快速发展与广泛应用、智能经济的蓬勃发展，经济发展的方式、人们的致富途径、财富的占有形式，以及社会权力结构都正在发生转变。随着社会的信息化、智能化，信息、智能科技已经成为社会的基本技术支撑；各种智能技术、智能系统已经成为生产、生活中不可或缺的一部分；借助信息工具，人们可以将散布于世界各个角落的知识资源汇聚起来；知识创新已经成为经济增长的新引擎，知识创新在经济增长中的贡献正在超越自然资源；具有创新能力的人才是市场竞争的关键要素，“科教兴国”“科教强国”是一个国家在国际竞争中的不二选择。丹尼尔·贝尔指出：“一国的科学能力成为其潜力和力量的一种决定因素，‘研究与发展’已经取代钢铁而成为各国力量的对比标准。”[①]这一切正在导致社会财富的再定义与社会权力的再分配。

1.知识与财富

合理地配置各种资源是经济发展、繁荣的基础。在农业经济中，耕地无疑是除劳动力以外最为重要的社会资源。耕地的多寡与是否肥沃直接决定一个家庭、一个地区乃至一个国家的富贫强弱，耕地甚至成为了财富、地位、权力和荣誉的载体与象征。在工业经济中，随着机器的使用、市场经济体制的确立，资本（货币）的重要性前所未有地突出起来。在市场中，资本（货币）可以购买任何资源，劳动力资源在资本前转变为工人、自然资源在资本前转变为原材料、科学技术在资本前以自然资源为中介转变为机器设备……财富直接表现为资本（货币），拥有一定的资本（货币）才能组织生产，才能取得较高的社会地位，才能获取权力和荣誉。在社会中心资源确定后，拥有那个时代中心资源的人——地主或者资本家——通过对社会中心资源的占有，组织生产活动，在经济和社会生活中获得了支配性权力。以之为基础，符合并维护他们利益的社会上层建筑也随之建立起来。

应该看到，以往人们对于耕地或者资本的占有都是有限的。例如，资本的标识数量或许可以达到惊人的“千亿兆”，但它所能购

① 丹尼尔·贝尔：《后工业社会的来临——对社会预测的一项探索》，高铦、王宏周、魏章玲译，新华出版社，1997，第129页。

买的自然资源是有限的，标识数量再高也仅仅是个符号而已。全球耕地的总体数量有限，耕地数量的扩张在绝对量上不可能超出全球土地面积，而且还需要与山林湖草占地面积相协调，从而构成一个稳定的生态系统。而且，对于耕地或资本这样的资源，只能通过社会认可的方式进行占有。如果经营不善，或者社会制度变迁，都可能令耕地或资本的所有人丧失所有权。

随着智能技术的发展和应用，社会经济的进一步发展，知识资源逐渐取得了社会中心资源的地位，有关社会财富的革命性变革正在悄然发生。

第二次世界大战后，“新科技革命”风起云涌，涌现出了一大批对生产、生活产生重大影响的科技成就，如生物科技、核能技术、信息科技、智能科技等。这些科技成就因应多样化的社会需求，加速地应用到了社会生产、生活之中。特别是信息、智能科技的发展和应用的加速度越来越快，如“摩尔定律”揭示，晶体管集成电路的性能每一至两年就会提升一倍，同时价格将会减半，这导致科技对于社会、经济的变革范围与程度都得到了前所未有的提升。

在科技加速发展的大背景中，智能经济悄然来临，社会财富不仅表现为资本（货币）和土地等自然资源，也正在通过知识的形式表现出来。知识在生产活动中的地位和作用日益突出，导致知识不仅逐渐成为社会中心资源，也成为企业、劳动者核心竞争力的标志。经济活动对于自然资源的依赖程度逐渐降低，对于知识资源的依赖程度却逐渐加深。有识之士早就洞察到了这一点：“知识已经从金钱力量和肌肉力量的附属物发展成为这些力量的精髓。”[①]“知

① 阿尔文·托夫勒：《力量转移——临近21世纪时的知识、财富和暴力》，刘炳章等译，新华出版社，1996，第19—20页。

识是今天唯一意义深远的资源。传统的生产要素——土地（即，自然资源）、劳动和资本没有消失，但是它们已经变成第二位的。假如有知识，能够容易地得到传统的生产要素。在这个新的意义上，知识是作为实用的知识，是作为获得社会和经济成果的工具。”[①]“哪儿有海量数据以及应用于数据的恰当算法，哪儿就有财富、价值和繁荣。”[②]例如，科技人员产出的各种科技成果一旦进入市场，就可以拉动资本的投入，不仅可以提升主体的竞争力，而且能够创造出大量的社会财富。各种创新性知识成为紧缺的商品和社会各界争夺的焦点，它们在全球范围内快速流动，以空前的速度创造着一个又一个经济奇迹。“知识就是力量”“书中自有黄金屋”不再是知识分子的自我安慰。凭借创新性知识和对于知识的创新性应用，越来越多的知识分子在短时间内就能够创造大量的社会财富。知识分子在赚取高额利润的同时，形象生动的“知本家”一词也应运而生。

2. **知识与权力**

马克·斯劳卡深刻地指出：“数字革命在它的深层核心，是与权力相关的。”[③]迈入智能时代，知识已经不仅仅是财富的表征，而且还意味着各种各样的权力。斯各特·拉什指出：“在制造业的年代里，权力系属于机械生产工具之类的财产，而在信息的年代里，则系属于知识财产。”[④]阿尔文·托夫勒也认为：“知识本身不仅已

---

① 彼德·F.德鲁克：《从资本主义到知识社会》，载达尔·尼夫主编《知识经济》，樊春良、冷民等译，珠海出版社，1998，第57页。

② Vishnu Pendyala，*Veracity of Big Data，Machine Learning and Other Approaches to Verifying Truthfulness*，Berkeley：Apress，2018，p.6.

③ 马克·斯劳卡：《大冲突——赛博空间和高科技对现实的威胁》，黄锫坚译，江西教育出版社，1999，第152页。

④ 斯各特·拉什：《信息批判》，杨德睿译，北京大学出版社，2009，第17页。

经成为质量最高的力量的来源，而且成为武力和财富的最重要的因素。换句话说，知识已经从金钱力量和肌肉力量的附属物发展成为这些力量的精髓。事实上，知识是终端放大器。这是今后的力量转移的关键，它也说明全世界争取控制知识和传播手段的斗争变得越来越激烈。”[①]“掌握知识是明天在全世界范围内进行的争夺每一个机构中的权力的斗争的关键。”[②]迈入智能时代，谁掌握了先进的技术和知识（以知识产权为标志），谁具有知识创新能力或者将知识创造性地运用于生产和服务的能力，谁就可能成为掌握经济和社会权力的强者。社会权力的分布格局因应高技术时代的到来、产业结构的大调整、社会中心资源的大变迁，正在呈现出翻天覆地的新变化。

在具体的经济活动中，劳动者的权力被知识资源不断放大。在传统社会中，身处生产一线的劳动者完全处于被管理者的地位，组织生产、分配劳动果实的权力完全由中心资源的占有者，如农业社会的地主或者工业社会的资本家，以及他们的代理人所掌控。随着经济的转型和智能产业的兴起，随着知识资源取代自然资源逐渐成为社会中心资源，掌控经济和社会权力的就不仅仅是地主、资本家及其代理人了，掌握先进技术和知识资源的知识劳动者——“知本家”正在阔步走进权力中心。“知识工作者掌握生产资料，即在他们大脑中存储的知识，是完全可以带走的，而且是巨大的固定资产。由于知识工作者掌握生产资料，因此他们是易于流动的。”[③]即

① 阿尔文·托夫勒：《力量转移——临近21世纪时的知识、财富和暴力》，刘炳章等译，新华出版社，1996，第19—20页。

② 阿尔文·托夫勒：《力量转移——临近21世纪时的知识、财富和暴力》，刘炳章等译，新华出版社，1996，第22页。

③ 彼得·德鲁克：《21世纪的管理挑战》，朱雁斌译，机械工业出版社，2006，第133页。

是说，在智能经济中，知识劳动者不仅是创造价值的主体，而且是生产资料的所有者，生产活动的组织者。他们在生产过程中的地位得到了前所未有的提升。毕竟，拥有创新性或关键性知识劳动者的离开，往往意味着特定项目和工作的“停摆”、生产效率和产能的下降，甚至投资的失败和企业的破产。

知识劳动者在生产过程中权力的扩张，不仅体现为“知本家”在智能经济中的大范围涌现，而且体现在可能出现知识劳动者与企业主的地位的“倒置”。自第一次工业革命生产资料与劳动者相分离以来，生产资料的所有者一直凭借生产资料的所有权占有剩余价值、剥削雇佣工人。而一旦信息、知识成为最重要的生产资料，劳动者多数是占有这种生产资料的知识分子，那么，依靠少数人占有全部或多数生产资料的优势而存在的“剥削”能否继续下去？如果依然存在剥削，那么剥削又是怎样产生的？剥削存在于经济活动的什么环节？这是一种什么样的剥削？例如，在企业运作过程中，假如知识劳动者意识到自己掌握或创造的知识对于企业具有生死存亡的意义，在企业生产、经营中占据着主导地位，他们是否会反过来“拿捏”“要挟”“剥削”企业主？例如，具有创新能力、掌握知识产权的知识劳动者，如果不交出自己的专利、配方，如果在关键时刻“要挟”企业主，提出远远超过市场价值的经济诉求，技术上处于劣势的企业主往往会束手无策，可能不得不接受诸如此类的苛刻的条件。那么，这里是否可能存在一种新型的“反向的剥削”？

在经济和社会管理层面，知识劳动者的地位和权力也正在加速渗透、迅猛提升。迈入以高新科技为核心的智能时代，社会基础设施和社会治理的信息化、智能化潮流不可阻挡。各种智能系统正在成为“类管理者”，“非人的存在”在历史上第一次开始承担社会治理的职责。例如，智能系统可以无时无刻地采集、分析大数据，可以更快速地回应民众的各种需求，可以更恰当地配置各种社会资源，可以帮助各种职能部门进行即时裁决，可以更快捷地对突发事件做出反应，可以随时总结不同时段治理过程的经验教训……对于“电子政府”的概念，我们早就不能简单地理解为“政府上网”或“政务上网”了，而应该理解为人与各种智能系统协同合作，提供全方位的社会管理和社会服务。这正如赫拉利所警告的：“大数据算法有可能比我更能监测和理解我的感受，而掌控一切的权威也可能从人类手中转移到计算机手中。”[①]而知识劳动者作为设计、开发、制造、运用智能系统的劳动者，作为隐藏在这些智能系统背后的“技术阶层”，自然拥有了比以往更大、更广泛的权力。

直面知识劳动者或“技术阶层”获得的越来越大的权力，有人甚至敏锐地洞察到另一种负效应：这里必须警惕信息、智能技术的滥用，必须警惕“技术控制型集权主义”的不作为或胡作非为。例如，托夫勒早就指出，计算机时代的信息、数据库、统计模式都控制在专业技术人员和专家的手中，政府上层所作的几乎每一个决定都来自“使用计算机的专家们操纵过的‘事实’”[②]，而且其操纵手段日益微妙而隐蔽。因此，托夫勒一直忧心忡忡，担心所谓的“人工智能”加“专家制度”很可能是一个对民主具有重要影响的深刻过程。只有全方位提升人们的信息、智能技术水平，基于新的技术设备重建民主模式，全体人民当家作主的权力才有实现的希望。

总之，迈入以高新科技为核心的智能时代，经济和社会中心资

---

① 尤瓦尔·赫拉利：《今日简史：人类命运大议题》，林俊宏译，中信出版社，2018，第45页。

② 阿尔文·托夫勒：《力量转移——临近21世纪时的知识、财富和暴力》，刘炳章等译，新华出版社，1996，第313页。

源、产业结构和生产方式、经济和社会组织方式等都在发生巨变，社会权力结构也在发生革命性、颠覆性的变化。无论如何，“知识就是力量”不仅意味着“知识就是财富”，而且还意味着知识正在直接地或隐蔽地“染指”权力。“知识劳动者阶层”特别是技术精英在社会权力结构中的地位正在获得实质性的提升：他们不仅成为了社会生产、社会财富的主要掌控力量，而且获得了相较农业社会、工业社会更大的资源配置能力和社会治理权力。“知识劳动者阶层”在重新绘制财富、权力版图时，必然不断呼唤创构一种新的技术社会形态——智能社会，一种新的文明形态——智能文明。

第十二章

作为新型技术社会形态的智能社会

孙伟平

智能社会的横空出世是一次划时代的社会变迁，以未来学家为代表的思想家们曾经用“后工业社会”“知识社会”“信息社会”“网络社会”“知识价值社会”等描绘它。实际上，智能社会是信息科技、智能科技广泛应用于经济、政治、社会、文化等各领域，以“智能主义范式”范导、变革和塑造社会的产物。作为一种“后工业”的技术社会形态，智能社会与渔猎社会、农业社会、工业社会相比较，具有数字化、虚拟化、智能化、人机协同或人机一体化等基本特征。

理查德·大卫·普雷希特指出："历史上每一次巨大的技术—经济革命都导致了社会的巨大变革和重塑。"[①]随着互联网、物联网、大数据、云计算、虚拟技术，特别是人工智能的快速发展和广泛应用，人类社会正在快速信息化、智能化，迈入一种新型的技术社会形态——智能社会。然而，什么是"智能社会"？作为新型技术社会形态的智能社会是如何形成的？它与农业社会、工业社会存在什么实质性的区别？它有一些什么样的基本特征和发展趋势？等等，这些都是马克思主义社会形态理论需要深入研究的前沿问题。

一、思想家们关于智能社会的洞察与认知

从历史演进的序列看，智能社会显然是一个"新事物"，人们对它的认识经历了一个从混沌到逐渐清晰的历史过程。面对世界工业化高度发展、信息科技、智能科技兴起与应用以来的社会变迁，以未来学家为代表的思想家们率先展现了自己深刻的洞察力和卓越的判断力。

在社会信息化、智能化萌芽时期，美国著名社会学家、未来学家丹尼尔·贝尔提出了著名的"后工业社会"理论。他以技术为"中轴"，将人类社会划分为前后相继的三种形态："前工业社会"、工业社会和"后工业社会"。这种划分既具有共时性，又具有历时

① 理查德·大卫·普雷希特：《我们的未来：数字社会乌托邦》，张冬译，商务印书馆，2022，第84页。

性。共时性体现在目前世界各国的发展不均衡，三种社会形态同时并存；历时性体现在这是人类社会发展和进步的必然规律。“后工业社会”主要体现在以下几个方面：从产品生产经济转变为服务性经济，大多数劳动力不再从事农业或制造业，而是从事服务业；职业分布重心也由原来从事单纯重复性操作的半熟练工人转向白领阶层，专业与技术人员阶级越来越处于主导地位；理论知识处于中心地位，技术已经成为变革的一种主要力量；可以在预测经济成长可能带来的负效应（比如公害）的基础上，对技术发展进行系统性的规划和控制；应该创造和运用一系列新的“智能技术”，帮助人们进行决策。在所有这些特征中，“理论知识的首要性以及相对于制造业经济的服务业部门的扩张”①，具有实质性意义。丹尼尔·贝尔特别强调，后工业社会是人类社会发展的新阶段，信息、知识已经成为真正意义上的核心性资源，整个社会的重心已经从财富与物质的生产转移到信息、知识的创新。

“现代管理学之父”彼得·德鲁克认为，20世纪60年代末以来，社会正在发生一场巨变，即从工业社会向知识社会转变。知识社会可以从以下四个方面进行刻画。（1）新技术和新产业的发展。他将农业、钢铁业、汽车业叫做不断衰落的近代工业，而以20世纪的知识为基础，形成了信息产业、海洋产业、材料产业和大都会等新产业。（2）从国家经济到世界经济的变化：“知识已经成为关键性资源的事实意味着世界经济时代已经到来。”②在世界经济中，知识作为关键性经济资源，是比较优势的主要来源甚至唯一来源；同时，

---

① 丹尼尔·贝尔：《后工业社会的来临》，高铦等译，新华出版社，1997，前言第16页。

② 彼得·德鲁克：《巨变时代的管理》，朱雁斌译，机械工业出版社，2008，第197页。

新的权力中心、持续增长的新兴市场和行业层出不穷。(3)新的“组织社会或多元社会的出现”：知识社会不可避免地是组织的社会。组织的基础是知识和信息，其目的和功能是在共同的任务中注入专门的知识。随着知识的发展，每一个组织必须在组织结构中建立变革管理的机制。(4)“知识经济”“知识社会”的出现。其中，信息和知识已经取代土地、资本、自然资源及劳动力，成为基本的也是关键的经济资源。德鲁克指出：“知识是今天唯一意义深远的资源。传统的生产要素——土地（即，自然资源）、劳动和资本没有消失，但是它们已经变成第二位的。假如有知识，能够容易地得到传统的生产要素。”[①]在知识社会中，谁掌握了科学、技术、知识、信息等无形资本，谁具有知识创新能力或创造性地运用知识于生产的能力，谁就可能拥有权力与财富，在社会中占据领导地位。

美国著名社会预测学家、未来学家约翰·奈斯比特根据社会信息化的程度，将人类社会的发展分为农业社会、工业社会和信息社会三个阶段。信息社会的基本特征可以概括如下。第一，信息已经取代工业社会的资本成为最重要的战略资源，知识生产已经成为最重要的产业。第二，人们的时间观念发生了实质性的变化。农业社会的时间观念着眼于过去，工业社会的时间观念着眼于现在，而信息社会是一个着眼于未来的社会。第三，人们的生活目标发生了明显变化。在农业时期，竞赛是人对抗自然；工业社会使人同人工组合起来的自然相对抗；而在信息社会，文明史上第一次竞赛是人与其他人之间的相互作用。第四，信息技术革命、电子通讯革命推动了信息的流通，而不是信息的垄断和控制；削弱了国家的力量，大幅度地增加了个人的力量；推动了分权，使得专制从根本上失去了

---

① 彼德·F.德鲁克：《从资本主义到知识社会》，载达尔·尼夫主编《知识经济》，樊春良、冷民等译，珠海出版社，1998，第57页。

存在的可能。随着个人的强大、技术的进步、信息可以即时分享，代议民主制已经过时，公民直接投票的参与式民主具有了现实的可能，历史上将第一次真正实现人们的真实治理。第五，从等级制结构到网络状结构的转变。若干世纪以来，组织和管理采取的是金字塔式的结构形式。“新的管理方式将受到网络模式的启发并以它为基础。它的价值在于非正式和互相平等。它的联系方式将是侧向、斜向和自下而上。它的结构呈交叉状。”[①]第六，在全球一体化、世界虚拟化过程中，必须重新思考传统、价值观念和文化的意义。随着全球文化融合甚至全球文化的兴起，不同国家、不同文化和不同价值观之间的界线不再清晰。人们将在文化价值冲突或“文明的冲突”中，不断地追问“我们是谁”，探寻决定自己心灵归属的文化本体。第七，经济的全球化以及整个世界的相互依存、合作关系正在加强。“合作与竞争是全球网络经济的新的阴阳两极。”[②]

当代著名社会学家曼纽尔·卡斯特反对信息社会、“知识社会”之类提法，觉得它们不过是工业社会的技术外延。他主张使用“网络社会”这一概念，认为“网络社会”既是一种新的社会形态，也是一种新的社会模式。他不仅详细描述了“网络社会”形成和崛起的过程，而且从更高的层次上揭示了“网络社会”的“技术逻辑”。在卡斯特看来，“网络社会”的结构不同于工业社会的结构，是信息时代基于微电子的信息和通信技术的新的社会结构。作为一种历史趋势，信息时代的支配性功能与过程日益通过网络组织起来。而网络化逻辑的扩散，实质性地改变了生产、经验、权力与文化过程

---

① 约翰·奈斯比特：《大趋势——改变我们生活的十个新趋向》，孙道章等译，新华出版社，1984，第263页。

② 约翰·奈斯比特：《大挑战——21世纪的指南针》，朱生坚等译，上海远东出版社，1999，第79页。

中的操作和结果。“网络社会”作为一种全新的社会形态，具有不同于工业社会的基本特征：“战略决策性经济活动全球化；组织形式的网络化；工作的弹性与不稳定性以及劳动的个人化；普遍的、相互关联的与多样化的媒体系统建构起来的真实虚拟的文化；还有生活的物质基础——空间与时间，因为流动空间与永恒时间的特性而发生变化，成为支配性活动与控制精英的表现。”[①]即是说，在网络社会中，一切经济活动都建立在网络基础上，社会组织形式也日益网络化；资本在全球层次上协调统合，企业的生产组织方式和人们的工作方式变得越来越灵活。网络社会的社会变革过程还超越了生产的社会和技术关系领域，对权力与文化产生了深刻的影响。

欧洲在信息科技、智能科技的发展和应用方面明显落后于美国，但也提出了一些近似的理念和概念。例如，法国记者让–雅克·塞尔旺–施赖贝尔在《世界面临挑战》（1980年）中认为，伴随新的科技革命，全球性的信息社会将会取代传统的工业社会。信息社会是一个按“指数曲线”快速发展的社会，将会实现“就个人才能而言的充分就业”；由于信息是最重要的资源，因而是一个没有能源危机的社会；贫富差距会缩小，阶级差别将消失，社会制度、意识形态的差别也不复存在，社会将走向“世界大同”。威廉·E.哈拉尔在《新资本主义》一书中深刻剖析了信息社会的本质特征：与工业革命将生产要素从人力劳动转变为资本设备不同，信息技术导致了生产要素从资本向知识的转变。也就是说，知识将成为未来社会的经济基础和推动社会发展的动因。D.斯拉科的《作为一种神话的信息社会》（1987年）尖锐批判了托夫勒的充满乌托邦色彩的信息社会理论，认为信息与知识的“格差”将产生新的不平等。

---

① 曼纽尔·卡斯特：《认同的力量》，夏铸九、黄丽玲等译，社会科学文献出版社，2003，导言第2页。

D.莱昂的《信息化社会》（1988年）、《管理社会》（2002年）则通过剖析产业资本主义框架内的信息化现象，猛烈抨击了一些新突出的问题。例如，他对信息技术可能被国家用来作为管理国民的手段，特别是对国民进行监视表达了深切的忧虑。

20世纪60年代以来，亚洲曾经的经济领头羊日本也提出了一些未来社会的构想。例如，梅棹忠夫提出了著名的“情报社会”概念，推动日本开展了关于信息化、信息产业、信息社会的大讨论。20世纪80年代，堺屋太一出版了独具匠心的《知识价值革命》一书，认为20世纪以来所发生的新变化不是工业社会的延续，而是要诞生一个全新的社会——知识与智慧的价值普遍提高的“知识价值社会”。在这一社会中，“知识与智慧的价值”将采取物质形态或体现在服务行业中，在物质财富的价值构成中占有越来越大的比重；教育与信息产业成为销售“知识与智慧的价值”的产业，将获得很大发展。只有通过“知识价值革命”，创造“知识与智慧的价值”成为企业利润和经济发展的主要来源，工业社会才会走向“知识价值社会”。

迈入21世纪，与智能科技的快速发展和在经济、政治、社会、文化领域的广泛应用相适应，中外不少有识之士提出和论证了“智能社会”概念，并对智能社会的方方面面进行了视角不一、程度不同的描绘和分析。其中比较著名的成果有：阿莱克斯·彭特兰的《智慧社会：大数据与社会物理学》，理查德·沃特森的《智能化社会：未来人类如何生活、相爱和思考》，马克·舒伦伯格、里克·彼得斯的《算法社会：技术、权力和知识》，日本日立东大试验室的《社会5.0：以人为中心的超级智能社会》，以及中国学者高金波的《智能社会：打造未来全新商业版图》、严谨的《智慧社会：从数字到智慧的升级路径》、杨述明的《智能社会建构逻辑》等。

从以上思想家们关于未来社会的描绘、畅想、分析和研究看，他们关注的视角、重心和观点不尽相同，而且他们所描绘的“后工业社会”只不过是智能社会的萌芽形态或者早期形式。然而，无论如何应该看到的是，他们基本上都在观察、思考和阐述以下的社会发展大趋势：信息、智能技术革命已经全面渗入人类社会的各个领域，并以惊人的速度改变、塑造、创构着社会生产和生活方式，形成全新的学习方式、工作方式与休闲娱乐方式；以生产的信息化、智能化为特色的智能经济模式日渐成为主流，信息、知识等大数据正在成为最重要的经济和社会资源，信息、智能产业正在快速崛起，劳动生产率和生产力水平得到前所未有的提高；智能系统或智能机器人大量走进社会生产和生活领域，以人们虚实结合的实践方式与人机交往方式为基础，正在形成数字化、智能化的组织结构、治理方式和文化价值理念。思想家们都敏锐地断言，智能革命是人类历史上继农业革命和工业革命之后出现的又一次伟大的历史性转折，智能社会的横空出世是一次划时代的意义深远的社会变迁。

二、智能社会是智能科技“再结构”社会的产物

顾名思义，“智能社会”是随着信息、智能科技的发展和应用而出现的。以人工智能为代表的智能科技的快速发展，以及其对相关科技、社会的“灌注”、改造和提升，构成了智能社会的基本技术支撑，并以其“智能主义范式”重塑人与社会的方方面面，创构了一个新型的技术社会形态。智能科技究竟是什么样的“神器”？我们应该如何理解“智能主义范式”？由于目前智能科技尚在快速发展过程中，我们对它的体验和认知比较有限，因而还很难清晰地进行刻画；不过，通过曼纽尔·卡斯特的“信息主义范式”，我们

似乎可以通过类推获得足够的启迪。

曼纽尔·卡斯特在讨论“网络社会”的时候，不仅对“网络社会”形成和崛起的过程进行了大量描述，而且从更高的宏观层次揭示了“网络社会”的结构、变迁的技术逻辑。卡斯特认为，信息技术正在对我们的社会进行深刻的革命。信息技术之于这场革命，就像新能源之于过去的工业革命一样，它正在加速重构社会的物质基础，变革社会的各个领域。曼纽尔·卡斯特指出：“信息技术革命引发了信息主义的浮现，并成为新社会的物质基础。在信息主义之下，财富的生产、权力的运作与文化符码的创造变得越来越依赖社会与个人的技术能力，而信息技术正是此能力的核心。信息技术变成为有效执行社会—经济再结构过程的不可或缺的工具。”[①]曼纽尔·卡斯特据此提出了“再结构”社会的“信息主义范式”。这种范式的特点在于，信息技术处理的原料是信息，新技术的效果几乎无处不在；信息技术遵循网络化逻辑，具有弹性，并逐渐聚合为高度整合的系统。“信息主义范式”使社会再结构化，改变了和持续改变着社会的形态，推动一个全新的社会——“网络社会”——的来临。“网络社会是一个由信息主义范式的信息技术特征控制的信息网络组成的社会结构。”[②]

智能科技不是农业社会、工业社会那种为了某种实用目的（如延伸或替代人的某种身体功能）而发明的“仅仅作为工具”的技术，而是以信息科技为基础、以人工智能算法为核心、集众多先进科技之大成的革命性、颠覆性的高新科学技术，是“引领这一轮科

① 曼纽尔·卡斯特：《千年终结》，夏铸九、黄慧琦等译，社会科学文献出版社，2003，第403页。

② 曼纽尔·卡斯特：《信息主义与网络社会》，载赫曼伦编《黑客伦理与信息时代精神》，李伦等译，中信出版社，2002，第124页。

技革命和产业变革的战略性技术，具有溢出带动性很强的‘头雁’效应”[①]。随着互联网、物联网、大数据、云计算、虚拟技术的发展，以深度学习算法为代表的新一代人工智能技术不仅通过海量数据的搜集、存储、分析实现了对数据特征的逐层递归而获得知识，而且还在控制论策略的基础上通过智能体与环境的交互，在复杂环境中自主做出类似于人的行为。智能科技具有强大的范导、变革和塑造社会的力量，并且它对经济、政治、社会和文化等方面的影响不是零散的、枝节方面的，而是既全面又深刻的。它具有极其强大的影响力、渗透力和“塑造力”，无论是在人们的生存环境和生存条件方面还是在人们的思维方式和行为方式方面，无论是在社会生产方式和生活方式方面还是在产业结构和人们的就业结构方面，无论是在社会组织及其运作方式方面还是在社会意识形态和价值观念方面，都产生了或正在产生革命性、颠覆性的影响。就智能科技对社会的范导、变革和塑造而言，我们完全可以说存在一种类似于曼纽尔·卡斯特的“信息主义范式”，旨在将社会各个领域乃至整个社会信息化、智能化的“智能主义范式”。也正因为如此，我们可以说，智能社会建立在高度发达的信息科技、智能科技的基础之上，是信息科技、智能科技广泛应用于经济、政治、社会、文化、生态等各领域，以“智能主义范式”范导、变革、塑造和“再结构”社会的产物。

首先，智能科技的发展和应用重塑了经济活动方式，为经济发展注入了强大的新动能。智能系统获得日益强大的采集、存储和分析大数据的能力，以及加工、处理、评价、决策等自主思维能力，正广泛应用于生产和服务活动中，重塑产业结构、增长模式、流通

① 《习近平关于网络强国论述摘编》，中央文献出版社，2021，第119页。

方式和消费模式，形成一种区别于传统生产力的“新质生产力”——智能生产力。在智能经济活动中，第一，信息和知识已经取代土地、资本、自然资源成为最重要的生产资料，成为价值产生的源泉。这导致世界“从通过人力资源的集约来提高生产效率的‘劳动集约型社会’”、“以大量生产、大量消费为基础的‘资本集约型社会’”，过渡到了一种前所未有的“知识集约型社会”。[①]第二，信息、智能科技嵌入生产、交换、分配、消费等经济活动环节，不仅推动传统产业（如农业、采掘业、制造业等）向信息化、智能化方向转型、升级，而且促进了新兴的信息产业、智能产业的崛起，导致整个社会的产业结构发生实质性的调整和重构。第三，生产过程从工业时代的机械化、自动化进一步走向自主化、智能化和无人化。随着自动化基础上的算法模型、程序设定、自动决策系统等相关技术融合创新，智能时代的生产和服务活动表现出了日臻强大的自主性，可以在无人干预的情况下进行自动化决策，开展自主化、无人化的生产和服务活动。第四，大数据技术和智能化的数据平台不仅缩短了生产、服务活动和消费需求之间的信息差，大大减少了经济活动的环节和资源浪费，而且据此搭建了生产、流通企业与消费者之间的桥梁，让消费者可以直接参与产品的设计、研发和生产过程，实现产品的个性化和私人化定制，并接受消费者的即时反馈以进一步完善产品和服务。

其次，基于智能生产力正在形成一种全新的生产关系，不同人类群体之间与人机之间的矛盾和冲突日益突出。第一，由于经济活动的信息化、智能化，信息和知识成为最基本、最重要的生产资料，信息和知识的所有者、特别是创造或创造性使用新知识的“知

① 日本日立东大试验室：《社会5.0：以人为中心的超级智能社会》，沈丁心译，机械工业出版社，2020，第17—18页。

识劳动者”，与资本所有者一道成为了生产资料的所有者和经济活动的主导力量。第二，在产业结构调整、升级过程中，信息化、自动化、智能化的生产方式不仅将人从繁重的体力劳动中解放出来，而且进一步解放了人的脑力劳动，推动劳动方式与就业结构发生有史以来最为剧烈的变化。体力劳动者或机械的操作者已经不再是劳动力主体，“知识劳动者”不仅成为科学研究、技术开发的主体，而且成为社会生产、服务、管理的主力军。第三，在生产和服务信息化、智能化、无人化过程中，包括智能机器人在内的智能系统如雨后春笋般被开发出来，走进各行各业，承担越来越多的劳动任务和工作职责。与之相伴随，必须由人所承担的劳动重负正在逐渐减轻。这一方面促进了人们的“劳动解放”，大幅度增加了人们的自由时间，另一方面，“数字鸿沟”之弱侧的“数字穷人”不断被智能机器所取代，陷入“技术性失业”的窘境。第四，基于以上这些变化，智能经济对劳动者的素质和能力提出了前所未有的高要求。由于难以跟上信息化、智能化潮流，“数字穷人”正在丧失劳动的机会和价值，日益被发达的智能经济和智能社会网络排斥在外。“数字鸿沟”“技术性失业”“社会排斥”“无用阶层”等凸显为尖锐的社会问题，成为新的社会矛盾的焦点和社会冲突的导火索。

再次，基于高新科技的发展和应用，社会组织结构和社会治理方式正在快速信息化、智能化。信息科技、智能科技、虚拟技术的发展和应用正在模糊物理空间的界限，使国家、社会、企业和个人都开始一种“数字化生存”。例如，以互联网、物联网、虚拟交往等为基础，出现了各种各样的虚拟社会组织，如虚拟银行、虚拟企业、虚拟族群、虚拟家庭、虚拟社区、虚拟城市，甚至虚拟国家，有人甚至断言人类迈入了一个“虚拟社会”。这种生存空间的延展导致社会治理的内容发生了相应的变化，表现为“政府治理环境由物理空间转向物理空间与数字空间并重”，“政府治理决策由基于事实、经验转向基于数据”，“政府治理主体从单一中心走向多元协同”[①]。由于新型的社会治理单元具有数字化、虚拟化、去中心化、超地域性等特点，社会治理方式必须从传统的自上而下的金字塔型向网络型的扁平化、分权式管理结构演变。在演变过程中，最引人注目的变化当属治理主体和社会公共权力的“迁移”，传统治理主体——政府部门——的治理权力不断被弱化。这些权力可能会随着智能治理的普及和应用转移到一部分掌握先进智能科技的大型数字企业或个人手中，甚至转移到日益智能、具有一定自主性的智能系统手中。这正如尤瓦尔·赫拉利所指出的：“生物技术革命与信息技术革命融合之后，大数据算法有可能比我更能监测和理解我的感受，而掌控一切的权威也可能从人类手中转移到计算机手中。”[②]而一旦拥有资源和权力的智能系统的算法突破“图灵奇点”，脱离人类的控制，则可能给人类“馈赠”巨大的不确定性和风险。

复次，基于信息、智能科技日新月异的发展，基于智能时代新颖独特的社会生活实践，思想文化领域也正在发生革命性的重大变化。我们不妨以广义的文化建设为例。迈入智能时代，无论是文化生产、文化传播，还是文化交流、文化消费，都在快速信息化、智能化，一种新型的文化形态——智能文化——正像八九点钟的朝阳一样蓬蓬勃勃地兴起。智能文化的创作主体除了人本身，既包括人机协作方式进行的文化生产、文化创造和文化传播，也包括先进的智能系统闯进文化领域自主进行的文化生产、传播和消费。例如，智能系统不仅可以“习惯性”地搜集和整理各种数据，完成统计或

---

① 黄其松：《数字时代的国家理论》，《中国社会科学》2022年第10期。

② 尤瓦尔·赫拉利：《今日简史：人类命运大议题》，林俊宏译，中信出版社，2018，第45页。

总结报告，而且擅长理性分析和逻辑表达，写作新闻报道和咨询决策报告，一些专用人工智能或大模型甚至已经涉足感性的写诗、写小说、绘画、谱曲等领域。随着智能科技的进步，智能系统的“创作”能力与日俱增，奉献的文化产品和服务也越来越令人惊艳，对传统的文化形态、文化格局和文化秩序造成了巨大的冲击。特别是，智能文化的兴起和繁荣带来了一系列新的问题和挑战。例如，智能系统是否具有文化主体地位？它能否拥有其文化生产的知识产权？它超过人类的“文化奇点”是否可能到来？它是否会加剧既有的文化贫富差距，令一些人产生文化心理失衡？等等，这些问题都是必须抓紧研究的新课题。

最后值得指出的是，与整个社会从工业化走向信息化、智能化的变迁相伴随，与智能社会的经济、政治、社会、文化等领域的深刻变化相伴随，农业社会、工业社会形成的那些意识形态、法律法规、伦理道德和文化价值观都正在遭受巨大冲击，面临许多全新的问题和挑战，需要适应时代发展、社会变迁进行重大的深层次的变革。而如何顺应社会的信息化、智能化趋势，提炼智能社会的核心价值理念，形成包含意识形态、法律法规和制度保障在内的社会治理体系，创造新型的人机关系、人机秩序和“人机文明”，是马克思主义社会形态理论必须思考和解决的紧迫课题。

三、作为技术社会形态的智能社会的基本特征

随着社会的信息化、智能化与智能社会的到来，我们必须追问以下基本问题：智能社会与先前的农业社会、工业社会等是什么关系？它与农业社会、工业社会等存在什么本质区别？它具有一些什么样的基本特征和发展趋势？这需要我们立足马克思主义社会形态

理论进行宏观的考察和分析。

1.智能社会是一种新型的先进的技术社会形态

分析和判断社会形态比较复杂，必须选择一定的视角、依据一定的理论进行。马克思主义经典作家创立的唯物史观曾经提出多种划分社会形态的标准和方法。其中，影响最为广泛、人们最为熟悉的是以生产方式为基础、以生产关系特别是生产资料的所有制形式为标志划分“经济社会形态”。“生产关系总合起来就构成所谓社会关系，构成所谓社会，并且是构成一个处于一定历史发展阶段上的社会，具有独特的特征的社会。古典古代社会、封建社会和资产阶级社会都是这样的生产关系的总和，而其中每一个生产关系的总和同时又标志着人类历史发展中的一个特殊阶段。”[①]据此，人类社会经历了一个从低级到高级发展的“自然历史过程”，即一个从古代社会（包括原始社会、奴隶社会）、封建社会、资本主义社会到共产主义社会的发展历程。

当然，划分社会形态的标准和方法绝不是唯一的，我们还可以从其他的视角进行分析和判断。例如，我们可以立足比生产关系更具决定性意义的生产力，特别是立足生产力中的“革命性因素”——科学技术（马克思认为“科学技术是生产力”，邓小平甚至认为“科学技术是第一生产力”）和以之为基础的劳动资料、生产工具——划分社会形态。这种划分标准和方法由于特别重视科学技术的作用，重视劳动资料或生产工具的科技含量，因而人们往往将如此划分的结果称之为“技术社会形态”。从“技术社会形态”的角度进行审视，人类社会所经历的从低级到高级发展的“自然历史过程”，依次大致是渔猎社会、农业社会、工业社会和“后工业”

① 《马克思恩格斯选集》第1卷，人民出版社，2012，第340页。

的智能社会。

马克思曾经深刻地指出："各种经济时代的区别，不在于生产什么，而在于怎样生产，用什么劳动资料生产。劳动资料不仅是人类劳动力发展的测量器，而且是劳动借以进行的社会关系的指示器。"[①]例如，随着"劳动创造人"、人猿相揖别，人类开始探索着制造和使用石器、骨器、木器之类简陋、粗糙的生产工具，迈入以采集、捕鱼、打猎为生的渔猎社会。随着铜器、铁器的使用和农耕技术的发明，农业获得了突破性发展，人类逐渐从"靠天吃饭"的渔猎社会迈入相对有保障的农业社会。在资本的驱动下，以机器的发明和大规模使用为标志的工业革命极大地解放了社会生产力，将人类从农业社会快速推进到工业社会。而信息、智能科技革命的兴起，特别是人工智能的突破性发展，又正在把人类从工业社会导向数字化、智能化、人机一体化的智能社会。

技术社会形态与经济社会形态不是相互割裂、毫不相关的。在人类历史上，与不同科技含量的劳动资料，特别是生产工具相适应，往往会发展出不同的技术社会形态；而不同的技术社会形态又往往呼唤不同的经济社会形态与之相对应。这正如马克思深刻指出的："随着新生产力的获得，人们改变自己的生产方式，随着生产方式即谋生的方式的改变，人们也就会改变自己的一切社会关系。手推磨产生的是封建主的社会，蒸汽磨产生的是工业资本家的社会。"[②]例如，渔猎社会的科学技术和生产力水平十分低下，原始人只能使用石器、木器、骨器等简陋、粗糙的生产工具，以部落群居之类方式通过采集、狩猎、捕鱼为生。这种低水平、不发达的自然经济形态，即是马克思所谓的"古代社会"。由于铜器、铁器的发

---

① 《马克思恩格斯选集》第2卷，人民出版社，2012，第172页。

② 《马克思恩格斯选集》第1卷，人民出版社，2012，第222页。

明和农耕技术的提高，土地成为最重要的经济和社会资源，并逐渐为地主和封建统治者所掌控。人们以家庭为生产单位，以畜力和人自身的自然力为能量，在土地上种植、养殖，开展家庭手工业，迈入了一个男耕女织、自给自足的“小农经济封建社会”。在资本和市场的强力驱动下，资本家们不断冲破原有的地域限制，开发和使用自然资源（原材料、能源等）、建设工厂、开动机器，通过专业化分工、规模化地生产标准化的工业产品，不断开拓和满足人们的市场需求，将人类推进到波澜壮阔的“工业资本主义社会”。而如前所述，智能社会是以信息科技、智能科技的发展和应用为核心的高科技社会，是信息科技、智能科技应用于社会各领域，以“智能主义范式”范导、变革、塑造和“再结构”社会的产物。智能经济的快速发展和智能社会的建设尝试，为马克思、恩格斯所构想的共产主义社会奠定了坚实的物质基础，为实现生产资料公有制、计划经济和“按需分配”，为打破不合理的旧式分工、令劳动成为人的“第一需要”，为人的解放、自由全面发展和建设“自由人联合体”等提供了可能性。

从社会变迁的角度看，当今世界总体上处于从工业资本主义社会向“后工业”的智能社会“跃迁”的历史转折阶段。当然，受制于经济、技术发展水平，同时受文化传统、政策取向等因素的影响，不同国家、地区的信息化、智能化水平极不均衡，从而其所处的社会发展阶段也往往存在着巨大的差异。例如，与欧美日等发达国家相比，中国虽然通过改革开放创造了举世瞩目的“经济奇迹”，但目前仍然是世界上最大的发展不均衡的发展中国家，正处于从农业社会向新型工业化社会，同时向智能社会迈进的历史阶段。当然，历史悠久、文化灿烂、拥有14亿人口的社会主义中国同时向两个更高层次的技术社会形态跃迁，这无疑是人类历史上具有创新意义的跨越式发展，为“苏东剧变”之后处于低潮的国际共产主义运动注入了新的希望。

2. 智能社会的基本特征与发展趋势

尽管智能社会仍然处在形成过程中，尽管人们对智能社会众说纷纭，莫衷一是，但智能社会因为其特有的技术基础和“智能主义范式”，以及其特有的智能经济模式（包括信息化、智能化的劳动资料或生产工具）和智能化社会组织方式，仍然表现出了不少与渔猎社会、农业社会和工业社会迥然不同的基本特征和发展趋势。

一是数字化与网络化。随着信息科技、智能科技的快速发展和广泛应用，人类迈入了一个“日益量化的社会”。人们不仅将一切都“符号化”“数字化”，而且采集、存储、加工、传输信息、知识的能力也日甚一日地增强。通过各种各样的电子设备，通过无数网民和机构基于互联网的自主互联，通过基于物联网的“万物互联”，通过大数据、云计算、虚拟技术、人工智能等技术手段，人类社会采集、存储、加工处理的信息、知识的总量和速度，正在以农业社会、工业社会无法想象的速度迅猛地增长。而且，通过无处不在的互联网、物联网，一个人无论身处何处，都可以轻松地跨越时空（包括虚拟的电子时空）进行互动，实现大数据的即时采集、加工、传输和共享，令人感觉生活在“地球村”“天涯若比邻”。

二是“虚拟化”与“虚实结合”。智能社会是一种“虚实结合”的高科技社会。运用各种数字技术特别是虚拟技术，人们可以无中生有地创构大量的虚拟场景，创构各种各样的虚拟社会组织，创构各种奇妙的“虚拟时空”，创构以算法为基础生存在虚拟时空的“虚拟人”，开展日益丰富多彩的虚拟实践、虚拟交往活动，开始以往社会难以想象的“虚实结合”的“数字化生存”。“虚拟世界”越来越精彩，虚拟活动越来越逼真，不少人沉溺其中，日渐模糊真实与虚拟的界限，产生“游戏越来越像战争，战争越来越像游戏”之类的困扰；各种智能系统（包括智能机器人）源源不断地开发出来，在生产和生活的各个领域大显身手，人的“万物之灵”的主体地位、传统的人机关系都正在面临冲击；智能机器人的功能日益丰富、强大，甚至开始趋向“生命化”，越来越具有“类人智能”，正在对“什么是人”或人的本质构成直接的冲击……包括“虚拟人”、虚拟族群、虚拟家庭、虚拟银行、虚拟企业、虚拟商场、虚拟酒店、虚拟社区、虚拟城市、虚拟国家在内的各种虚拟主体大量崛起，传统的社会治理体系和治理方式面临转型，各级政府组织的治理理念和治理能力面临着巨大的挑战。

三是智能化与“无人化”。即在工业社会的机械化、自动化的基础上，以风格各异、功能不同的各种智能系统为基础，“社会有机体”及其有机组成部分日益具备一定的智能和自主决策能力，可以进行一定的“刺激—反应”式的“类生命行为”。目前，以智能机器人为代表的智能系统的研发速度日新月异，以智能产业为代表的智能经济快速崛起，以智慧社区、智慧城市为代表的智能社会治理已经初具雏形。同时，无人银行、无人车间、无人仓库、无人商店、无人旅馆、无人饭店、无人驾驶、无人学籍管理系统、无人政务服务系统……基于自动化、信息化、智能化的“无人化”生产和服务运动正在快速席卷世界的每一个角落。这不仅超越了工业社会的机械化、自动化发展水平，重塑了经济、社会和文化活动的面貌，同时也催生出了一系列新的问题。例如，“技术性失业”与就业率问题，贫富差距与社会分化问题，“无用阶层”与人的劳动权问题等，就令弱势群体与负责任的政府部门十分头痛。

四是人机协同或人机一体化。在社会信息化、智能化过程中，不仅“知识分子阶层”的队伍不断扩大，地位不断提升，而且包括智能机器人在内的各种智能系统如雨后春笋般涌现出来，在社会生产、生活和社会治理中占据越来越重要的地位。无处不在的“机器劳动”、人机分工和人机协作，乃至人机一体化，已经成为提升生产效率和服务品质的基本方式，成为提高人们的生活品质，乃至提升人自身的显见路径。人们生活在越来越信息化、智能化的社会环境中，除了通过终身学习不断提升自己的知识创造能力或创造性地运用知识的能力，还必须学会与各种各样的智能系统共存共处、协同工作。当然，在智能机器大规模涌入社会的情况下，如何对待越来越智能和自主的智能机器，构建与时俱进的新型“人机关系”，共创人机和谐的“人机文明”，已经成为我们必须思考和解决的前沿性问题。

总之，虽然智能科技仍然处于早期发展阶段，“智能主义范式”对社会的塑造仍然是初步的，智能社会目前的“表现”还非常不充分，但大致看来，这种社会形态应该具有数字化、虚拟化、智能化、人机协同或人机一体化等基本特征。它是一种与渔猎社会、农业社会和工业社会迥然不同的新型技术社会形态，是一种更高级、更先进、也更富挑战性的技术社会形态。今天，无论是像美国这样势力雄厚、一马当先的发达国家，还是像中国这样“后发”、苦苦追赶的发展中国家，都已经启动了雄心勃勃、重在创新的新一代人工智能发展计划。以人工智能为代表的智能科技已经成为国际竞争、市场竞争的前沿阵地，社会的信息化、智能化程度已经成为一个国家、地区发展水平的标志。因此，我们完全可以断言，智能时代将是人类历史上前所未有的知识和智慧占主导地位的时代，智能社会也将是最为“另类”、最为先进同时最值得期待的技术社会形态。

第十三章

文明的转型：从工业文明到智能文明

王天恩　生　蕾

人类文明发展到当代，站在人工智能制高点回顾和前瞻，从农业文明到工业文明，文明发展的进程清晰可辨；而当人类社会发展进入信息时代，文明发展的观点就变得莫衷一是了。从工业文明到智能文明，蕴含着把握人类文明进程的前所未有的范式转换。

一、文明的变迁与智能文明

越是高层次的人类文明发展阶段，其性质越是复杂。深入探索智能文明及其性质和特征，对于当代社会和人的发展具有前提性基础意义。

1.从后工业社会到智能文明

信息文明研究肇始于先完成工业化的西方发达国家，所谓“后工业社会”正反映了从工业文明到信息文明的过渡社会形态。“后工业社会”主要以产业定位，以“工业社会”为参照定义信息社会。虽然丹尼尔·贝尔在1976年“后工业社会的到来”一文中只在一处用到“信息”概念，但信息却是理解“后工业社会”性质的关键：“后工业社会建立在服务业基础之上。生活成了人们之间的游戏。其所依赖的不是体力或能源，而是信息。”①人们从信息技术、职业结构、经济、空间结构和文化论证信息社会方面，信息社会被量化地描述为这样一个社会，“其中超过国民生产总值的一半产生自信息经济领域，就业人数的一半在信息经济领域活动”②。虽然这主要是在社会生产特别是经济发展的范式中讨论信息社会，但已经转向了信息社会和信息时代的社会定位。而互联网的发展，则为

① Daniel Bell, “*The Coming Post-Industrial Society*”, *The Educational Forum*, vol.40, No.4.1976, pp.574-579.

② Peter Sasvari, “*The Effects of Technology and Innovation on Society*”, *Bahria University Journal of Information & Communication Technologies*, vol.5, No.1, p.4.

从经济或产业定位转向社会定位提供了最重要的基础。与工业社会不同，信息社会的根本基础正是网络。

1996年，在《网络社会的崛起》一书中，有“当代马克斯·韦伯”之称的美国信息社会学家曼纽尔·卡斯特提出了“信息技术革命”概念，“在整个人类活动领域无处不在”的“信息技术革命”成了他“分析形成中的新经济、社会和文化复杂系统的切入点”。他认为，“作为一种革命，信息技术革命出现于20世纪70年代”[①]。信息技术革命拉开了信息时代的大幕，而早在20世纪80年代初，托夫勒在《第三次浪潮》中就提到“信息时代”概念，并看到了一种新的文明正在我们生活中涌现，它将拥有更多为自己所支配的信息，而且是更精细组织的信息。“第三次浪潮”所涌动的，正是“信息社会”发展的澎湃律动。

如果说，网络是信息社会的基础，那么大数据则是信息文明发展的基础。此后关于“信息社会”和“信息时代”的研究深入而系统。随着大数据的发展，在“信息社会”和“信息时代”的基础上提出了“新信息社会”和“新信息时代”的概念，认为它们建立在大数据的基础之上，大数据是新信息社会的基本构成。在新信息社会中，一切都是可测量的，人和我们所能想到的几乎所有设备都通过互联网全天候连接在一起。“新信息社会”和“新信息时代”概念的提出，经历了从根据计算机出现为标志的新信息技术到以大数据出现为根据的过程。随着新信息技术的发展，“网络和流动的物质性确实在社会各层面创造了一种新的社会结构。正是这种社会结构，实际上构成了新信息社会，一个可以更恰当地称之为流动社会的社会，因为流动不仅由信息组成，而且由人类活动的所有物流组

① Manuel Castells, *The Rise of the Network Society*, Malden, MA: Wiley-Balckwell, 2010, pp.5, 54.

成（资本、劳动力、商品、图像、游客和个人互动中变化的角色等）”[①]。以大数据为基础的“新信息时代”和“新信息社会”已经完全超出了其信息时代和信息社会的信息技术定位，进一步反映了作为人类文明全新形态的信息文明。

毫无疑问，人类文明始终是物能和信息一体化的文明，但其结构是物能文明基础上的信息文明发展，因而人类文明的发展就成了一个从主要表现为物能文明到越来越表现为信息文明的过程。人类文明的基础永远是物能，但人类文明的实质却是信息，即其发展过程实质上是信息进化的过程，人类社会的发展越来越表现为信息文明的发展。

自从“信息论之父”香农1948年提出信息论，“信息”已经有上百种定义。在这些定义中，控制论创始人维纳的表述最耐人寻味，也最涉及根本：“信息就是信息，既不是物质也不是能量。”维纳的表述虽然看上去几乎没有给信息下一个形式逻辑意义上的严格定义，但它却通过将信息与物质和能量相提并论，以一种特殊的方式晓示了信息非同寻常的重要性，从而预示了人类发展的一个新的前景。随着人类社会发展到信息时代，我们才看到这一重要性和这一预示的空前展示：一种不同于以往文明的新的文明。信息时代可能跟我们以往的时代都不一样，既不是物质也不是能量的信息意味着一种完全不同的文明，一种在层次上不同于物能文明的信息文明。

从人类文明由物能文明到信息文明的整个发展进程可以清楚地看到，作为整个人类的文明，信息文明是中国发展的世界格局。只有通过在与整个物能文明并列的层次理解和研究信息文明，才能对

① Manuel Castells，*Flows*，*Networks*，*and Identities*：*A Critical Theory of the Informational Society*，Critical Education in the New Information Age，Lanham，MD：Rowman & Littlefield Publishers，Inc.，1999，p.63.

这一世界格局有一个更高层次的整体观照。因此必须从与“农业文明”和“工业文明”并列的层次，上升到相对于整个物能文明层次理解信息文明，在与包括“农业文明”和“工业文明”在内的整个物能文明并列的层次研究信息文明，获得中国发展在世界格局中的更高层次整体观照。

在信息既不是物质也不是能量，但它既需要以物质为依附，又需要能量传播的意义上，信息文明是一种与物能文明相对的文明形态。信息与物能的并列地位，使信息活动越来越占主导地位的人类社会存在方式发生重要转变。这种新的存在方式意味着一种新的人类文明，一种在物能文明基础上发展起来的更高层次的人类信息文明。这种意义上的信息文明是由大数据开启的，其基础是大数据。物数据化和数据物化使大数据时代扑面而来，而物数据化和数据物化意味着物信息化和信息物化，正是这两方面的循环，构成了与整个物能文明并列的信息文明。

信息科技的发展，使人类发展进入了一种文明新形态。从“信息时代”到“智能时代”，反映了人类社会从信息化到智能化的发展，而其实质则是信息文明发展到智能文明阶段。智能时代是信息时代发展的高级阶段，从更高整体层次看，智能化时代意味着信息科技发展基础上人类信息文明的当代发展。

2. 智能时代概念的提出和发展

通过对能量获取技术的改进，工业革命大大强化了人们改造物质自然的能力，使人类文明从农业文明进化到工业文明。在《哲学的贫困》中，马克思写道：“手推磨产生的是封建主的社会，蒸汽磨产生的是工业资本家的社会。”[①]也就是说，科学技术的发展极大

① 《马克思恩格斯选集》第1卷，人民出版社，2012，第222页。

地推动了社会生产力的发展，从而使人类生存的各个方面发生深刻的变革，这些方面包括人类在实践中结成的各种社会关系、生活方式、交往方式以及思想观念等等。基于此，有学者将历史上发生过的三次最重要的技术革命作为区分不同社会历史阶段的依据，如奈斯比特将社会形态表述为“农业社会”、“工业社会”和“信息社会”。我国学者将这种分类方法进一步提升为研究社会形态的一种技术视角，以决定生产力性质的技术水平和在此基础上形成的产业形态作为划分社会形态的标准。因而，立足于社会生产力的发展，从技术进步的视角，我们可以把社会发展看作这样的时代进程：石器时代、青铜时代、农业时代、工业时代、信息时代、智能时代。

信息革命则从根本上颠覆着人类社会的方方面面，创造着一个新的、更高的文明，即信息文明。对于信息文明的理解，学界目前主要有两个层次的划分：一种是按照技术视角划分社会文明形态，将其纳入农业文明、工业文明、信息文明的逻辑链条之内；另一种是按照人类文明的物能和信息基础，将其看作与物能文明并列的人类文明形态。当然，大多数学者虽然将信息文明纳入农业文明、工业文明的逻辑链条之内，但同时也强调信息文明并不是过去的直线延伸，而是一种新的文明形态。比如阿尔文·托夫勒在《第三次浪潮》中就指出，继农业文明、工业文明之后的第三次浪潮是人类文明史的新阶段，是一种独特的社会状态。他说：“这种历史性变革的第三次浪潮，并不是工业社会的直线延伸，而是彻底地改变方向，并且常常是对过去前进方向的逆转。”“正在发生的事情不只是一场技术革命，而是一种全新的文明的降临。”[①]最先提出信息文明是与过去整个物能文明相对的新文明这一观点的是王天恩教授，他

① 阿尔文·托夫勒：《第三次浪潮》，朱志焱、潘琪、张焱译，生活·读书·新知三联书店，1996，第389页。

撰写了多篇论文论述了信息文明的内涵、意义及其对中国当前发展的启示。这种信息文明理解，有助于我们从更高的整体层次来把握技术以及人类社会的发展方向。

关于信息文明的理解，经历了一个随着关于信息的理解不断深化的过程。在这一发展过程中，控制论的创立者维纳的信息理解是重要的里程碑。维纳认为："信息就是信息，既不是物质也不是能量。"[①]维纳虽然没有明确给出信息的定义，却通过否定性判断将信息与物质和能量区分开来，同时凸显出信息的重要性，这无疑具有前瞻性。随着信息技术的发展，信息在社会发展中越来越成为主角，而物能越来越具有直接界面的性质。在这个意义上，作为非物质、非能量的信息，意味着将带来比物能层次更高的基础，它意味着一种完全不同的文明，一种在层次上不同于物能文明的信息文明。在存在论意义上，信息存在基于物能存在，作为感受性关系，信息是物能发展的产物；而在实践意义上，物能的重要性越来越沉降为基础的重要性，信息的重要性越来越提升为界面的重要性。物能作为载体可以被替换，因而这其中的关键因素不是物能本身，而是在其基础上生成的信息。简而言之，信息在当今社会发展中具有越来越重要的地位，从而信息活动成为越来越占主导地位的人类存在方式，一种不同于物能文明的信息文明前景在我们眼前缓缓展开。在信息文明时代，信息资源成为人们生产生活最主要的资源。正是在信息基础上的信息科技发展，信息时代向"智能时代"迈进。

随着智能科技的发展，作为时代特点的反映，"智能时代"概念以多种不同具体形式先后出现，主要的具体措辞有："The Age of

---

① Nobert Wiener, *Cybernetics, or Control and Communication in the Animal and the Machine*, Cambridge: the MIT Press, 1985, P.132.

Artificial Machines/Intelligence”、“The Intelligent/Machine Age”、“The Age of Spiritual/Smart Machines”。与信息时代的信息文明层次把握相联系，“智能时代”概念出现的最早文献之一，见于哈佛大学肖沙娜·朱伯夫于1988年出版的《在智能机器时代：未来的工作和权力》一书。书中有段话令人印象深刻：“一个世界将失去，我们将获得另一个世界。那些看起来只是技术性的选择，将重新定义一起工作的生活。这不仅仅意味着考虑新技术的影响或后果。这意味着一种强大的新技术，比如以计算机为代表的技术，从根本上重新组织了我们物质世界的基础设施。它消除了以前的选择。它创造了新的可能性。它需要新的选择。”[①]朱伯夫等的研究为保卫信息文明精神而展开了对“监视资本主义”的批判，描述了“监视资本主义”网络环境中积累的涌现逻辑（层创逻辑），并考虑将其应用于信息文明。[②]几乎在同时，雷·库兹韦尔先后出版《智能机器时代》和《精神机器时代》。在“面对未来”的讨论中，雷·库兹韦尔对智能时代的发展做了引人深思的预测。2015年，杰瑞·卡普兰在《人类无需应聘：人工智能时代的财富与工作指南》一书中提出“人工智能时代”概念，指出在人工智能时代，人类是优雅地完成智能转型还是在此过程中变得遍体鳞伤不能确定，并且对智能时代的财富分配与工作情况作了分析与预估。如今，浩如烟海的文献都在措辞上稍有差异地使用“智能时代”概念，对人工智能发展带来的未来发展趋向做出各种各样的预测。

随着人工智能技术的不断发展，扑面而来的智能时代是我们必

---

① Shoshana Zuboff, *In the Age of the Smart Machine*: *The Future of Work and Power*, New York: Basic Books, 1988, p.5.

② Shoshana Zuboff, “Big Other: Surveillance Capitalism and the Prospects of an Information Civilization”, *Journal of Information Technology*, vol 30, No. 1, 2015, pp.75–89.

须积极而且兴奋面对的未来。在当前这一充满张力的时代交替社会转型发展阶段，人类应该通过与人工智能的融合发展，创造出最符合人性发展的崭新人类智能文明。对于正在到来的智能时代，在哲学和科学一体化层次把握智能文明及其性质和特征，成了越来越紧迫的任务。

二、智能文明：信息文明的高级发展阶段

作为与物能文明并列的文明层次，信息文明的发展是一个信息化程度不断提升的过程。由于信息化发展到高级阶段意味着智能化，因此信息文明发展的高级阶段就意味着智能文明。

1. 智能革命开启智能时代

随着“机器学习”算法与互联网、大数据、云计算等技术深度融合，人工智能取得了丰硕的成果。人们生活的方方面面正在越来越智能化，出行有智能导航、购物有智能推荐，而智能手机和智能家具等各种智能设备的智能化程度也越来越高。百度公司创始人李彦宏认为，从互联网中汲取能量的人工智能正在酝酿一场堪比历次技术革命的大变革。我们正在被卷入一场智能革命之中，这场革命具有前所未有的巨大能量，它将开启新的智能文明。

人类进化是一个双向循环过程，一方面，人的能力在实践中形成和发展，另一方面，人的能力同时在实践中对象化。人类文明的发展，实质上是人类本质力量在实践中发展，同时在其中对象化的双向循环过程。在这一发展过程中，人类能力的发展和对象化首先是一个漫长的工具发展阶段。工具的发展过程发生了一个从物质实体到能量动力的重要转换，人们也称之为“能量革命”。正是能量革命，构成了以动力机器为标志的人类文明发展新阶段，引发了人

类社会发展中的工业时代。动力机器的发展为人类智力的对象化提供了前所未有的基础，人类智力对象化升级的结果，就是机器的智能化，因而造就了从能量革命到智能革命的历史性飞跃。因此从整体看，对象化的一个系列是物能工具，从最自然的石器到作为整个人对象化的人工智能。

人是能制造和使用工具的动物，在工业革命之前，人们使用的工具主要是物体形态的，其内容主要是物质材料构成的工具。到了工业革命，这些工具被赋予了动力，动力的大规模使用使这些工具发生了第一次质变。第一次工业革命以蒸汽机的出现为标志，人们开始大规模利用自然能源赋予生产工具动力。蒸汽机产生的动力取代了人力、畜力等自然力，可以使纺纱机源源不断地产出棉纱和棉布，可以驱动汽车、火车、轮船远距离出行，从而使一个机械化的时代到来，促成了由农业社会到工业社会的转型。电磁学的出现引发了第二次工业革命，即电气革命。电力技术在铁路、化工、汽车等生产部门得到普遍运用，发电机产生的电力使人们可以更好地利用物质性能源，从而使人们的物质生产工具得到进一步发展。应该说，蒸汽机革命和电气革命的发展逻辑是一脉相承的，都是通过能源利用技术的改进促进物质生产工具的发展。

目前，人们对于蒸汽革命和电气革命的作用和意义已经取得基本共识。而信息技术革命则由于还处于发展当中，尚未充分展开，对于它的意义和作用的看法还存在诸多分歧。比较有代表性的观点是按照技术发展的逻辑，将信息技术革命作为前两次工业革命的进一步发展。比如，克劳斯·施瓦布在《第四次工业革命》一书中认为信息技术革命是第三次工业革命，开始于20世纪60年代，而目前我们正处于第四次工业革命的开端。然而，以计算机为核心的信息技术革命并不能简单地看作前两次工业革命的同一阶段发展，它与前两次技术革命具有完全不同的作用与意义。中国社会科学院哲学研究所研究员童天湘最早对此进行了系统而深刻的论证，他在20世纪80年代的论文中就提出了相对于“能量革命”的“智能革命”概念。到了90年代，他在《点亮心灯——智能社会的形态描述》一书中对此进行了详细论述，认为在世界新技术革命之前，人们进行的是能量革命，能量革命使人类从农业社会向工业社会转型。由于科技发展的阶段性质，工业社会发展的特点主要依靠非再生的自然能源。由此，工业社会的高能耗产业结构与自然不可再生能源结构之间的矛盾使人与自然的关系日益走向对抗。而摆脱困境的出路就在于从能量革命转向智能革命，智能革命借助智能、智慧改变社会的高能结构从而走向智能社会。这样一来，人与自然的关系也由对抗转向和谐。

新技术革命产生的智能机、智能机器人与智能网络将会推动社会智能化。也就是说，蒸汽革命、电力革命包括核能的利用都属于能量革命，能量革命通过机械力的驱动放大了人的体力，极大地提高了社会生产力，创造了大量的社会财富，但它同样造成了自然资源的巨大消耗，生态环境的严重破坏，财富分配因物质财富性质造成严重不均等消极影响，在很多时候，人们依然处于动物式的生存竞争当中。而智能革命以智能为主要驱动力，智能具有无限的潜能，它不是越使用越枯竭，而是越使用越丰富，借助智能革命，人类的生存将发生根本的变革。应该说，信息技术本身就是一种智能化的工具，它使人类第一次拥有了意识活动外化的手段，成为开启智能革命的基础技术。智能革命带来了人类认识和实践活动的根本变化，人类的意识活动原本只能在人的头脑中进行，人类只能根据头脑中的意识活动进行实践。信息技术革命却使人类的意识活动可以外在于人的大脑存在，即计算机能进行各种信息的处理活动，承担部分人脑的功能，变得“智能化”。正如有学者所指出，计算机按照人设定的程序对数字化信息做各种处理，本质上是一种意识性的活动。而意识性的活动，都应该属于“智能”的范畴，所以，以计算机为核心的信息技术在其诞生伊始，本质上就是一种意识性的智能化工具。因而，信息技术革命不应该归到物质性能源革命的逻辑之中，而是一场在工业革命基础上、人类文明的新革命，是人类历史上前所未有的“智能革命”，而非继蒸汽机与电力之后的“第三次工业革命”。由此可以认为，信息技术革命是智能革命的开端，不属于能量革命的逻辑发展链条，而是基于能量革命的更高层次的人类文明新革命。

需要指出的是，在信息处理意义上，人工智能技术与以计算机为核心的信息技术几乎是同时发展的，第一台电子计算机的设计理念后来也成为人工智能的基本理念，即模拟人脑的功能。当然，这也说明了信息技术本身具有的“智能”性质。然而，由于信息技术在应用领域大获成功，不断渗透到社会的物质生产、精神文化等各个领域，应用的普遍性遮蔽了它的智能性。此外，当时人工智能技术未能充分发展，其发展速度以及实用性远不如信息技术。因而，很多社会学家和未来学家虽然看到了一个新的社会发展阶段的到来，但他们还是更强调这一新阶段与工业社会的连续性，他们从技术变革的角度用“后工业社会”“后经济社会”“技术电子社会”“后资产阶级社会”等来描述未来的社会形态。随着最近几年人工智能技术的爆发式发展，信息技术“智能革命”的意蕴也得以彰显。当然，人工智能技术的爆发得益于信息技术发展提供的基础性支撑，正是信息技术积累起来的大量数据以及不断提升的计算能力，为人工智能技术的进一步发展提供了基础和动力。同时，计算机和机器体系的智能化也是技术发展的逻辑必然。因此，智能革命的开端可以追溯到20世纪40年代第一台电子计算机的诞生，智能革命的全面展开则是从人工智能技术的加速发展开始的。此后，各种人工智能应用不断渗透到人们的生产、生活当中，变革着人们的生产方式、生活方式、思维方式等，越来越多的人开始意识到我们正在被卷入一场具有颠覆力量的智能革命当中。

由此可见，信息技术虽然开启了智能革命，但智能革命爆发的关键是人工智能技术，只有人工智能的发展才能进一步引发智能的“核爆炸”，使信息化、自动化转向智能化，彻底变革人们的生存方式。正如施瓦布所说，人工智能与其他技术融合带来的革命是前所未有的，其“发展速度之快、范围之广、程度之深，都迫使我们反思国家的发展方式、组织创造价值的方式以及人类自身的意义”[①]。以人工智能的发展为标志，智能革命促使人类社会从工业社会向智能社会转型，这一社会转型与以往任何发展阶段的社会转型都完全不同。从工业社会到智能社会的转型不仅仅意味着社会发展，由于人工智能的通用化意味着人类本质力量的整体对象化，这一社会转型使人类文明进入了一个更高层次的发展阶段，从而使智能时代成了人类文明发展的全新时代，具有与以往人类发展时代完全不同的特征。

2.智能文明是信息文明的智能化发展阶段

信息科技的发展，使人类发展进入了一种新形态的文明：信息文明。人类社会从信息化时代到智能化时代的发展，实质上是信息文明从“信息时代”发展到更高层次——智能文明阶段。作为信息文明发展的高级阶段，智能文明表现为环境和活动及至人的存在方式的智能化。

---

① 克劳斯·施瓦布：《第四次工业革命》，李菁译，中信出版集团，2016，序言第Ⅲ页。

随着新一代人工智能的发展，专用人工智能领域不断取得突破，通用人工智能研究也开始起步，人工智能成为新一轮科技革命的核心驱动力。我们正大步迈入智能时代，信息文明的智能化发展帷幕徐徐拉开，智能时代的到来标志着信息文明进入智能化发展阶段。随着人工智能技术从高深学术到日常生活的全方位融入，越来越多的学者认为我们正在进入智能时代，正在创造更高层次的人类文明发展阶段——智能文明，由此人类历史发展到智能时代。成素梅将信息文明的发展分为三个阶段：一是以自动化和信息化为标志的崛起阶段。这一阶段的时间跨度大致从1946年第一台电子计算机的诞生到1995年浏览器的发明。在这一阶段，知识和技术作为生产力的独特要素开始超越“资本”，在经济发展中扮演重要角色；二是以网络化和数字化为标志的全面发展阶段。这一阶段的时间跨度为从1995年互联网的商用化到2015年人工智能的全面发展。在这一阶段，互联网在许多方面改变了我们的日常生活，彻底变革了各行各业的商业结构和模式；三是以智能化为标志的高峰阶段。这一阶段从2015年开始到未来某个时候。在这一阶段，人类文明从利用科学技术解放人类体力向着解放人类智力的方向推进。智能时代是信息时代发展的高级阶段，从更高整体层次看，智能化时代意味着信息科技发展基础上人类信息文明的当代发展。

作为人类文明发展的两个密切关联的阶段，信息文明与智能文明具有双向内在关系。一方面，信息文明的智能化发展是信息技术发展逻辑的必然要求，智能文明是信息文明发展到高级阶段的产物。正如前文所述，信息技术革命的本质是一场智能革命。在此之前的农业革命和工业革命主要是通过制造新工具以及“动力机器”来扩展和延伸人的体力，而信息技术的根本目的是对人类脑力的模仿、扩展和延伸。作为人类在20世纪所取得的重大科技成果，电子计算机的发明开启了智能革命的新纪元。应该说，21世纪以来人工智能技术的爆发得益于信息技术发展提供的基础性支撑，正是信息技术积累起来的大量数据以及不断提升的计算能力，为人工智能技术的进一步发展提供了基础和动力。但与此同时，计算机和机器体系的智能化也是技术发展的逻辑必然。信息技术革命的“智能”本质必然要推动技术从自动化、信息化转向智能化，技术的智能化使计算机发展为智能计算机，产业机器人发展为智能机器人，信息网络发展为智能网络，从而使社会全面智能化，开创一个新的智能时代。在智能时代，智能是核心驱动力。如果说工业时代是由能量驱动物质型经济，那么智能时代就是智力驱动智能经济。也就是说，智能时代的到来不可避免，它是智能革命全面展开的必然结果。

另一方面，智能时代是信息文明发展的高级阶段，人工智能技术是智能革命全面爆发的核心驱动力。随着信息技术的发展，人类活动越来越具有信息化的特征，人类所处的环境也逐渐信息化，作为信息体的人与信息化的环境进入了整体信息化发展进程，由此人类文明开始进入信息文明。然而，人不仅仅是信息体，人是具有自我意识的智能体，作为智能体的人是信息体发展到高层次的结果。因而，智能化就是信息化发展到较高层次的产物。随着人工智能的发展，人及其所处的环境必然会从整体性信息化向着整体性智能化发展，人将会越来越多地与智能体而不是信息体或物能打交道。由此，人类文明开始进入信息文明发展的整体性智能化高级阶段。信息文明作为一种整体性智能化的文明，人工智能的发展是其中的关键环节，正是人工智能使信息文明进到一个更高的发展阶段。人工智能是进一步展开信息文明内在本性的核心技术，是信息文明整体性智能化发展的重要基础。与此同时，人工智能的发展为创造真正符合人性的文明提供了切实可行的具体路径，智能时代将为人类解放创造现实条件。

总之，智能时代是信息文明更高层次的智能化发展阶段，智能时代的出现既符合信息文明内在本质的要求，同时也推动了信息文明发展层次的不断提升，为人类解放创造出具体的路径和机制。人类文明归根结底是信息文明，而信息文明则以整体性智能化为发展方向。在这一整体性智能化过程中，以信息方式存在的人不断从包括自身载体在内的物能束缚中解放出来，不断提升自己的信息方式存在层次，从而使信息文明的发展层次不断提升。越是更高发展阶段的人类文明，越是人类创造性活动的结果。

三、智能文明的基本特征

作为信息文明的高级发展阶段，智能文明既具有信息文明的基本性质（最典型特征），又具有自身特有的基本特征。信息文明发展到智能文明阶段，有两个方面的理解必须进一步深化。一方面，智能文明不仅具有信息文明的基本性质和特点，而且使这些基本特性得以更充分展开；另一方面，只有在信息文明层次的整体观照中，才能更到位地把握人工智能的发展和智能文明。

1. 一种基于信息的智能文明

作为更高层次的人类文明形态，建立在物能文明基础上的信息文明相应地必须在更高理论层次上加以把握，而马克思主义理论在这方面正具有独一无二的优势。在马克思主义理论整体观照中研究信息文明，一方面意味着必须在信息、大数据和人工智能的内在整体关联中理解信息文明，另一方面意味着必须在信息文明的整体观照中理解信息、大数据和人工智能。

在信息、大数据和人工智能与信息文明的整体观照中，信息文明就像一棵人类文明的大树，信息是这棵信息文明之树的根。信息文明之树的信息之根，深深扎在物能大地。物能大地是信息文明之树的土壤，信息文明之树正是扎根于物能土壤，生长于物能大地。由于人自身不仅正是典型而且是最高层次的信宿，人们所置身的恰似一座信息“庐山”。我们信息研究领域的云山雾罩，皆因身处信息“庐山”之中，所谓“不识庐山真面目，只缘身在此山中”。而大数据和人工智能的发展，则使信息得以开显。信息的大数据和人工智能开显，类似信息作为种子发育生长，逐渐生成信息文明的大数据基础和人工智能花果。无论大数据还是人工智能，都具有深刻的信息文明意蕴。

大数据具有规模整全性、结构开放性、实时流动性和价值创生性，由此提供了关于既存世界认识的整体把握量化方式，就信息文明而言，具有深刻的存在论意蕴。而人工智能的信息文明整体观照，则既能凸显人工智能的文明意蕴，又能展开信息文明的智能理解。信息文明的基本性质是整体性信息化，而整体性信息化的高层次发展，则是整体性智能化。作为信息文明整体性智能化发展的重要基础，人工智能具有深刻的信息文明意蕴。当人类智能创造出日益增强的人工智能，信息文明便进入整体性智能化发展阶段。人类智能创构人工智能并进入协同发展，构成由创构者创构被创构者，再由被创构者反过来创构创构者的循环。正是这一循环机制，构成了人的信息存在方式的不断快速迭代升级。从自然发生的人类智能，到由人类创造的人工智能，再以越过图灵奇点的机器智能创构更高层次的人类智能，由此构成一个整体性智能化发展的双向循环。

作为感受性关系，信息具有与物能不同的本性，其中最基本最重要的，就是创生性、涌现性、相互性和共享性等。与物质的质量守恒和能量守恒不同，信息具有不守恒的性质，这是信息创生性的存在论根据。信息的创生性不仅是信息可创生，而是所有的信息都是在物能的基础上创生的。相互性是信息的基本特性，与物能完全不同，信息以相互性为基本特性。相互性是作为同一整体构成部分之间在整体过程机制中的相互依存、不可分割、彼此影响、共同行动的关系。完全不同于物能只能分享，信息具有共享性。作为资源，信息所具有的共享性对于人类发展具有特别重要的意义。

在大数据和人工智能的信息开显中达到对信息的更深层次理解，不仅可以在物能文明的基础上理解信息文明，并反过来在信息文明的基础上理解物能文明，而且可以在物能文明和信息文明的关系中理解自然、社会和世界的关系，在信息文明的整体观照中重新理解社会进步和人类发展，特别是中国发展的信息文明更高层次整体观照。同时，在信息文明的整体观照中，就能更到位地理解和把握智能文明。

由于智能时代处于正在到来的发展阶段，当前对于这一概念的内涵也难以得到一致理解，准确界定“智能时代”特别是明确刻画其性质和基本特征，现在条件尚未完全成熟，但在“未来已来”的当代发展形势下，立足于现有发展基础提供一个初步框架，对于智能时代的具体认识和社会实践无疑具有重要整体观照意义。

智能时代的核心驱动力是智能，人类社会的经济、政治、文化等方方面面的发展将主要依赖于社会整体的智能结构，包括人类智能、机器智能、网络复合智能等。同时，人类的生产、生活、交往方式将相应发生深刻的变革。随着物质和能量对人类的影响越来越具有基础性，智能文明的发展使人越来越以信息形态存在。由此，人们创造性的信息劳动将占主导地位，人们将更加注重精神方面的需要，人们的社会交往将在更高层次和更多维度上全面展开。

2. 一种在智能化层次展开信息共享本性的文明

当我们按照农业文明、工业文明这样的逻辑分类时，信息文明必定像农业文明和工业文明那样呈现在我们面前。但是，当我们根据维纳的信息理解，把以往的文明形态都看作主要是物能文明，就可能发现这样一个事实：物能越来越具有载体的性质，而真正的主角归根到底是信息，那么毫无疑问，这个意义上的信息文明就显然比农业文明、工业文明、信息文明区分中的"信息文明"更为根本。与物能文明相对的信息文明意味着什么？这显然也相应是一个涉及更为根本的问题。而作为信息文明的高级发展阶段，智能文明则使信息文明的基本特征得以更充分展开。

（1）人类文明的信息层次。

信息不是物质，也不是能量，因而从实体角度看，信息具有载体的依附性。但如果从实践的角度看，在语言只有在使用中才具有意义的角度看，我们会发现一个颠倒过来的事实：由于涉及事物存在的形式等，即使不说在某种意义上载体本身为信息所决定，信息也是根本性的。在这个意义上，信息反而有一种比物能更重要的地位。在人和物能的使用关系中，信息居于越来越重要的地位。正是在这个意义上，物能比信息具有更为基础的重要性，而信息却比物能具有更根本的使用上的重要性。也就是说，在使用的意义上说，在大数据以使用为基本平台的意义上说，信息与物能两者之间的关系似乎表明，信息具有比物能更根本的方面。因为作为载体，物能是可以替换的，具有可替代性，同样的结构可以由这种东西，也可以由另一种东西组成；而且同一种功能，也可以有两种不同的结构。其中的关键因素不是具体的物能本身而是信息。这种理解可以从 DNA 得到简洁的说明：DNA 与其说是"实体"，不如说是"信息"。信息的涌现性意味着在不同的物能基石之上，可以建构出同样功能、能够满足人们需要的产品。正是这一点，使信息的特性与信息文明本身内在联系在一起。其中最为重要的联系之一，就是信息的共享本性。

信息文明是一种共享文明。一方面，信息具有共享的本性，信息资源与物质资源不同，信息只有在使用中才具有价值，信息的价值在共享中获得实现，并且共享范围越大，信息实现的价值就越大，这样一来，信息的单位成本就随着信息共享范围的扩大而不断降低。也就是说，信息共享趋向于零边际成本，因为信息资源以信息编码的方式使用，而信息编码的最重要方式是数字编码，其基本单位是比特。作为信息的数字编码，比特意味着信息的物能编码和观念编码内在关联在一起。与原子不同，比特易于复制，传播速度快且不存在时空障碍，如此，“比特可以由无限的人使用，使用的人越多，其价值越高”[①]。另一方面，互联网特别是人工智能的发展为信息共享提供了技术手段。信息技术作为处理和传播信息的工具，其内在的技术逻辑就要求信息共享。如果信息不能共享，就不能处理和传播信息，也无法实现信息的价值。互联网是实现信息共享这一技术逻辑的充分展现，互联的核心价值就是信息的平等交互、多元自由和开放共享。尤其随着移动互联网的出现，越来越多的人接入网络，可以随时随地共享信息，信息共享越来越普遍深入地成为一种日常生活方式。由此，信息的共享本性和互联网提供的技术手段的叠加促进了信息文明时代的到来，信息文明在本质上是一种共享文明。此外，随着人类信息文明的发展，在智能文明时代，越来越多的物能资源也接入网络，大大扩展了其共享的可能性。现在几乎随处可见的共享单车、共享充电宝、共享雨伞等，只

① 尼葛洛庞帝:《数字化生存》，胡泳、范海燕译，海南出版社，1997，前言第3页。

要有一般的信息设备就可以实现，在智能化条件下，共享的空间会呈几何级数扩展。当然，物能资源的共享究其本质还是一种历时性的分享，即不管是单车，还是充电宝，一般不能两个人同时使用。这也充分表明了信息与物能的不同本性，信息的共享本性使信息文明与之前的物能文明具有质的区别。作为信息文明的高级发展阶段，智能文明是智能时代的文明基础。智能时代的共享性发展到更高阶段——从信息编码的共享发展到智能体相互性的强化，典型的是相互激发。

（2）共享文明的信息根据。

作为信息共享本性造就的经济规律，信息产品复制与传播的边际成本递减，为信息共享奠定了经济基础。作为移动互联网造就的技术规律，网络倍增效应则为信息共享奠定了技术基础。正是这些基于信息本性的规律，造就了一种不同于以往物能文明的信息文明——共享文明。

物能文明是一种因共享范围有限而注定始终伴随（如果不是日益加剧）物质利益冲突的文明，而信息共享的天然本性在根本上改变了这种局势，为人类文明发展奠定了共享范围原则上可以无限扩展的基础。由于信息本性造就的经济规律，信息产品复制与传播的边际成本递减，信息的共享才是真正可以不仅做到没有冲突，而且可以范围无限。信息文明是一种随着共享范围的扩大，单位成本反而不断降低的文明，因此满足更多人的需要不仅不会成为一种负担——就像满足越来越多人吃饭的需要将是一个灾难性后果，而且反而会成为相互减负，从而构成越来越强有力的相互支撑机制——就像更多人使用会使软件制作成本的分摊额越来越小。物能分享随着分享者的增加而负担趋向无限大，而信息共享则相反，会随着分享者的增加而使分享代价趋向无限小。

（3）共享文明的人性依据和哲学基础。

共享的文明不仅要有通过信息所创造的物质条件，而且有人性发展的依据，因而有其哲学基础。在信息文明中，每一个主体都成了信使，因而在越来越多使用情境中具有取代“主体”倾向的“agent”就是一个必不可少的概念，而且也是进一步明确这一概念的必要情境条件。在智能文明时代，由于发展到一定层次的机器智能体甚至程序都是“agent”，因此在处理人和人工智能的关系时，这一概念不仅不可或缺，而且越来越重要。“agent”是一个语境性很强的概念，对于这一概念的理解本身成了一个重要问题。关于“agent”的理解，与因果关系联系最密切的应是起作用的有效原因。在哲学上，“agent”一般指具有自主行为能力的实体，有代理人、中介、因素、行为者、动作者、动因、作用力等基本涵义，中译有“主体”“行为者”“行动者”“代理人”“主动体”和“施事者”“能动体”等。也有力图达到音义结合译出“可口可乐”效果的“艾真体”译法，我也曾试图译为“引擎体”。实际上，由于不像“可口可乐”，“agent”不是专名，即使音义结合的完美中译可以达至，也难以取得所需效果，不能解决这一特殊的新问题。通常情况下，“agent”具有极强的语境性，其汉译往往体现出这一点，并因此本身成了一个新的课题。对于“agent”概念的严格使用，只能根据不同语境采取不同的译法，这也是不得已而为之的办法。这种做法最大限度地确保了使用的严格性，但不得不以牺牲概念使用统一性为代价。“agent”概念的更合理理解，必须上升到信息层面。在信息层次解决这一问题，就是将“agent”理解为“信息体”，以提高到信息层次的方式既更到位把握其性质，又有效地扩展其涵盖面。在与物能打交道时，信息体就是相互作用的因素之一，只是它是一个相对具有能动性，因而更具支配作用的因素。这是其作用的一种极端方式。信息体作用的另一种极端方式是人和人打交道。在人和人的互作中，不仅具有信息体间性，而且这种关系是镜像的。信息体间性典型地表现为互为代理，那远不是简单的相互作用，信息体之间是互为代理关系的；这种关系的镜像性则意味着信息体不仅是作为相互作用的双方相互依存，而且在从效果到利益上都是互为代理的，说到底就是：信息体之间是相互满足对方需要的，特别是在这种需要发展到高层次的时候。俗称"羊毛出在猪身上"的基础业务免费，增值业务收费，以注意力的集群效应换取免费服务的双边式交叉补贴，正是互为代理的一种初级形式的市场表现。

在低层次需要的活动中，尽管需要的满足可能是相互冲突的，但有时候仍然必须通过相互代理才能满足彼此需要。而在高层次需要的活动中，任何信息体的需要都必须在合作中才能获得具有共同性的满足。这种满足不再是个别的，而是共同性的。要么都满足，都得到需要的满足；要么都得不到满足。这是典型的需要满足中的相互代理。更进一步，不仅需要的满足是共同的，而且需要的形成也是共同的，就像在情感和社会需要中，实质上是人和人相互的共同需要。只有在信息体的相互代理中，更高层次上的需要才可能出现，因为人的需要越发展到高层次，越是类的需要而不是某些个人具有而另一些个体没有或不需要有的需要。在这种类的需要中，出现了一个新的特点，那就是信息体的需要不仅是一般意义上相互代理的，而且每个信息体都是共同需要及其满足的代理。只有代表和满足了类的需要——也就是所有人的需要，才是真正意义上的自己需要的满足。

3. 智能文明是一种创构文明

人类的创新活动归根结底是一种思维创新，而思维创新主要依靠对知识、信息的加工与处理，也就是说，利用信息、获取信息是思维创新的前提条件，甚至可以认为，信息的基本功能就是对思维结构和思想方法的改变。智能文明为人们利用信息、获取信息创造了前提条件，有利于人们进行创新活动。同时，在智能文明时代，人越来越以信息的方式存在，作为信息方式的存在，人就是接收、加工、理解已有信息，创构和发送创新性信息的信息体。也就是说，人类在智能文明时代主要从事信息活动，信息活动使人们的创造性能够得到普遍发展和发挥，从而为人们进行创造性活动奠定基础。此外，人的需要及其满足也越来越具有信息的性质，在智能文明时代，低层次的基本物能需要已经能够获得比较充分的满足，人们的需要越来越是高层次、个性化的。大数据技术为满足人们的个性化需要提供了技术条件，而大数据基础上人工智能的发展则开启了一个创构的时代，创构是从未存在的感性对象的创设，它是基于人们的需要，根据所设立的潜在结果，得到与之相联系的因素体系，并确定和控制这些因素的相互作用，获得预想结果的过程。也就是说，根据人们的需要，我们可以从海量的数据中发现一些相关因素，并使这些因素以特定方式相互作用，构造出特定的信息和物能对象，从而满足人们的特定需要，比如3D打印、个性化定制等。这种创构活动在智能文明时代越来越获得重要的地位。因而，智能文明是一个以创新驱动发展的典型时代，它意味着一个创构时代。

（1）信息创构活动是最符合人性的活动。

人类有两类基本的活动：探索既存事物和创设新事物。这两种不同的活动需要两种不同的认识：对既存世界存在规律的认识和对创设新事物的规律的认识。对既存世界存在规律的认识是描述性质的，是一种描述活动；而对创设新事物的规律的认识则是创构性质的，是一种创构活动。在智能时代，由于物能性劳动越来越由人工智能代替，人类占主导地位的活动是信息创构活动。正是信息创构，通过最符合人性的活动带来了人的类解放。

信息活动是离创造性活动最近的活动，正是信息活动使人类生存活动更符合人的本性，使人类文明成为标志着人性解放的文明。按照马斯洛的需要层级理论，当人的需要发展到自我实现时，人性的解放已经达到完全不同的层次。人的自我实现最核心的内容，就是人之所以为人的内“基因”的展开；而与人的本性最为关切的，就是有关创造活动的部分。因而，人的创造活动是最符合人性的活动，而智能文明的发展为符合人性的活动奠定了基础。更为重要的是，作为最符合人性的活动，人的创造活动的普遍展开，所需要的是完全不同的物能（自然）和社会条件，因而意味着社会的自由度、民主程度达到了一个很高的发展水平，自然环境和（物能）社会的发展达到了这样的程度：一方面，对物能的控制达到了全社会甚至全人类实现物为人役的水平，从而人类活动从以描述认识为主进到以创构认识为主；另一方面，全面解放创造力的条件，也就是社会文明发展到了人性在社会维度获得程度越来越高解放的文明水平。

（2）创构活动是人性化的信息平台。

智能化奠定了物为人役的基本机制，即通过人工智能役物能，但物为人役的发展过程不仅决定于物质文明的发展，还决定于人的需要的发展。正是人的需要的发展，既带来了又标志着人的自由全面发展。

智能文明是一种为思想的文明提供了前提的文明，而思想的文明本身的发展又决定于人们需要和思想生产能力的发展。一个创意是第一生产力的时代，意味着思想是生产力。而智能时代则为信息创造的能力发展提供了基础，这意味着为人性解放提供了智能平台。

（3）通向人类共同精神家园的智能创构时代。

现在已经在说“软件定义世界，数据驱动未来”，其理论基础就是思维定义世界，信息驱动未来。人工智能发展到一定层次，还意味着人类思想发展的新阶段。在这个意义上，信息文明并不是与物质文明截然不同的文明，或者说是一种可以与物能文明相脱离的文明，而是说人工智能赋予了物能文明以全新的含义和更为丰富的内涵，甚至使满足心理需要的其他精神方面的文明也有了全新的含义和更为丰富的内涵。通过智能创构，使物质文明变得越来越是思想的物质形式。从算盘到电脑就典型表明了这一点，而情感需要和社会需要，也会有更多的思想的内容和魅力渗入其中，使原来意义上的情感和社交有层次性的提升。就像思想使艺术从感性的美提升到理性的美，从感性写真提升到现代抽象艺术一样。

在智能体和对象范式中，还有社会层面不同的智能体，不同智能体之间形成智能体间性。这种智能体间性和主体间性又有不同，它们之间是以交往为实质关系的。没有交往就没有智能体，因为与主体相比，智能体更凸显了人和人之间的关系，这是与人和物之间的关系完全不同的关系。人工智能的发展，使人和物之间有了人工智能体的中介。这将大大改变人和物的关系。如果说，以往人和物之间的关系更多是物能关系的话，那么有了人工智能体，不仅不同智能体之间的关系，而且人和物的关系更多是信息关系。这是一种越来越具有互为代理者性质的关系，这是主体和主体的关系和主体间性关系所不能或至少是不方便表达的。

这就不仅与马克思的对象性活动联系起来了，而且在更根本的层次涉及交往理论，更合理地从物和物（人也类比性地包括在其中）的相互作用关系进到了人和人的信息关系。这种信息既包括物质的、能量的，更包括心理的和精神的。人和人的关系，或者说人的类关系，在“真正的人类社会”的阶段，归根到底就是思想和情感关系，不过，这些关系仍必须通过物能形式才能得以形成和运作。人作为一个类的存在，绝不仅仅建立在单纯的生理基础之上——那种依靠生理机制组织起来的社会结构，如蜜蜂和蚂蚁等的社会只是基于生存需要。人类社会也不仅仅建立在有一个更高的共同情感需要之上，情感需要虽为人类所独有，但那所能维系的关系也仍范围有限，即使宗教性质的“爱所有人”的博爱，在理念层次也只是把所有陌生人抽象看成一个共同体对象，这主要只是基于心理需要。而思想的关系则完全不同，那是一种基于信息需要的关系。

哲学为人类寻找精神家园，而智能文明通过思想与信息生产的天然纽带，把精神家园落实到具体的现实生活，或者将具体的生活与精神家园接通，从而不仅仅通过理性，而且情理兼具地把所有个体融入共同的精神家园。

（4）智能文明时代的个人与社会。

人类社会发展到今天，并没有——在有些地方还远未——达到智能文明的典型形态，但重要的是我们可以清楚地看到，人类社会已经开始进入智能文明的时代。这个时代不是人类社会发展状态的结束，而是跟马克思关于人类社会形态的二分中所明确表达及所蕴含的那样，我们已经进入了“真正的人类历史”，现在是创造真正的人类历史的时代。

智能文明时代的个人很幸运，同时也将遇到更多的挑战。虚拟技术将使人们相对摆脱物能束缚，“元宇宙”为人类提供了在物能宇宙基础上日益扩展的更高层次宇宙空间，为人类提供在自然环境中不可能得到的生活享受和活动条件。以物能刺激为基本特征的感官享受，根本特点就是始终在感觉中，因而感官享受再陶醉，也不会沉迷到忘我的状态，而创造活动则与此完全不同。这两种不同享受的层次上的不同，也是两种享受的质的不同。在智能化时代，一方面个人可能被信息新产品所淹没，在信息中迷失，另一方面又有了前所未有的条件，使每个人都可能通过在信息活动中展开自己，并提升生活的意义和品质。这是一个不同于物能时代的信息时代，作为最符合人性的活动，创造活动既意味着人性的发展，同时也意味着社会整体文明水平的提升。

由此可见，物能文明和信息文明的区分不是一种基于社会生产方式的区分，而是一种基于人的生存状态的人类文明划分。对于社会来说，其发展前途完全决定于社会成员的创造力及其发挥水平，因此，当今时代的重要历史任务，就是为人的创造活动、为创造力的解放本身创造社会条件。为社会成员提供有利于创造活动的社会条件，就是智能文明时代社会发展的重要目标。而创造力的解放，则意味着社会整体文明水平的提升。这既是人类智能文明未来发展的必由之路，也是当代社会现实发展的合理选择。

四、智能文明的先进性

作为信息文明发展的高级阶段，智能文明不仅先进于物能文明，而且具有信息文明高级发展阶段特有的更高层次先进性。

1. 以人工智能役物的时代

作为比物能文明更高层次的文明，信息文明不是意味着物能不再重要了，而是物能的地位变得更为基础，其重要是基础性的重要，而不是在“上手”意义上的重要。在智能文明时代，智能层次的信息活动日益取代物能活动，物能活动越来越由智能创构物代劳。一个创构的文明时代，正在以“新硬件时代”掀开历史的帷幕。它所催生的，将是一种人的活动人性化的文明。

（1）以人的需要为出发点的信息创构活动。

智能文明时代提供了把捉人的需要的技术手段，大数据是其最重要的信息基础，它使信息文明日益成为一种以人（类）的需要为出发点，以这种需要的满足为最终目的的文明。共享文明的社会基础是社会活动以人的需要为出发点，以人的需要的满足为最终目的。正是以大数据为基础的信息系统，为此提供了技术条件。以人的需要为出发点，以满足这种需要为目的，人的需要的光照就能从近乎一个堆的大数据中，照亮相关因素，让它们以特定的方式进入相互作用，构成特定的信息系统，或根据信息系统建构实体（物能）系统满足人的需要。这就是大数据的重要性所在，它使人们不是通过取样和抽象概括，而是直接通过相关因素分析和凝聚进入相互作用，达到满足人的某种特定需要（通过预测得到）的目的。

以人的需要为引导，从庞杂的大数据中寻找相关因素，导向智能文明时代典型的创构活动。智能文明时代仍然以对外部世界的认识为基础，但创构活动在此基础上获得越来越重要的地位；数据分析不是不关注因果关系，而是在超越了传统因果观的基础上，通过因素分析，根据人的需要创构信息系统（比如一部电影、一部电视剧）和物能系统，以满足人类加速度发展的多样需要。

（2）人的需求越来越具有信息的性质。

人的需要越是处于低层次，越具有物能的性质；人的需要越发展到高层次，越具有信息的性质。从生理需要到心理需要，再到精神需要的发展，物能越来越居于基础地位，而信息则越来越居于显要地位。一方面，由于人的需要层次的提升，人的需要本身越来越具有类的共享性质，而这恰恰是信息性质的重要特性；另一方面，智能文明时代的智能环境使人的需要不断信息化。

在智能文明时代，不仅有传统的物能饥渴，而且有明显的信息饥渴。与物能缺少可以引起人体饥渴一样，信息也能引起人的心理甚至精神饥渴。

信息的心理饥渴与智能文明时代的社会环境密切相关。信息缺少时，不管信息正误，不管信息的实际价值如何，有总比没有好。物能的饥不择食是显而易见的，而信息的饥不择食则是隐性的，不易为主体所自觉意识到。比如复杂的股市导致的股评怪象，可能有些股评没有任何的确定性，但得到这些信息也总比对股市没有任何信息强。人们甚至会从与事实相反的信息中得到某种确定性。这也是上当受骗成了信息现象的原因。信息的精神饥渴则更与人在智能文明时代的发展密切相关。首先是对知识的渴望——心灵结构的成长；其次是对疑惑的求解；最后是对解决问题的关键信息的渴求等。

当前，直接并深入满足用户需求在市场中日渐成为最明智的选择。因而面向用户的多层次需要则成了下述主要转换的市场表现形式：以人（类）的需要为出发点，以这种需要的满足为最终目的。在智能文明之前的生产模式中，产品统一制造的规模效应使多样化成为落后的生产方式，但在智能技术支持下，生产得以以时空等因素的碎片化来因应需求的碎片化，从而使定制以及多样化生产重新成为更符合人性的先进生产方式。（比如3D打印、昵称瓶）产品不仅仅满足用户的单一需求，而且必须考虑多层次需求的同时满足，因此好的产品都必须考虑品牌理念和价值主张，甚至为用户群打造精神家园，能够让用户激情参与、体验、互动。不仅以人的需要为中心，而且以最直接的方式、最快的时间对接用户需求。不仅在产品生产和用户之间建立起商业生态，而且建立生存和发展生态。不仅为满足用户需要，而且为“创造”用户需要生产产品。而符合人的需要及其发展的价值创造，能够推动人的需要，从而推动人的发展。要创造市场创造需要，就要了解人，不仅了解人的需求，还要了解和实时关注人的需要的变化发展。这就必须理解人的需要及其发展，理解人及其发展。人的发展，意味着需求个性化的发展。只有理解人的需要和发展，才可能生产出“让人尖叫”的产品。

（3）从“人为物役”到“物为人役”。

在中国古代思想中，早就有“人为物役”和“物为人役”的深刻表达。“君子役物，小人役于物。”[①]在个人层面，这主要就控制对物质的追求而言，但人类社会怎样才能从主要是“人为物役”的状态向主要是“物为人役”的状态过渡呢？只有人类文明发展到智能文明时代，才有可能看到其具体机制；只有发展到足够把握强大智能工具之后，人类才可能通过信息中介，通过智能化“役”物，实现主要是“人为物役”到主要是“物为人役”的转变。

智能文明是以信息创构物能文明的文明。通过智能创构，人类从人为物役的状态逐渐向物为人役的状态转化。在物能文明中，总的情况是人为物役，这就是黑格尔和马克思所说的异化。复归人的本真的活动，为消除活动的异化提供了智能基础。这一基础不仅指其所提供的智能活动，而且指其所提供的网络平台条件。只要有人处于人为物役的状态，这个群体、社会甚至这个类中，就不会有人真正超越人为物役的处境，就像只要有人没有电话或者通话终端，就不可能有人能获得通话的全部自由度一样。正是明白了这样一个深层次的道理，马克思和恩格斯才能得到这样一个重要原理：无产阶级只有解放全人类，才能最后解放自己。这个世界上只有所有人都不是处于“人为物役”的状态，才能使所有人（任何一个人）处

① 荀况著，杨倞注：《荀子·修身》，上海古籍出版社，2014，第13页。

于“物为人役”的文明状态。

（4）物为人役的智能创构活动实现。

智能文明之所以是物为人役的文明，是因为其基本原理不是人简单地通过信息支配物能，而是人类可以通过人工智能支配物能，从而使物能更好地满足人的需要，在很大程度上解脱物化造成的人的异化，使人的低层次需要从物能的局限性中解脱出来。也就是说，智能文明使人类获得了这样的信息成果，以致人们可以通过信息控制物能，使物质通过结构的调整，由一种对人类不那么有价值的东西变成价值更大的东西，也就是使物质从一种不能满足人的需要的形态，变成一种更能满足人的需要的形态；使能量从不容易利用和获取的形态变成容易利用和获取的形态，从而人类活动更多的是直接与信息打交道而不是传统的主要与物能打交道。而这样的活动，正符合智能体的本真含义。

在智能体越是作为物能相互作用中的因素起作用的时候，越是人为物役的时代；在智能体越是作为信息相互作用中的代理者起作用的时候，越是物为人役的时代。作为中国古代文化人和物关系的经典写照，从“人为物役”到“物为人役”关系的转化，正是人通过人工智能对信息的支配呈现对物能的支配，而且这种支配在原则上不受物能的局限。这与信息、物能的关系密切相关，而这又在很大程度上取决于人工智能的发展。

2. 智能驱动社会发展的时代

作为人类活动的结果，信息文明依然由人类智慧驱动，但其驱动方式发生了根本变化。在所有人类文明发展阶段，人类文明都是以人类智慧驱动的，但信息文明是以人类智能整体对象化为根本特征的。以往的文明发展都是以人类部分力量的对象化方式进行，而在信息文明发展阶段，则是以人类本质力量的整体对象化方式进行。这一整体对象化的产物，就是人工智能。因此，智能文明不仅是信息文明的高级发展阶段，而且意味着智能文明是信息文明的核心驱动层次，在信息文明发展中居于核心地位。

在《智能科学》一书中，作者初步描绘了智能社会的主要特点。在他们的描述中，“高智能”是智能社会的核心特点和主要驱动力。

人工智能意味着人类创造力的整体对象化，这又意味着公共信息的对称化发展。只有信息对称化的智能化共享，才可能真正实现社会发展的智能驱动。信息具有共享的本性，而信息技术的发展则为共享文明创造了把共享的物能条件降低到不成为限制条件的程度。同样以共享知识为职能的传统图书馆，由于受到物能条件限制，不得不遵循“谁投资、谁受益”的运转原则；而为推动科研成果利用网络自由传播而出现的开放存取，则为资源共享扫清了物能障碍。这为共享文明的信息对称化提供了必不可少的条件，信息文明的发展正是一个公共信息对称化的过程。

信息具有共享的天然本性，但由于物质利益的影响，会造成信息的扭曲分布，从而形成人为的信息不对称。正是因此构成信息文明时代的主要矛盾之一：信息对称和专利保护的矛盾。一方面，信息时代的重要任务是在公共领域尽可能消除信息不对称；另一方面，由于信息时代的主要驱动力是创新，因此又必须尽可能保护创新专利。在信息发展的意义上，信息的对称化最符合目的；在信息发展驱动考虑中，通过保护专利保证创新机制的正常运行也是符合信息发展要求的。随着信息文明的发展，二者之间的矛盾性质会随着信息共享本性的不断展开而转化。发展到一定程度，信息对称化就会成为创新驱动本身的重要条件。典型的比如源代码的开放等。源代码开放是深层次的信息对称化，而源代码开放所带来的则是新的创新方式——众创。在类似维基百科那样的发展过程中，众创有时具有比“独创”更大的优势。由此可以看到一个更高层次的发展前景：信息文明的发展是一个不断消除信息不对称的过程，而这个看上去和通过专利保护保持创新驱动方向相反的信息对称化过程，却同时可以是一种更高层次创新方式。在智能化层次的共享发展中，基于信息需要的发展越来越要求信息公开、信息对称的事实，驱动机制发展越来越朝向信息对称化。

在物能时代，公共信息的不对称主要是技术基础的局限和物质利益造成的，而物质利益归根结底与物质匮乏和人的需要的发展层次密切相关。而在信息文明时代，公共信息的不对称则越来越与人的需要的发展密切相关，因而信息对称化，或者说信息文明的发展更表现为人的需要的发展过程。

3.人类开始进入自由全面发展的时代

人的类解放全面展开，社会发展进入人的自由全面发展的时代。智能文明标志着真正的人类历史的时代开启。随着人工智能的发展，智能文明成为一种与人的本性相符的文明形态。

首先，智能文明的发展有助于人类社会交往的全面展开，从而实现人的社会本性。人作为类存在物，是相互依存、相互影响、共同行动的，从而人之为人最基本的特性就是“相互性”。人之为人的相互性主要是信息层次的，蜜蜂也相互依存、共同行动，但人比蜜蜂高明的地方就在于人的思维活动。也就是说，人类能够获取、加工、理解、处理、创造信息，从而更好地改造外部自然，动物却只能被动地适应外部自然。这是还没有进入马克思所说的“原始共同体”的社会动物共同体特征的突出说明。信息作为信宿和信源之间的感受性关系，同样具有相互性。随着智能文明的发展，作为信息基本特性的相互性和作为人类学基本特性的相互性叠加产生了相互性倍增效应，社会整体中人与人之间的相互性呈几何级数增加，从而进一步强化了人类的相互性。因而，智能文明时代既为人类社会交往的全面展开创造了外部条件，又激发了人与人之间内在的相互性需要。

其次，智能文明时代信息创构活动具有越来越重要的地位，从而使人类的生存活动更符合人的创造本性。人的类特性是“自由的自觉的活动”，即充分确证人的本质力量的、符合人的内在需要的创造性劳动。正是智能文明时代的信息创构活动，使人类的生存更符合人的内在本性，从而智能文明具有人性解放的意蕴。

再次，智能文明时代可以满足人类更高的、个性化、多层次的需要。随着智能文明的发展，人们通过信息控制物能的能力大大增强，通过调整物质的结构使物质由对人类不那么有价值的东西变成价值更大的东西，从一种不能满足人的需要的形态变成更能满足人的需要的形态。在物能文明时代，由于物能资源有限，为了社会的整体发展，一些个人的需要常常处于被压抑状态，因此物能文明的发展伴随着人性与物能文明的冲突。而信息文明时代，人类整体通过人工智能支配物能，在越来越深入挖掘物能利用潜力，充分发挥物能功能的条件下，使物能更好地满足人类整体的需要。因此，人的低层次的物能需要得到充分满足，便越来越要求实现更高的、更符合人性要求的信息需要。总之，智能文明为实现人的真正本性创造了现实的外部条件，同时其本身的进一步发展也要求人类内在本性的实现。

人类物能文明的发展，既是人性从物能压迫中解放出来的过程，也是人性与社会文明冲突的过程，只是有程度的不同。只有到了智能文明时代，人类历史才真正步入人性文明的轨道。

人性解放恰恰意味着类关系的提升，而其结果就走向“自由人的联合体”。这就是马克思主义经典作家所预见到和描述过的那个理想社会。而从智能文明的角度，我们则可以看到这种理想社会实现的物能信息基础甚至具体机制，因而将这一理论的重要环节更具体化了。这也是我们在当今人类社会发展的现实中所能看到的新的更清晰景观、视野和前景。

后　记

在人工智能快速发展和社会加速数字化、信息化、智能化的过程中，产生了大量极具冲击性、需要人们思考和解决的重大问题。对这些前沿性问题进行系统、深入的哲学反思，是保证智能系统、智能机器人具有一颗“良芯”、遵守人类基本价值观，保证经济、社会和人本身沿着正确的方向和道路前进，建设更加美好的智能社会和智能文明的需要。本书即是在这一背景下应运而生的，它汇聚了以上海大学智能哲学与文化研究院为主的学界同仁们的最新研究成果。本书也是国家社会科学基金重大项目“数字智能技术与哲学发展及知识生产范式变革研究”（24&ZD320）的阶段性成果。

本书内容的编选不追求面面俱到，不追求逻辑严密，甚至不追求语言表达风格的统一，而是希望通过对若干前沿性、典型性问题的研讨，映射智能时代正在发生的革命性、颠覆性变化，映射社会与人自身的“再塑造”“再创构”。在编选过程中，得到了王天恩、肖峰等资深学者的热情支持，也得到了谭笑、范海潮等学术界中坚力量和李大山、生蕾等后起之秀的鼎力相助。各部分的作者及来源具体如下：

导言，上海大学孙伟平。第一章，上海大学王天恩，原载《中国社会科学》2024年第3期。第二章，上海大学肖峰，原载《学术界》2021年第2期。第三章，肖峰，原载《上海师范大学学报（哲学社会科学版）》2024年第5期。第四章，孙伟平，原载《华东师范大学学报（哲学社会科学版）》2024年第1期。第五章，首都师范大学谭笑，原载《哲学动态》2022年第11期。第六章，南京师范大学范海潮，原载《哲学动态》2022年第5期。第七章，上海大学李大山，原载《科学技术哲学研究》2023年第5期。第八章，孙伟平，原载《湖北大学学报（哲学社会科学版）》2023年第3期。第九章，肖峰，原载《马克思主义研究》2022年第5期。第十章，孙伟平，原载《哲学研究》2021年第8期。第十一章，孙伟平，原载《社会科学战线》2025年第2期。第十二章，孙伟平，原载《上海师范大学学报（哲学社会科学版）》2024年第5期。第十三章，上海大学王天恩、生蕾。

这里所选的大多数文章都曾经发表过，部分曾被《新华文摘》《中国社会科学文摘》《高等学校文科学术文摘》，以及人大复印报刊资料《哲学原理》《科学技术哲学》等长文转载或摘要转载，并被广泛引用。在编入本书时，部分文章的作者在百忙中抽出时间，根据智能科技及其应用的新情况，对标题和正文做了程度不一的修改、补充和完善。

一本图书的出版往往凝聚着许多人的心血。本书缘起于广西人民出版社唐勇社长、吴小龙副总编辑的选题构想和精心策划；在编纂过程中，得到了中国社会科学院王正教授、陕西科技大学赵宝军副教授、重庆邮电大学尹帮文博士、北京服装学院孙妍副教授的大力支持；上海大学马克思主义学院博士研究生贺敏、刘航宇、刘宇飞、刘畅等做了不少具体工作；在出版过程中，广西人民出版社理论读物出版中心的编辑们以高效率、高质量的工作完成了本书的编校。在此一并致以衷心的感谢！

孙伟平

2025年3月26日于上海